GOLDMANN

Wie zu Anfang unseres Jahrhunderts in der Physik vollzieht sich heute in der Biologie eine wissenschaftliche Revolution. Maßgeblichen Anteil daran haben die beiden Neurobiologen Humberto Maturana und Francisco Varela. Sie stellen in diesem Buch erstmals in allgemeinverständlicher Form ihr Systembild der elementaren Lebensvorgänge und der Prozesse dar, durch die wir zu Wissen bzw. Erkenntnis gelangen.
Durch dieses Systembild wird nicht allein das Weltbild der Biologie, sondern auch unser tradiertes Weltverständnis umgewälzt. Nach Auffassung der alten, darwinistisch geprägten Biologie überlebt ein Lebewesen nur dann, wenn es sich möglichst vollkommen seiner Umwelt anpaßt. Es wäre damit sklavisch abhängig von einer objektiven Außenwelt. Für die von Maturana und Varela vertretene Systembiologie gibt es jedoch keine »objektive« Wirklichkeit: Wenn Grunderfordernisse des Lebens erfüllt sind, haben lebende Systeme – also auch der Mensch – alle Freiheit, sich ihre Welt selbst zu schaffen, anstatt nur auf Vorgegebenes zu reagieren. Das Subjekt ist somit entscheidend an der Schöpfung seiner nur scheinbar objektiven Wirklichkeit beteiligt.
Diesen Prozeß durchsichtig zu machen, betrachten die Autoren als die Aufgabe ihrer Forschungsarbeit. Die in der Menschheitsgeschichte vor allem von Weisen, Mystikern und Philosophen behauptete Einheit von Subjekt und Objekt, die untrennbare Ganzheitlichkeit des Seins, wird hier nun auch mit naturwissenschaftlichen Forschungsergebnissen belegt.

Autoren

Humberto R. Maturana, geboren 1928 in Chile, promovierte in Biologie und studierte Medizin. Forschungsarbeiten in England und den USA. Zahlreiche wissenschaftliche Veröffentlichungen, u. a. »Erkennen. Die Organisation und die Verkörperung der Wirklichkeit«.

Francisco J. Varela, geboren 1946 in Chile, Promotion in Biologie, Forschung im Bereich der biologischen und kybernetischen Grundlagen des Erkennens und Bewußtseins. Internationale akademische Auszeichnungen. Forschungsauftrag am Max-Planck-Institut für Gehirnforschung, Frankfurt. Lehrt an der Ecole Polytechnique, Universität Paris.

HUMBERTO R. MATURANA
FRANCISCO J. VARELA

DER BAUM DER ERKENNTNIS

DIE BIOLOGISCHEN WURZELN DES MENSCHLICHEN ERKENNENS

GOLDMANN VERLAG

Titel des Originals:
«El árbol del concocimiento»

Umwelthinweis:
Alle bedruckten Materialien dieses Taschenbuches
sind chlorfrei und umweltfreundlich

Der Goldmann Verlag
ist ein Unternehmen der Verlagsgruppe Bertelsmann

Genehmigte Taschenbuchausgabe

Einzig berechtigte Übersetzung aus dem Spanischen
von Kurt Ludewig in Zusammenarbeit mit dem Institut
für systematische Studien e. V., Hamburg

Umschlagfoto: Bavaria/Higuchi, Gauting
Umschlaggestaltung: Design Team München
Druck: Wenschow, München
Verlagsnummer: 11460
SK · Herstellung: Ludwig Weidenbeck/SC
Made in Germany
ISBN 3-442-11460-8

10 9 8 7 6 5

Inhalt

Vorwort der Autoren

Das Buch, das der Leser jetzt in Händen hält, ist nicht nur eine weitere unter vielen Einführungen in die Biologie der Erkenntnis. Es ist ein vollständiger Entwurf für einen alternativen Ansatz zum Verständnis der biologischen Wurzeln des Verstehens. Wir wollen den Leser gleich zu Beginn warnen: Die Vorstellungen, die ihm hier präsentiert werden, stimmen wahrscheinlich nicht mit denen überein, an die er gewöhnt ist. Wir werden nämlich eine Sicht vortragen, die das Erkennen nicht als eine Repräsentation *der* «Welt da draußen» versteht, sondern als ein andauerndes Hervorbringen *einer* Welt durch den Prozeß des Lebens selbst.

Um dieses Ziel zu erreichen, werden wir einer an streng logischem Vorgehen orientierten Route der Entwicklung von Konzepten und Ideen folgen, auf der jedes Konzept auf vorangegangenen Konzepten aufbaut, bis das Ganze zu einem unzerteilbaren Netzwerk geworden ist. Es ist deshalb nicht empfehlenswert, dieses Buch flüchtig und «diagonal» zu lesen. Als Ausgleich für die vom Leser erwartete Anstrengung haben wir das Buch durch zahlreiche Illustrationen aufgelockert – auch, weil wir immer wieder die alte Erfahrung bestätigt gefunden haben, daß ein Bild oft mehr sagt als tausend Worte. Außerdem haben wir die zentralen Begriffe in ein «vernetztes»

Diagramm eingeschrieben, das die Route unserer Entdeckungsreise darstellt. Dieses Diagramm und die außerhalb des laufenden Textes gestellten Zusammenfassungen der wichtigsten Gedanken und Konzepte werden es dem Leser erleichtern, sich vor Augen zu führen, bei welcher Station unserer Reise er gerade angelangt ist.

Dieses Buch entstand auf Grund besonderer Umstände: Im Jahre 1980 bemühte sich die Organisation Amerikanischer Staaten (OAS) aktiv um ein Verständnis der vielen Schwierigkeiten, denen sie in Fragen der sozialen Kommunikation und des Transfers von Wissen begegnete. Rolf Behncke, ein Mitarbeiter von ODEPLAN (dem Planungsministerium der chilenischen Regierung), hielt es in diesem Zusammenhang für wichtig, die Mitglieder der OAS mit unserem Ansatz vertraut zu machen – in Form einer kohärenten Darstellung der Grundlagen der Kommunikation als der biologischen Existenz des Menschen. Die OAS griff diesen Vorschlag auf und machte einen entsprechenden Vertrag mit den Autoren. Das Projekt begann im September 1980 mit einer Serie von Vorträgen, die wir abwechselnd einem Publikum vortrugen, das weitgehend aus Sozialarbeitern und Managern bestand.

Diese Vorlesungen wurden in den folgenden Jahren transkribiert, gründlich überarbeitet und 1984 als Privatdruck der OAS zur Information ihrer Mitglieder in Buchform herausgegeben. Für die vorliegende Ausgabe wurde dieser Text noch einmal korrigiert und in Einzelheiten erweitert. Wir sind der OAS dankbar für ihr Interesse, ihre finanzielle Unterstützung und die Erlaubnis, dieses Buch nun weltweit zu publizieren. Herrn Behncke, der mit Herz und Seele für die Verwirklichung dieses Projekts eingetreten ist, sind wir zu besonderem Dank verpflichtet. Außerdem danken wir Francisco

Olivares und seinen Mitarbeitern, die die Illustrationen für dieses Buch erstellt haben. Ohne das Zusammenspiel all dieser Personen und Institutionen wäre die vorliegende Arbeit nicht möglich gewesen.

Ein Wort über die Geschichte der Ideen, die hier präsentiert werden, ist ebenfalls am Platz: Sie lassen sich bis auf das Jahr 1960 zurückverfolgen, als Humberto Maturana begann, von der gewohnten biologischen Tradition abzuweichen. Er versuchte nämlich, lebende Systeme als den Prozeß zu verstehen, der diese verwirklicht, und sie nicht durch die Beziehung zu ihrer Umwelt zu erklären. Dieser Ansatz beschäftigte ihn während des folgenden Jahrzehnts und fand 1969 seinen ersten klaren Ausdruck in dem Artikel «The neurophysiology of cognition»[1], in dem einige seiner zentralen Vorstellungen über die zirkuläre Organisation lebender Systeme und das nicht-repräsentationale Funktionieren des Nervensystems dargelegt wurden. Mitte der sechziger Jahre studierte Francisco Varela bei Humberto Maturana, und seit den siebziger Jahren arbeiten wir beide als Kollegen an der Universität von Chile zusammen. Wir arbeiteten weiter an einer Neuformulierung der biologischen Phänomenologie, was in einem 1973 veröffentlichten Buch über «Autopoiesis und die Organisation des Lebendigen» seinen Niederschlag fand.[2] Diese beiden grundlegenden Arbeiten sind heute in dem Buch *Autopoiesis and Cognition*[3] vereinigt.

Die politischen Ereignisse in Chile 1973 veranlaßten uns beide dazu, unsere Forschungsarbeit an weit entfernten Orten und jeder auf seine Weise fortzusetzen, wobei neue theoretische und experimentelle Gebiete erschlossen wurden.[4] Erst 1980, als die Umstände es wieder möglich machten, nahmen wir unsere Zusammenarbeit in Santiago de Chile wieder auf. Das vorliegende Buch vereint die Ideen, die wir

1 H. R. Maturana, «The neurophysiology of cognition», in: P. Garvin: *Cognition: A multiple view,* New York 1969. Die endgültige Version dieser Arbeit erschien als: H. R. Maturana, «The Biology of cognition», in: *BCL Report,* Nr. 9, 1970.

2 H. R. Maturana und F. J. Varela: *De Máquinas y Seres Vivos: Una Teoría de la Organización Biológica,* Santiago 1973.

3 H. Maturana und F. Varela: *Autopoiesis and Cognition: The realization of the living,* Boston 1980.

4 Siehe zum Beispiel: H. R. Maturana, «Biology of language: epistemology of reality», in: G. Miller und E. Lenneberg (Hrsg.): *Psychology and Biology of Language and Thought,* New York 1978. F. J. Varela: *Principles of Biological Autonomy,* New York 1979.

beide einzeln oder zusammen während all dieser Jahre entwickelt haben. Es ist in unseren Augen eine neue, nachvollziehbare Synthese von Anschauungen über das Leben und das Bewußtsein, die wir teilen und die von ersten Intuitionen Humberto Maturanas vor gut 25 Jahren ihren Ausgang nahmen.

In erster Linie ist dieses Buch jedoch eine Einladung an den Leser/die Leserin, seine/ihre gewohnten Gewißheiten loszulassen und so zu einer anderen Sichtweise dessen zu gelangen, was das Menschliche ausmacht.

Humberto Maturana und
Francisco Varela,
Frühjahr 1987

Vorwort des Übersetzers

Mit diesem Band liegt dem deutschsprachigen Leser zum ersten Mal eine zusammenhängende Darstellung des Werkes der chilenischen Biologen und Erkenntnistheoretiker Humberto Maturana und Francisco Varela vor. Dieses Buch entstand aus einer Vortragsreihe, in der die Autoren in Santiago unter der Schirmherrschaft des Generalsekretariats der Organisation Amerikanischer Staaten (OAS) ihre Auffassung zum gesamten Spektrum der von ihnen bislang untersuchten Fragestellungen vertraten. Dieses Spektrum geht von der Frage des Erkennens aus und reicht von der grundsätzlichen biologischen Frage nach dem Leben und seinen Ursprüngen bis zur Alltagserfahrung, von der Zellbiologie über die Arbeitsweise des Nervensystems und der Sinne bis zu den sozialen Phänomenen und der Ethik. Kurzum, es deckt den gesamten Bereich des Lebendigen ab. Das Buch faßt die Ergebnisse der Arbeiten zusammen, die um 1960 nach der Rückkehr Maturanas aus Europa und den Vereinigten Staaten nach Chile Gestalt anzunehmen begannen und in den siebziger Jahren gemeinsam mit seinem damaligen Schüler und späteren Kollegen Francisco Varela fortgeführt wurden.

Noch vor wenigen Jahren hätten viele der im Buch dargelegten Auffassungen vermutlich schockierend gewirkt. Mittlerweile ist durch die zunehmende Bekanntheit der um die Jahrhundertwende entstandenen «Neuen Physik» und der Schriften von Vordenkern wie dem Biologen Gregory Bateson, den Physikern Erich Jantsch und Fritjof Capra und dem Soziologen Niklas Luhmann ein Schock noch kaum zu erwarten. Dennoch wird sich der Leser, der hier mit dem Denken der Autoren erste Bekanntschaft macht und zugleich ihrer Ermutigung folgt, nicht nur zu «lesen», sondern mit dem Buch in rekursive, das heißt, auf ihn selbst zurückwirkende Interaktion zu treten, dazu veranlaßt sehen, manchen Denksprung zu leisten, bevor er sich bei der Lektüre wohl fühlt und nicht mehr unter dem Eindruck schwindelerregender Kreisläufigkeit (Zirkularität) leidet. Humberto Maturana erzählt hierzu gern, daß er selbst um 1960 beim Herangehen an die Folgen der grundsätzlichen Rekursivität (Rückbezüglichkeit) allen Erkennens derart den Boden unter den Füßen verlor, daß er an der Normalität seines Geistes gezweifelt hat. Andererseits wird dieses Buch dem bereits eingelesenen Kenner im Vergleich zu früheren Schriften wohltuend verständlich, umfassend und reich an konkreten Beispielen vorkommen.

Gregory Bateson soll kurz vor seinem Tod bemerkt haben, daß die neuen Impulse zu einer biologisch begründeten Erkenntnistheorie aus Santiago zu erwarten seien. So fehlen Maturana und Varela beziehungsweise Vertreter ihrer Ideen seit etwa Ende der sechziger Jahre bei kaum einem wichtigen Kongreß von Kybernetikern. Dies beginnt zunehmend auch für andere Wissenschaftsbereiche zu gelten, wie zum Beispiel für die Sozial- und Sprachwissenschaften, die angewandte Mathematik und für die Psychotherapie. Im engeren Bereich des letztgenannten Faches, in der Familientherapie und insbesondere in der sogenannten Systemischen Therapie, bieten die Autoren dem Therapeuten, der es aufgegeben hat, Pathologisches im Inneren einer Person zu suchen und sich statt dessen mit sozialen Systemen befaßt, einen umgreifenden und begründeten konzeptuellen Rahmen für seine Arbeit mit Patienten und Familien.

Im Gegensatz dazu scheint die Aufnahme ihres Denkens im Bereich der akademischen Biologie und anderer Naturwissenschaften zur Zeit noch eher zaghaft zu sein. Die Begründung dafür liegt auf der Hand und hat viel mit dem zu tun, was Thomas Kuhn «die Struktur wissenschaftlicher Revolutionen» genannt hat. Denn hier wird eine Herangehensweise an Fragen der Wissenschaft gewählt, die mit der traditionellen Wissenschaftsauffassung zumindest auf den ersten Blick wenig verträglich erscheint. So müssen viele der hier dargelegten Gedanken für den, der daraufbesteht, Wirklichkeit und Erkenntnis als voneinander unabhängig zu betrachten, vermutlich fremd und «bloß» philosophisch wirken. Dabei gibt es eine tiefe Entsprechung zwischen diesen Gedanken und der 1972 vom Kybernetiker Heinz von Foerster formulierten Forderung an die Wissenschaft: EineBeschreibung des Universums bedarf einer Beschreibung des «Beschreibers», also des Beobachters, dessen Beschreibung als Lebewesen den Biologenzufällt.

Der «Beobachter» – ein Lebewesen-in-der-Sprache – wird in den Mittelpunkt jeden Verstehens und jeder Realitätsauffassung gestellt. Realität ergibt sich dabei aus dem erkennenden Tun des Beobachters, der Unterscheidungen trifft und somit den Einheiten seiner Beobachtung Existenz verleiht. Varela nennt diesen kognitiv-kreativen Prozeß das «Ontieren» – Daseinschaffen – einer Welt. Realität erweist sich als ein Konzept. Allerdings brauchen wir nicht auf den Begriff zu verzichten, wenn wir ihn in

Klammern schreiben. (Realität) – so geschrieben steht derBegriff für subjektgebundene Konstrukte, die, einmal mit anderen Menschen abgestimmt, den Charakter des Realen, das heißt, des von uns unabhängig Existierenden, bekommen. Die traditionellen Grenzen zwischen «harter» Wissenschaft und «weicher» Philosophie werden dabei irrelevant. Anekdotisch wird dies durch die Schilder deutlich gemacht, die an der Tür des Instituts hängen, an dem beide Autoren in Santiago arbeiten: Zusätzlich zu den alten gedruckten Schildern «Instituto de Neurobiología» und «Epistemología Experimental» steht handgeschrieben: «Neurofilosofía»!

Beim Lesen des Buches wird der Leser immer wieder auf neuartige Begriffe stoßen. Er wird jedoch erkennen können, daß es sich nicht bloß um neue Wörter handelt, sondern um Konzepte, die eine explizit definierte Denkart widerspiegeln. Sie eröffnen uns eine Fülle neuer Dimensionen des Denkens, indem sie uns von den allzu gewissen Zwangsläufigkeiten einer «objektiven», von uns unabhängigen Welt befreien. Unter anderem stoßen wir auf Konzepte wie *Autopoiese* als grundlegender Mechanismus des Lebendigen, *Metazeller* als Erweiterung des Begriffs Vielzeller, *natürliches Driften* anstatt natürlicher Auslese, *operationale Geschlossenheit* als kennzeichnendes Merkmal lebender Systeme und des Nervensystems. Außerdem wird Sprache hier als Bedingung des Menschlichen und der Existenz des Beobachters verstanden und schließlich Liebe als Bedingung der Sozialisation.

Allem anderen übergeordnet steht immer wieder das erkennende Tun des Beobachters, dem seine Erkenntnis sozial bindend und ethisch verpflichtend werden, da diese infolge der gemeinsamen biologischen Beschaffenheit des Menschen in ihrer Koordination mit anderen Menschen gemeinschaftlich verankert sind. Eine Ethik wird sichtbar, die darauf gründet, daß wir nur in *der* Welt existieren, die wir uns mit anderen zusammen schaffen und die auf uns zurückwirkt, also in einer sozialen Welt, in der wir auf den anderen angewiesen sind und die daher das Akzeptieren des anderen voraussetzt.

Dem philosophisch bewanderten Leser wird einiges altbekannt vorkommen. Die Autoren akzeptieren durchaus, daß es zwischen ihrem Denkgebäude und zum Beispiel dem von Kant, Wittgenstein, Bateson und anderen Ähnlichkeiten gibt – jedoch mit Sicherheit keine vollständige Überlappung. Vor allem im Vergleich mit philosophischen Erkenntnistheorien unterscheidet sich das Werk Maturanas und Varelas darin, daß sie als Biologen die biologischen Grundlagen des Erkennens zum Gegenstand der Untersuchung machen, womit sie selbst als Lebewesen zum Gegenstand ihrer eigenen Beobachtung werden.

Die Autoren setzten sich mit dem vorliegenden Band zwei Hauptziele: Der Leser soll dazu verführt werden, einmal sich selbst als Produkt derselben Mechanismen zu begreifen, die ihm das Stellen der Frage erlauben, wie er sich und seine Welt erkennen kann. Zum anderen soll er zu der Einsicht geführt werden, daß wir nur über die Welt verfügen, die wir – in Liebe – mit anderen zusammen hervorbringen und zu verantworten haben. Und dennoch ist dies keine Einladung zum Solipsismus, wie der Leser wird erkennen können.

Schließlich ein Wort in Sachen Übersetzung: Wir standen vor den Schwierigkeiten, daß zum einen die spanische Sprache eine alte, im natürlichen Driften der Erzählungen entstandene «narrative» Sprache ist, die vieles, unter anderem endlose Sätze erlaubt, die im Deutschen schwer verständlich wären; und daß zum anderen die Autoren einen Stil benutzen, der zwar zu ihren theoretischen Auffassungen paßt, jedoch wiederholt den Beobachter erwähnt und leicht den Anschein überflüssiger Redundanz und akribischer Vollständigkeit erwecken kann. Wir haben uns dazu entschlossen, nicht wörtlich zu übersetzen, viele der überlangen Sätze zu kürzen und einige «Chilenismen» wegzulassen. Dennoch haben wir uns im wesentlichen an den Stil der Autoren gehalten, der zwar im Deutschen zuweilen etwas umständlich wirken mag, in der Hauptsache aber ihre Denkart widerspiegelt und helfen soll, den Anschein objektiver Wahrheitsbehauptung zu vermeiden. Es bleibt zu hoffen, daß der Leser hinter mancher anscheinenden Umständlichkeit die Absicht gründlicher Genauigkeit erkennt und akzeptiert.

Kurt Ludewig

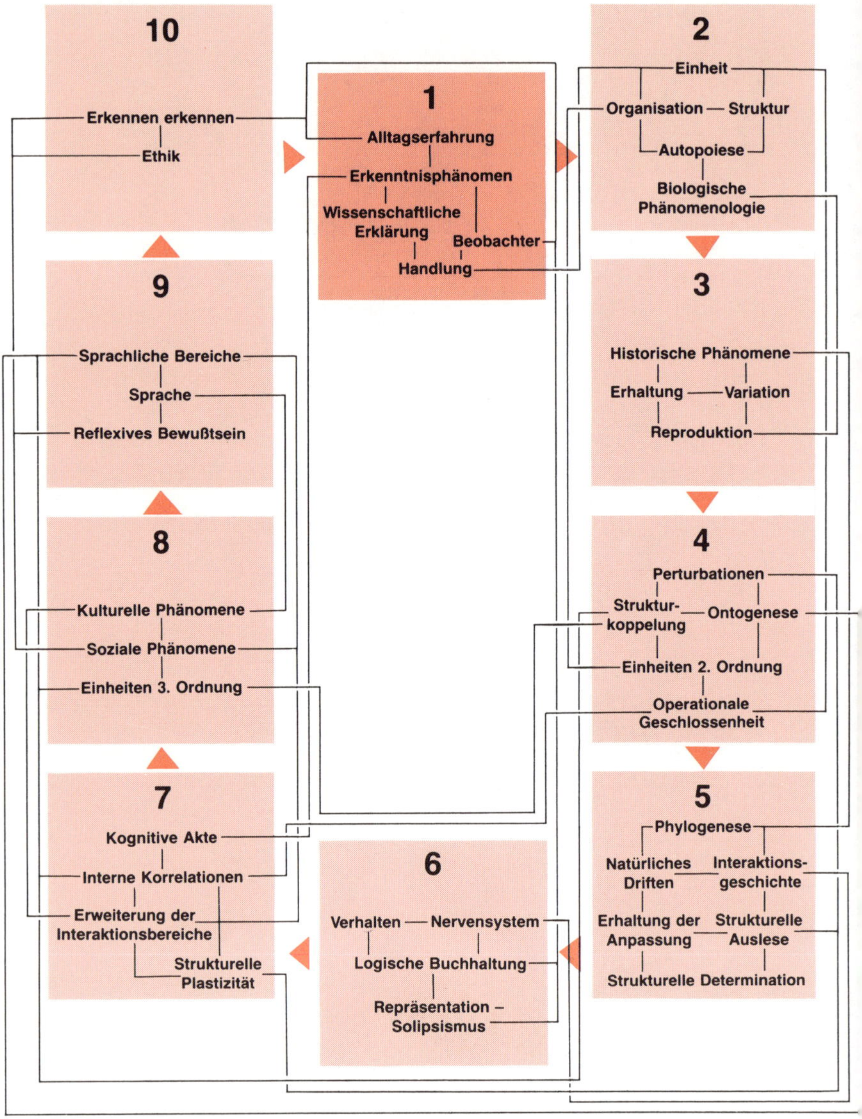
10
Erkennen erkennen
Ethik
1
Alltagserfahrung
Erkenntnisphänomen
Wissenschaftliche Erklärung
Beobachter
Handlung
2
Einheit
Organisation — Struktur
Autopoiese
Biologische Phänomenologie
3
Historische Phänomene
Erhaltung — Variation
Reproduktion
4
Perturbationen
Struktur-koppelung — Ontogenese
Einheiten 2. Ordnung
Operationale Geschlossenheit
5
Phylogenese
Natürliches Driften — Interaktions-geschichte
Erhaltung der Anpassung — Strukturelle Auslese
Strukturelle Determination
6
Verhalten — Nervensystem
Logische Buchhaltung
Repräsentation – Solipsismus
7
Kognitive Akte
Interne Korrelationen
Erweiterung der Interaktionsbereiche
Strukturelle Plastizität
8
Kulturelle Phänomene
Soziale Phänomene
Einheiten 3. Ordnung
9
Sprachliche Bereiche
Sprache
Reflexives Bewußtsein

1 Das Erkennen erkennen

Die große Versuchung

Die «Dornenkrönung» des Meisters aus Hertogenbosch, besser bekannt als Hieronymus Bosch, zeigt eine für damalige Zeiten ungewöhnliche Darstellung dieser Szene (Abb. 1). Sie ist unter Hervorhebung der Gesichter vor fast leerem Hintergrund gemalt. Die Darstellung bezieht sich im universellen Sinne nicht nur auf ein Ereignis aus der Passion, sondern auf das Dämonische schlechthin im Kontrast zum Himmelreich. Christus, in der Mitte des Bildes, drückt unermeßliche Geduld und Ergebenheit aus. Seine Peiniger werden nicht, wie in vielen anderen Darstellungen jener Zeit und auch in anderen Gemälden von Bosch selbst, als außerirdische Gestalten gemalt, die Jesus bedrängen, ihn an den Haaren ziehen und ihn verwunden. Sie scheinen vielmehr vier menschliche Urcharaktere zu verkörpern, die im Geist des Mittelalters eine umfassende Vision der Menschheit darstellen. Jeder dieser Charaktere repräsentiert eine große Versuchung für die im Ausdruck Christi enthaltene Offenheit und Geduld. Sie stehen für viele Möglichkeiten der Entfremdung und des Verlustes von innerer Ausgewogenheit.

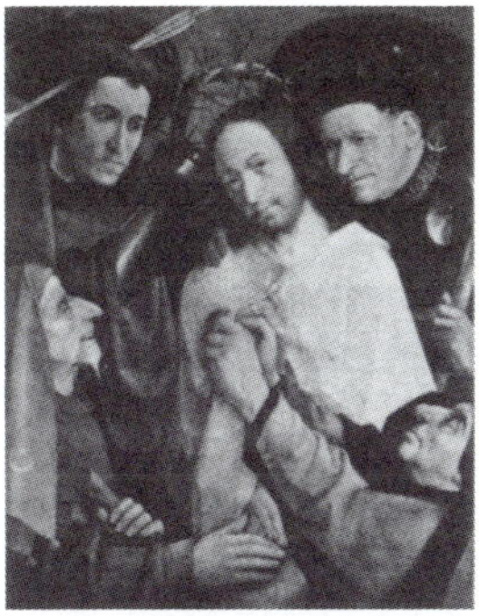

Abb. 1 Die «Dornenkrönung» von Hieronymus Bosch.

Diese vier Versuchungen bieten Anlaß zu vielschichtiger Kontemplation und Meditation. Für uns aber, die wir am Anfang eines langen Weges stehen, den dieses Buch aufzeigen wird, ist die Figur in der unteren rechten Ecke des Bildes besonders relevant. Sie packt Jesus an seinem Umhang und hält ihn am Boden fest. Sie hält ihn zurück, schränkt seine Freiheit ein und bestimmt seine Blickrichtung. Sie scheint ihm zu sagen: «Aber ich weiß ja, ich weiß es bereits!» Diese Figur verkörpert die Versuchung der *Gewißheit.*

Wir neigen dazu, in einer Welt von Gewißheit, von unbestreitbarer Stichhaltigkeit der Wahrnehmung zu leben, in der unsere Überzeugungen beweisen, daß die Dinge nur so sind, wie wir sie sehen. Was uns gewiß erscheint, kann keine Alternative haben. In unserem Alltag, unter unseren kulturellen Bedingungen, ist dies die übliche Art, Mensch zu sein.

Nun, dieses ganze Buch kann als eine Aufforderung angesehen werden, unsere Gewohnheit aufzugeben, der Versuchung der Gewißheit zu erliegen. Dies ist in zweifacher Hinsicht notwendig. Zum einen, weil wir dem Leser, wenn er seine Gewißheiten nicht aufgibt, hier nichts vermitteln können, was als ein wirksames Verständnis des Phänomens der Erkenntnis in seine Erfahrung eingehen könnte. Zum anderen, weil jede kognitive Erfahrung – wie dieses Buch zeigen wird –, wenn wir das Phänomen der Erkenntnis und die daherrührenden Handlungen näher betrachten, den Erkennenden in sehr persönlicher, da in seiner biologischen Struktur verwurzelter Weise einbezieht. Dabei erweist sich jede Erfahrung der Gewißheit als ein individuelles Phänomen, das gegenüber der kognitiven Handlung des anderen blind ist. Dies ist eine Einsamkeit, die – wie wir sehen werden – nur in einer Welt zu überwinden ist, die wir gemeinsam mit dem anderen schaffen.

Das Erstaunliche des Auges

Nichts von dem, was wir vermitteln wollen, kann wirklich verstanden werden, wenn sich der Leser nicht persönlich angesprochen fühlt, wenn er es nicht unmittelbar in einer Weise erfährt, die über die bloße Beschreibung dieser Erfahrung hinausreicht.

Anstatt also darüber zu sprechen, wie unsere scheinbar so fest gefügte Erfahrungswelt rasch unglaubwürdig wird, wenn wir sie von nahem betrachten, werden wir dies anhand zweier einfacher Situationen nachweisen. Beide entstammen dem Bereich unserer alltäglichen visuellen Erfahrung.

Erste Situation: Der Leser soll das Kreuz auf der Abbildung 2 fixieren, sein linkes Auge zuhalten und das Blatt in einem Abstand von etwa 40 cm vor den Augen hin- und herbewegen. Dabei wird er beobachten, wie der nicht gerade kleine schwarze Punkt A auf der Abbildung plötzlich verschwindet. Er kann weiter herumexperimentieren, indem er das Blatt ein wenig dreht oder das andere Auge öffnet. Der Leser kann dieselbe Abbildung auf einem anderen Blatt Papier nachzeichnen und den schwarzen Punkt graduell vergrößern. Dabei ist es interessant festzustellen, bis zu welcher maximalen Größe des Punktes dieser noch verschwindet. Darüber hinaus kann der Leser die Seite mit Abbildung 2 so weit herumdrehen, bis Punkt B an der Stelle ist, auf der früher A war, und dann die Beobachtung wiederholen. Was ist nun mit der Linie passiert, die diesen Punkt schneidet?

Es ist sogar möglich, die gleiche Beobachtungssituation ohne irgendeine Zeichnung herzustellen, wenn man das Kreuz und den Punkt einfach durch die Daumen ersetzt. Der Daumen erscheint dann wie geköpft (Probieren Sie es aus!). Übrigens, diese Beobachtung wurde allgemein bekannt, als Marriot, ein Wissenschaftler am Hofe der französischen Louis', auf diese Weise dem König zeigte, wie er eine Vorstellung seiner geköpften Untertanen bekommen

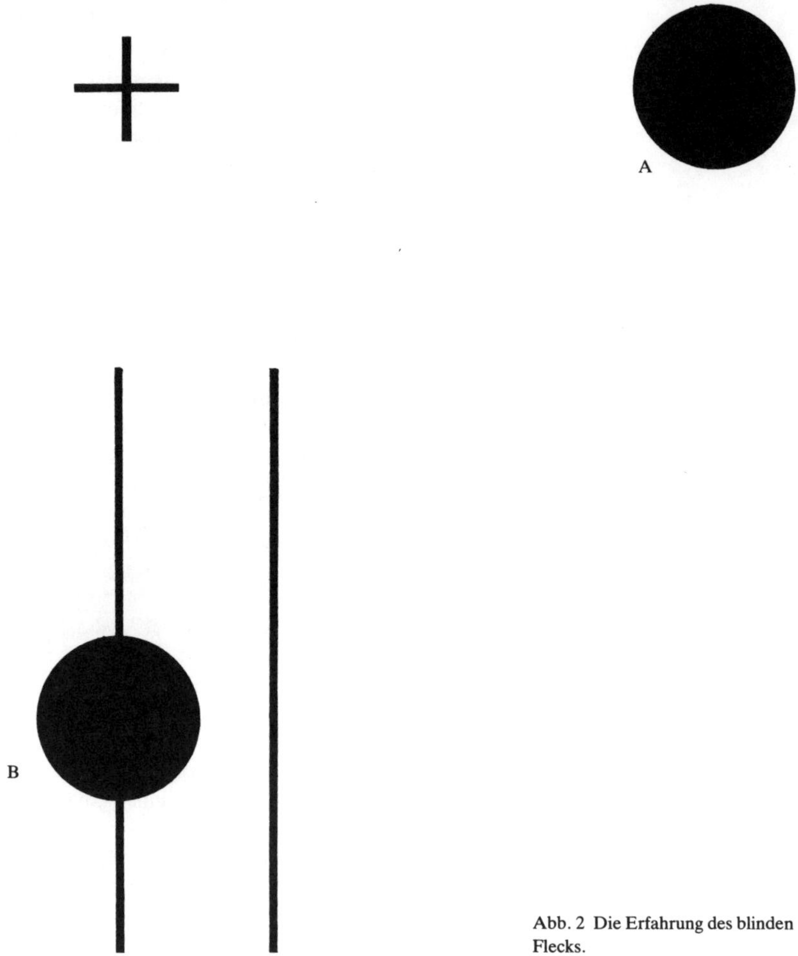

Abb. 2 Die Erfahrung des blinden Flecks.

konnte, ehe diesen der Kopf abgeschlagen wurde.

Die normalerweise angenommene Erklärung für dieses Phänomen ist, daß in dieser spezifischen Position die Abbildung des Punktes (der Fingerkuppe oder des Kopfes des Untertans) auf den Bereich der Netzhaut fällt, der für das Licht unempfindlich ist, da dort der *Sehnerv** austritt. Dieser Bereich wird «blinder Fleck» genannt. Diese Erklärung gibt uns jedoch keine Antwort auf die Frage, warum wir nicht ständig mit einem visuellen Loch dieser Größe durch die Welt gehen. Unsere visuelle Erfahrung ist die von einem kontinuierlichen Raum. Solange wir keine geistreichen Experimente machen, nehmen wir in der Tat jene Diskontinuität, die erscheinen sollte, nicht wahr. Das Faszinierende am Experiment mit dem blinden Fleck ist: *Wir sehen nicht, daß wir nicht sehen.*

Zweite Situation: Nehmen wir eine rote und eine weiße Lichtquelle und ordnen sie so wie in der Abbildung 4. Dies kann sehr einfach erreicht werden, indem wir ein Papprohr mit dem Durchmesser einer Glühbirne (Richtstrahler) über eine der Birnen stülpen und eine durchsichtige rote Folie als Filter verwenden. Alsdann bringen wir ein Objekt in den Lichtkegel, zum Beispiel die Hand, und betrachten die Schatten, die auf eine Wand projiziert werden. Bei einer der drei dargestellten Situationen erscheint der Schatten blaugrün! Der Leser kann mit dieser Versuchsanordnung weiterexperimentieren, indem er verschiedenfarbige Filter vor die Lichtquellen bringt und unterschiedliche Lichtstärken verwendet.

Was sich in dieser Situation zeigt, ist genauso überraschend wie im Falle des blinden Flecks. Woher kommt eine blaugrüne Farbe, wenn alles, was erwartet werden kann, Weiß, Rot und Mischungen aus Weiß mit Rot (Rosa) ist? Wir sind gewohnt zu denken, daß die Farbe eine Qualität der Objekte und des Lichtes ist, das von ihnen reflektiert wird. Wenn ich

* Die Hand am Textrand weist darauf hin, daß der Leser eine Erläuterung des kursiv gesetzten Begriffs im Glossar findet.

Abb. 3 Die beiden grauen Ringe auf dieser Abbildung sind in der gleichen Farbe gedruckt. Dennoch sieht der untere Ring in seinem grünen Umfeld rosa aus. Die Lehre: Die Farbe, die wir sehen, ist keine Eigenschaft der Dinge; sie ist nicht zu trennen davon, wie wir als Sehende beschaffen sind.

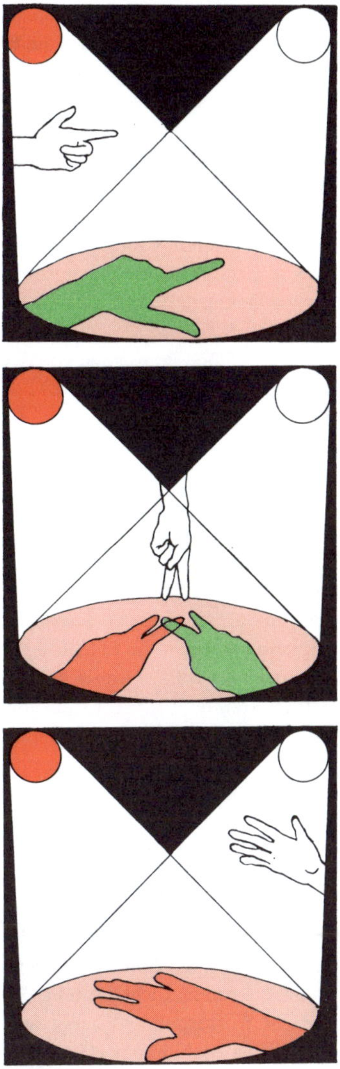

Abb. 4 Das Experiment mit den «farbigen Schatten».

Grün sehe, so meine ich, dann deshalb, weil auf mein Auge grünes Licht fällt, das heißt Licht von einer bestimmten Wellenlänge. Wenn wir aber ein Gerät nehmen, um die Zusammensetzung des Lichts in der dargestellten Situation zu messen, finden wir in dem von uns blaugrün wahrgenommenen Schatten tatsächlich kein Vorherrschen der *Wellenlängen*, die den Farben Grün oder Blau entsprechen. Wir finden allein eine Verteilung, die dem weißen Licht entspricht. Unsere Erfahrung von Blaugrün ist aber für jeden von uns dennoch nicht zu leugnen (es sei denn, er ist farbenblind).

Dieses schöne Phänomen von den «farbigen Schatten» wurde zum ersten Mal 1672 von Otto von Guericke beschrieben. Er bemerkte, daß sein Finger blau aussah, als dieser sich im Schatten zwischen einer Lichtquelle und der aufgehenden Sonne befand. Für gewöhnlich wird angesichts dieses oder ähnlicher Phänomene gefragt, welche denn nun die *wirkliche* Farbe sei, so als ob wir etwa von Meßinstrumenten die letzte Antwort erwarten könnten. De facto enthüllt uns dieses einfache Experiment keine isolierte Erscheinung, die – wie es häufig gemacht wird – marginal oder illusionär («optische Täuschung») genannt werden könnte. Unsere Erfahrung einer Welt farbiger Objekte ist buchstäblich unabhängig von der Zusammensetzung der Wellenlänge des Lichtes, das von den von uns beobachteten Objekten ausgeht.

In der Tat, wenn ich eine Apfelsine aus dem Inneren meines Hauses in den Garten trage, behält diese für mich die gleiche Farbe, obwohl sie innerhalb des Hauses etwa durch Neonlicht beleuchtet wurde, welches überwiegend kurzwelliges oder blaues Licht enthält, während das Sonnenlicht vorwiegend aus langwelligem, rotem Licht besteht. Es kann also keine einfache Korrespondenz hergestellt werden zwischen der großen Stabilität der Farben, in denen wir die

Objekte der Welt sehen, und der Qualität des von ihnen reflektierten Lichts.

Die Erklärung, wie wir Farben sehen, ist nicht einfach, und wir können sie hier nicht im Detail anführen. Das Wesentliche in diesem Zusammenhang ist aber, daß wir, um das Phänomen des Farbensehens erklären zu können, aufhören müssen zu denken, daß die Farbe der von uns gesehenen Objekte durch die Eigenschaften des von ihnen ausgehenden Lichtes bestimmt ist. Vielmehr müssen wir uns darauf konzentrieren zu verstehen, auf welche Weise die Erfahrung von Farbe einer spezifischen Konfiguration von Aktivitätszuständen im Nervensystem entspricht, welche durch die Struktur des Nervensystems determiniert wird.

Auch wenn wir dies hier nicht gleich tun: Es ist möglich nachzuweisen, daß bestimmte Zustände von neuronaler Aktivität (z. B. das Sehen von Blaugrün) durch eine große Anzahl von *verschiedenen* Lichtkonfigurationen, die wie «Perturbationen»* wirken, ausgelöst werden können – wie das Experiment mit den «farbigen Schatten» zeigt. Es ist möglich, eine Korrespondenz zwischen der Benennung von Farben und Zuständen neuronaler Aktivität, jedoch nicht mit Wellenlängen festzustellen. *Welche* neuronalen Aktivitäten durch *welche* Perturbationen ausgelöst werden, ist allein durch die individuelle Struktur jeder Person und nicht durch die Eigenschaften des perturbierenden Agens bestimmt.

Das Gesagte gilt für alle Dimensionen der visuellen Erfahrung (Bewegung, Oberflächenstruktur, Form usw.) sowie für jede andere Modalität der Wahrnehmung. Wir könnten weitere Situationen darlegen, die uns auf einen Schlag enthüllen würden, daß das, was wir für ein einfaches Auf- oder Begreifen von etwas (wie z. B. Raum und Farbe) gehalten haben, die unauslöschliche Prägung unserer eigenen Struktur in

* Der von den Autoren verwendete Begriff *perturbación* bezeichnet (anders als *disturbación*, was eher negativ konnotiert ist) Zustandsveränderungen in der Struktur eines Systems, die von Zuständen in dessen Umfeld *ausgelöst* (d. h. nicht verursacht, vgl. 4. Kapitel) werden. Insofern ist die Übersetzung dieses Begriffs etwa mit Störeinwirkung oder Störung problematisch, zumal diese Begriffe im Deutschen eher kausal oder gar negativ benutzt werden. Im Bereich sozialer Phänomene ist hierfür der Begriff «Verstörung» bereits eingeführt worden. Er erscheint jedoch für die Verwendung im organischen und physikalischen Bereich weniger geeignet. Deshalb wird in Abstimmung mit F. Varela im folgenden von «Perturbation» und in der Verbform von «perturbieren» gesprochen. (Anm. d. Übers.)

sich trägt. Wir werden uns aber mit den bisher erwähnten Beobachtungen begnügen und darauf vertrauen, daß der Leser sie wirklich nachvollzogen hat. Nur so werden wir damit rechnen können, daß er in lebhafter Erinnerung behält, wie schnell das, was ihm für gewöhnlich sehr fest und stichhaltig erscheint, ins Rutschen geraten kann.

Diese und ähnliche Versuche weisen in beispielhafter Form auf den Kern dessen hin, was wir sagen wollen. Sie zeigen uns nämlich, daß unsere Erfahrung in unauflöslicher Weise mit unserer Struktur verknüpft ist. Wir sehen nicht den «Raum» der Welt, sondern wir erleben *unser* visuelles Feld; wir sehen nicht die «Farben» der Welt, sondern wir erleben *unseren* chromatischen Raum. Dennoch sind wir ohne Zweifel in einer Welt. Aber wenn wir näher untersuchen, wie wir dazu kommen, diese Welt zu erkennen, werden wir immer wieder finden, daß wir die Geschichte unserer biologischen und sozialen Handlungen von dem, *wie* uns die Welt erscheint, nicht trennen können. Dies ist so augenfällig und naheliegend, daß es besonders schwer zu erkennen ist.

Der große Skandal

Im Tiergarten von Bronx in New York gibt es einen eigenen großen Pavillon, in dem die Primaten untergebracht sind. Hier hat man die Möglichkeit, Schimpansen, Gorillas, Gibbons und viele andere Affenarten aus allen Kontinenten unter günstigen Bedingungen zu beobachten. Es fällt jedoch auf, daß am Ende dieses Pavillons ein von den anderen besonders isolierter, stark vergitterter Käfig liegt. Wenn man sich nähert, sieht man ein Schild, auf dem steht: «Der gefährlichste Primat des Planeten.» Schaut man durch das Gitter, sieht man in einem Spiegel überrascht sein eigenes Gesicht. Ein Schild erklärt, daß

der Mensch im Gegensatz zu jeder der anderen bekannten Spezies viele andere Arten von Lebewesen auf dem Planeten vernichtet hat. Von Betrachtern werden wir zu Betrachteten (durch uns selbst). Aber: Was sehen wir?

Der Augenblick der Reflexion vor einem Spiegel ist immer ein ganz besonderer Augenblick, weil es der Augenblick ist, in dem wir uns des Teiles unserer selbst bewußt werden, den wir auf keine andere Weise sehen können. Es ist wie bei der Enthüllung des blinden Flecks, der uns unsere eigene Struktur zeigt, und auch wie beim Aufheben der mit dem blinden Fleck einhergehenden Blindheit durch Ausfüllen der Lücke. Die Reflexion ist ein Prozeß, in dem wir erkennen, wie wir erkennen, das heißt eine Handlung, bei der wir auf uns selbst zurückgreifen. Sie ist die einzige Gelegenheit, bei der es uns möglich ist, unsere Blindheiten zu entdecken und anzuerkennen, daß die Gewißheiten und die Erkenntnisse der anderen ebenso überwältigend und ebenso unsicher sind wie unsere eigenen.

Dieser besonderen Situation – zu erkennen, wie man erkennt – weicht man in unserer auf Handlung und nicht auf Reflexion ausgerichteten westlichen Kultur traditionellerweise aus, so daß unser persönliches Leben im allgemeinen blind für sich selbst ist. Es ist so, als ob es ein Tabu gäbe, das besagt: «Es ist verboten, das Erkennen zu erkennen.» Aber in Wahrheit ist das Nichtwissen darum, wie sich unsere Erfahrungswelt aufbaut, die in der Tat das Naheliegendste unserer Existenz ist, ein Skandal. Es gibt viele Skandale auf der Welt, aber diese Unwissenheit ist einer der größten.

Einer der Gründe, warum das Nachdenken über die Grundlagen unserer Erkenntnis vermieden wird, ist vielleicht folgender: Wenn wir, um das Instrument einer Analyse analysieren zu können, eben dasselbe

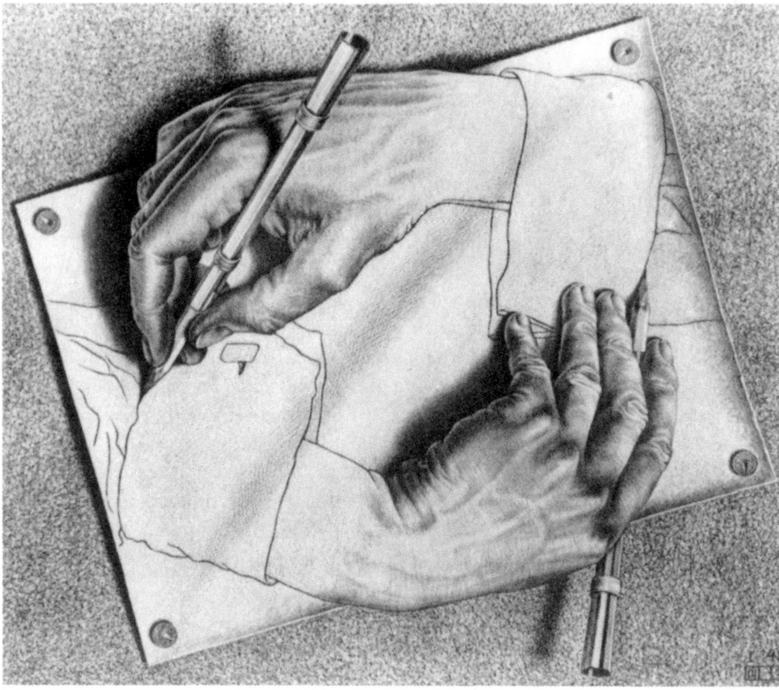

Abb. 5 «Zeichnende Hände» von M. C. Escher.

als Instrument benutzen müssen, so bereitet uns die dabei entstehende Zirkularität ein schwindelerregendes Gefühl. Es ist, als verlangten wir, daß das Auge sich selbst sieht. In Abbildung 5, einem Bild des holländischen Malers M. C. Escher, ist dieses Schwindelgefühl besonders deutlich durch die Hände zum Ausdruck gebracht, die sich gegenseitig so zeichnen, daß es unmöglich ist zu wissen, wo die Grundlage des gesamten Prozesses liegt, das heißt, welche die «wirkliche» Hand ist.

Obwohl wir gesehen haben, daß die in unsere Aktivität, in unsere Beschaffenheit und in unser Handeln als Lebewesen einbezogenen Prozesse unser Erkennen konstituieren, nehmen wir uns dennoch vor, unser Erkennen gerade anhand nämlicher Prozesse zu untersuchen. Denn wir haben keine Alternative, zumal unser Tun und unsere Erfahrung von der Welt samt all ihren Regelmäßigkeiten – mit ihren Plätzen, ihren Kindern und ihren Atomkriegen – untrennbar sind. Was wir dennoch versuchen können – und was unser Leser als seine besondere Aufgabe betrachten möge –, ist festzustellen, was dieses ständige Zusammengehen unseres Seins, unseres Tuns und unseres Erkennens alles beinhaltet. Wir sind aufgefordert, unsere alltäglichen Einstellungen beiseite zu legen und aufzuhören, unsere Erfahrung als versehen mit dem Siegel der Unanzweifelbarkeit zu betrachten – so als würde sie eine absolute Welt widerspiegeln.

In diesem Sinne werden wir ständig festzustellen haben, daß man das Phänomen des Erkennens nicht so auffassen kann, als gäbe es «Tatsachen» und Objekte *da draußen*, die man nur aufzugreifen und in den Kopf hineinzutun habe. Diese Feststellung bildet das Fundament von alldem, was wir zu sagen haben werden.

Die Erfahrung von jedem Ding «da draußen» wird auf eine spezifische Weise durch die menschliche Struktur konfiguriert, welche «das Ding», das in der Beschreibung entsteht, erst möglich macht.

Diese Zirkularität, diese Verkettung von Handlung und Erfahrung, diese Untrennbarkeit einer bestimmten Art zu sein von der Art, wie die Welt uns erscheint, sagt uns, daß *jeder Akt des Erkennens eine Welt hervorbringt**. Diese Eigenschaft des Erkennens wird unausweichlich zugleich unser Problem, unser Ausgangspunkt und der Leitfaden für unsere Erörterungen auf den folgenden Seiten sein. Dies alles kann in dem Aphorismus zusammengefaßt werden: *Jedes Tun ist Erkennen, und jedes Erkennen ist Tun.*

* Im kognitiven Akt bringt der Erkennende, gewissermaßen wie der Zauberer aus seinem Hut, eine Welt hervor. Im spanischen Original steht der Ausdruck: *traer a la mano,* «auf die Hand bringen» (engl.: *to bring forth*).(Anm. d. Übers.)

Die Kernaphorismen des Buches

«Jedes Tun ist Erkennen, und jedes Erkennen ist Tun.»

«Alles Gesagte ist von jemandem gesagt.»

Wenn wir hier vom Zusammenhang von Handlung und Erfahrung sprechen, wäre es ein Fehler, das nur auf unsere Umwelt, das heißt allein auf die «physische» Welt, zu beziehen. Denn dieses Charakteristikum des menschlichen Tuns gilt für alle Dimensionen unseres Lebens. Insbesondere gilt es für das, was wir – der Leser und die Autoren – hier und jetzt tun. Und was tun wir? Wir sind in der Sprache, wir bewegen uns in ihr in einer besonderen Form des Gesprächs, in einem erdachten Dialog. Jede Reflexion, einschließlich einer über die Grundlagen des menschlichen Erkennens, findet notwendigerweise in der Sprache statt, die unsere spezifische Form des menschlichen Seins und Tuns ist. Deshalb ist die Sprache auch unser Ausgangspunkt, unser Instrument des Erkennens und unser Problem.

Wir sollten auf keinen Fall übersehen, daß die Zirkularität zwischen Handlung und Erfahrung auch für das, was wir hier und jetzt tun, gilt. Dies ist besonders wichtig und hat grundlegende Konsequenzen, wie der Leser weiter unten sehen wird. Damit wir diesen wichtigen Punkt nicht vergessen, fassen wir ihn in einem zweiten Aphorismus zusammen, welchen wir im Verlauf des ganzen Buches immer gegenwärtig behalten sollten: *Alles Gesagte ist von jemandem gesagt.* Denn jede Reflexion bringt eine Welt hervor und ist als solche menschliches Tun eines einzelnen an einem besonderen Ort.

Diese beiden Aphorismen sollten wie zwei Leuchttürme wirken, die uns ständig daran erinnern, von wo wir aufbrechen und wohin wir fahren.

Üblicherweise wird dieses Hervorbringen einer Welt durch das Erkennen als Schwierigkeit, Fehler oder unerklärter Rest behandelt, als etwas, das es zu beseitigen gilt. Aus dieser Sicht sagt man beispielsweise, daß der farbige Schatten eine «optische Täuschung» sei, weil da in «Wirklichkeit» keine Farbe sei. Wir sagen jedoch genau das Gegenteil: Gerade die Eigenschaft des Erkennens, eine Welt hervorzubringen, ist der Schlüssel zur Erkenntnis des Erkennens und keineswegs ein störender Rest oder ein Hindernis. Dieses Hervorbringen, das Herzstück des Erkennens, ist mit den tiefsten Wurzeln unseres erkennenden Seins verbunden, ganz unabhängig davon, wie überzeugend unsere Erfahrung zu sein scheint.

Und weil diese Wurzeln bis in die biologischen Grundlagen unseres Seins hineinreichen – wie wir sehen werden –, manifestiert sich dieses Hervorbringen in *allen* unseren Handlungen und in unserem ganzen Sein. Es manifestiert sich natürlich auch – wie oft evident wird – in den Handlungen des menschlichen sozialen Lebens, so zum Beispiel in den Werten und den Vorlieben. Es besteht keine Diskontinuität zwischen dem Sozialen und dem Menschlichen sowie deren biologischen Wurzeln. Das Phänomen der Erkenntnis ist eine Ganzheit, es ist in allen Aspekten in der gleichen Weise begründet.

Erklärung

Unsere Zielsetzung ist nun deutlich geworden: Wir wollen das Phänomen des Erkennens untersuchen, indem wir die Universalität des Handelns im Erkennen, dieses Hervorbringen einer Welt, als Problem und als Ausgangspunkt nehmen, um damit das Fundament dieses Phänomens enthüllen zu können. Um jedoch zu belegen, daß wir in unseren Untersuchungen erfolgreich waren, brauchen wir angemessene Kriterien.

Eine Erklärung ist immer ein Satz, der Beobachtungen eines Phänomens in einem System von Konzepten neu formuliert oder neu schafft, welche für eine Gruppe von Personen, die ein Validitätskriterium teilen, annehmbar sind. Die Magie zum Beispiel hat denselben Erklärungswert für diejenigen, die sie akzeptieren, wie die Wissenschaft für diejenigen, die diese akzeptieren. Der spezifische Unterschied zwischen der magischen und der wissenschaftlichen Erklärung liegt in der Art, wie ein wissenschaftliches Erklärungssystem erzeugt wird. Diese Art bildet in der Tat sein Validitätskriterium. So können wir im wesentlichen vier Bedingungen unterscheiden, die beim Aufstellen einer wissenschaftlichen Erklärung erfüllt sein müssen. Dies braucht nicht notwendigerweise in der angegebenen Sequenz, sondern kann in überlappender Anordnung geschehen:

a) Beschreibung von dem (den) zu erklärenden Phänomen(en) in einer für die Gemeinschaft der Beobachter annehmbaren Weise.
b) Aufstellung eines Systems von Konzepten, das fähig ist, das zu erklärende Phänomen in einer für die Gemeinschaft der Beobachter annehmbaren Weise zu erzeugen (explikative Hypothese).
c) Ausgehend von b) Ableitung von anderen in dieser Aufstellung nicht explizit berücksichtigten Phänomenen, sowie Beschreibung der Beobachtungsbedingungen in der Gemeinschaft der Beobachter.
d) Beobachtung dieser aus b) abgeleiteten Phänomene.

Erkennen

Erkennen ist effektive Handlung, das heißt, operationale Effektivität im Existenzbereich des Lebewesens.

Erklärung des Erkennens

I. Zu erklärendes Phänomen: effektive Handlung des Lebewesens in seinem Milieu.

II. Explikative Hypothese: autonome Organisation des Lebewesens; phylogenetisches und ontogenetisches Driften unter Erhaltung der Anpassung (strukturelle Koppelung).

III. Ableitung anderer Phänomene: Verhaltenskoordination der rekursiven Interaktionen zwischen Lebewesen sowie rekursive Verhaltenskoordination über die Verhaltenskoordination.

IV. Zusätzliche Beobachtungen: soziale Phänomene, sprachliche Bereiche, Sprache und Selbstbewußtsein.

Eine Erklärung ist somit nur dann eine wissenschaftliche Erklärung, wenn sie dieses Validitätskriterium erfüllt, und eine Behauptung ist nur dann eine wissenschaftliche Behauptung, wenn sie auf wissenschaftlichen Erklärungen gründet.

Dieser Zyklus von vier Komponenten ist unserem alltäglichen Denken nicht fremd. Wir benutzen ihn häufig, wenn wir solch unterschiedliche Phänomene wie eine Autopanne oder Präsidentschaftswahlen erklären wollen. Wissenschaftler bemühen sich vornehmlich darum, grundsätzlich konsistent und explizit in jedem ihrer Schritte zu sein und Dokumente darüber zu hinterlassen, die eine Tradition schaffen, welche über eine Person oder eine Generation hinausreicht.

Unsere Situation ist genau dieselbe. Der Leser und wir, die Autoren, sind zu Beobachtern geworden, die Beschreibungen anfertigen. Und als Beobachter haben wir eben das Erkennen als unser zu erklärendes Phänomen gewählt. Darüber hinaus ist aus dem Gesagten evident geworden, worin unsere Anfangsbeschreibung des Erkenntnisphänomens besteht, nämlich: Da jedes Erkennen eine Welt hervorbringt, wird unser Ausgangspunkt notwendigerweise die operationale Effektivität des Lebewesens in seinem Existenzbereich sein. In anderen Worten: Unser Ausgangspunkt für die Erzeugung einer wissenschaftlich validierbaren Erklärung ist das Verständnis vom Erkennen als *wirksame Handlung*, das heißt, als eine Handlung, die es einem Lebewesen in einem bestimmten Milieu erlaubt, seine Existenz darin fortzusetzen, indem es dort seine Welt hervorbringt. Nicht mehr und nicht weniger.

Und wie werden wir wissen, wann wir eine befriedigende Erklärung des Phänomens des Erkennens erbracht haben? Nun, der Leser wird mittlerweile imstande sein, sich eine Antwort hierauf vorzustellen: nämlich dann, wenn wir ein System von Konzepten aufgestellt haben, das fähig ist, das kognitive Phänomen als das Ergebnis des Operierens von Lebewesen zu *erzeugen*. Zudem, wenn wir gezeigt haben, daß dieser Prozeß in Lebewesen geschieht, die wie wir in der Lage sind, Beschreibungen zu erzeugen und darüber zu reflektieren als Ergebnis ihrer Verwirklichung als lebende Wesen, das heißt als Ergebnis ihres wirksamen Operierens in ihren Existenzbereichen (Milieus). Ausgehend von diesem Erklärungsvorschlag werden wir zu untersuchen haben, wie alle uns bekannten Dimensionen des Erkennens erzeugt werden können.

Das ist sozusagen die Route, die wir dem Leser vorschlagen. Im Verlauf der nun folgenden Kapitel werden wir diesen Erklärungsvorschlag und dessen Verbindung mit unterschiedlichen zusätzlichen Phänomenen, etwa der Kommunikation und der Sprache, entwickeln. Am Ende dieser Reise wird der Leser diese Seiten wieder lesen und sich ein Urteil darüber bilden können, ob unsere Einladung, das Phänomen der Erkenntnis auf diese Weise zu betrachten, fruchtbar gewesen ist.

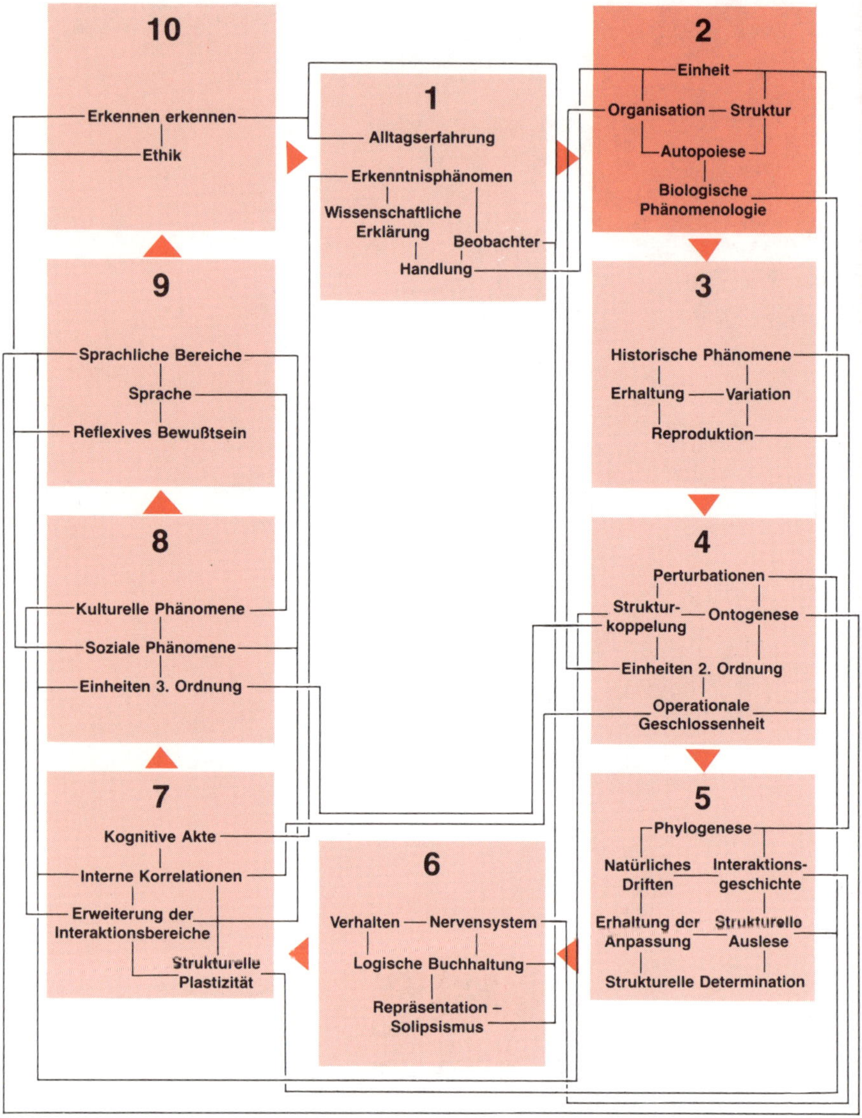
10
Erkennen erkennen
Ethik
1
Alltagserfahrung
Erkenntnisphänomen
Wissenschaftliche Erklärung
Beobachter
Handlung
2
Einheit
Organisation
Struktur
Autopoiese
Biologische Phänomenologie
3
Historische Phänomene
Erhaltung
Variation
Reproduktion
4
Perturbationen
Struktur-koppelung
Ontogenese
Einheiten 2. Ordnung
Operationale Geschlossenheit
5
Phylogenese
Natürliches Driften
Interaktions-geschichte
Erhaltung der Anpassung
Strukturelle Auslese
Strukturelle Determination
6
Verhalten
Nervensystem
Logische Buchhaltung
Repräsentation – Solipsismus
7
Kognitive Akte
Interne Korrelationen
Erweiterung der Interaktionsbereiche
Strukturelle Plastizität
8
Kulturelle Phänomene
Soziale Phänomene
Einheiten 3. Ordnung
9
Sprachliche Bereiche
Sprache
Reflexives Bewußtsein

2 Die Organisation des Lebendigen

Abb. 6 Der Spiralnebel NGC 1566 in der Dorado-Konstellation.

Unser Ausgangspunkt war die Feststellung, daß alles Erkennen ein Tun des Erkennenden ist und daß jedes Erkennen von der Struktur des Erkennenden abhängt. Dieser Ausgangspunkt gibt einen Hinweis auf unseren konzeptuellen Fahrplan für den weiteren Verlauf des Buches. Es geht um die Fragen: Wie kommt es zu diesem Hervorbringen des Erkennens im Tun? Was sind die Wurzeln und die Mechanismen, die das Erkennen auf diese Weise operieren lassen?

Mit Blick auf diese Fragen ist der erste Schritt unseres Fahrplanes der folgende: Das Erkennen ist als Tun des Erkennenden in der Eigenart seines Lebendig-*Seins*, seiner *Organisation*, verwurzelt. Wir behaupten, daß die biologischen Grundlagen des Erkennens nicht allein mittels der Untersuchung der Prozesse im Nervensystem verstanden werden können. Unerläßlich für ein Verständnis dieser Grundlagen scheint uns vielmehr ein Verständnis der Verwurzelung dieser Prozesse im Ganzen des Lebewesens zu sein.

Folglich beginnen wir in diesem Kapitel mit der Erörterung einiger Zusammenhänge, die mit der Or-

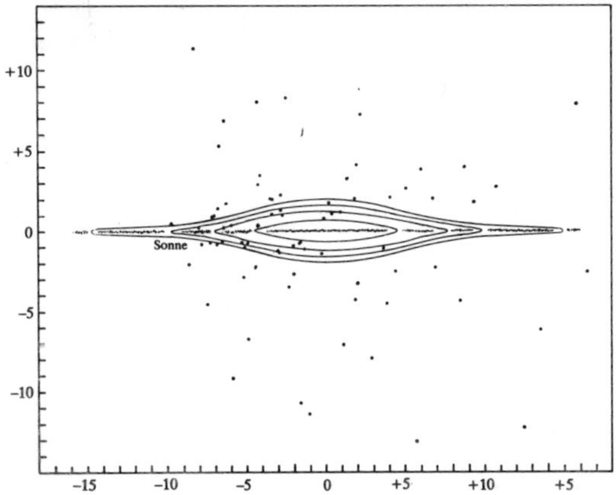

Abb. 7 Entfernungen in der Milchstraße und die Lage der Sonne in unserer Galaxis.

ganisation des Lebendigen zu tun haben. Dabei soll diese Erläuterung weder eine biologische Verzierung noch eine Art akademisches Füllsel für diejenigen sein, die keine biologische Vorbildung haben. Sie ist in diesem Buch vielmehr eine grundlegende Komponente der Erklärung des Erkenntnisphänomens in seinem ganzen Umfang.

Eine kurze Geschichte der Erde

Als erste Schritte auf dem Weg zum Verständnis der Organisation eines Lebewesens, sehen wir uns an, wie seine *Stofflichkeit* uns als Richtschnur zum Verstehen seines Grundmusters dienen kann. Wir begeben uns dabei auf eine Reise entlang einiger Meilensteine des stofflichen Wandels, der das *Erscheinen* der Lebe-wesen möglich machte.

Abb. 6 zeigt die Galaxis NGC 1566 der Dorado-Konstellation. Dieser sehr helle Spiralnebel wird im allgemeinen die «Austral-Galaxis» genannt. Abgesehen von ihrer Schönheit ist sie für uns deshalb von besonderem Interesse, weil unsere eigene Galaxie, die Milchstraße, uns in ähnlicher Form erscheinen würde, wenn wir sie von weitem betrachten könnten. Da dies nicht möglich ist, müssen wir uns mit einem Diagramm, wie in Abbildung 7, zufriedengeben. Es stellt einige Dimensionen des Sternenhimmels und der Sterne dar, die, mit den Dimensionen unserer Alltagswelt verglichen, uns zur Bescheidenheit mahnen. Die Einheiten der Skala sind *Kiloparsec*, also 3260 *Lichtjahre*. Innerhalb der Milchstraße hat unser Sonnensystem eine relativ randständige Lage, etwa 8 Kiloparsec vom Mittelpunkt der Galaxie entfernt.

Unsere Sonne ist einer von vielen Millionen anderer Sterne, welche die Galaxien, jene multiphasischen Strukturen bilden. Eine von Astronomen vorgeschla-

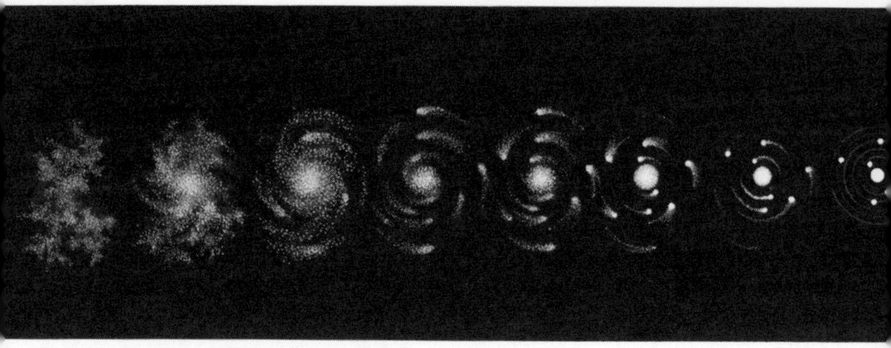

Abb. 8 Schematische Darstellung des Ablaufs der Transformationen eines Sterns vom Zeitpunkt seines Entstehens an.

gene Rekonstruktion der Entstehungsgeschichte der Sterne ist die folgende:

Der interstellare Raum enthält große Wasserstoffmengen. Turbulenzen in diesen Gasmassen erzeugen regelrechte Gasblasen hoher Dichte, wie im ersten Abschnitt der Abbildung 8 dargestellt. In diesem Zustand beginnt etwas sehr Interessantes: Es entsteht ein Gleichgewicht zwischen der Kohäsionstendenz infolge der Gravitation und der Strahlungstendenz als Produkt der *thermonuklearen* Reaktionen im Inneren des entstehenden Sterns. Diese von außen beobachtbare Strahlung erlaubt uns, die Sterne auch aus großer Entfernung am Himmel zu sehen.

Wenn diese Prozesse ins Gleichgewicht kommen, tritt der Stern in seine «Hauptreihe» (Abb. 8) ein, das heißt in seinen Lebenslauf als individueller Stern. Während dieser Zeitspanne wird die bereits kondensierte Materie in thermonuklearen Reaktionen im Laufe von rund 8 Milliarden Jahren allmählich verbraucht. Wenn ein Teil des kondensierten Wasserstoffes verbraucht ist, geht die Hauptreihe in einem dramatischen Prozeß von Transformationen ihrem Ende entgegen. Der Stern verwandelt sich zuerst in einen roten Riesen, dann in einen pulsierenden Stern, und

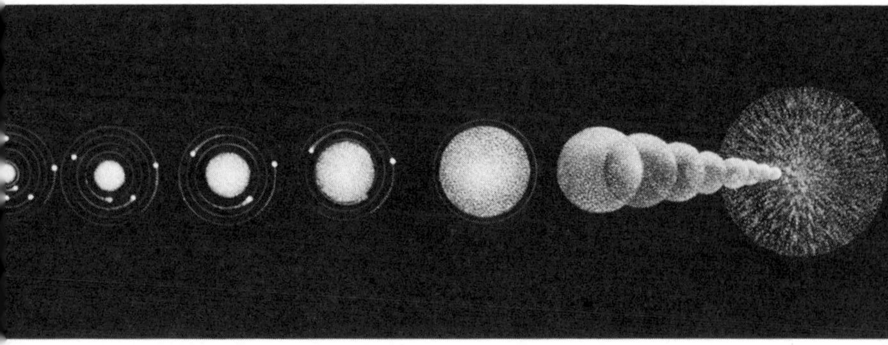

als Supernova explodiert er schließlich in einem regelrechten kosmischen «Niesen», wobei die schweren Elemente entstehen. Die im Zentrum des Sterns verbliebene Materie kollabiert dann zu einem sehr kleinen Stern hoher Dichte, einem sogenannten weißen Zwerg.

Unsere Sonne befindet sich in einem Abschnitt mehr oder weniger in der Mitte ihrer Hauptreihe. Die Astrophysiker erwarten, daß sie noch mindestens 3 Milliarden Jahre weiter strahlt, bevor ihre Wasserstoffreserven verbraucht sind. Nun sammelt ein Stern in vielen Fällen im Verlauf der Transformationen in seiner Hauptreihe Materie aus dem interstellaren Raum zu einem Hof um sich herum. Dieser Hof befindet sich in kreisender Bewegung, was energetisch vom Verlauf der Transformationen des Sterns abhängt. Die Erde und die anderen Planeten unseres Sonnensystems sind aus diesem Hof entstanden. Ihre Materie muß wegen ihres Reichtums an schweren Atomen aus den Überresten einer Sternenexplosion, einer Supernova, stammen.

Nach Ansicht der Geophysiker ist die Erde mindestens 5 Milliarden Jahre alt und hat eine Geschichte von unaufhörlichen Transformationen. Wären wir vor

4 Milliarden Jahren als Besucher auf der Oberfläche der Erde spazierengegangen, hätten wir eine Atmosphäre aus Gasen wie Methan, Ammonium, Wasserstoff und Helium angetroffen, also eine Atmosphäre, die ganz anders als die heutige war. Sie war unter anderem deshalb anders, weil sie einem andauernden Beschuß von energiereichen ultravioletten und Gamma-Strahlen, von elektrischen Entladungen, meteorischen Einschlägen und Vulkanausbrüchen ausgesetzt war. All diese Energiezuflüsse erzeugten (und erzeugen noch) eine andauernde Diversifizierung der molekularen Substanzklassen auf der Urerde und in ihrer Atmosphäre.

Am Anfang der Geschichte des Sterns gab es eine grundlegende molekulare Homogenität. Nach der Entstehung der Planeten ist in einem kontinuierlichen Prozeß chemischer Transformation sowohl in der Atmosphäre als auch auf der Oberfläche der Erdkruste eine große Mannigfaltigkeit molekularer Substanzen entstanden.

Im Rahmen dieser komplexen und kontinuierlichen Geschichte von molekularen Transformationen ist für uns indes besonders der Moment interessant, in dem die aus Kohlenstoffketten bestehenden Moleküle – *die organischen Moleküle* – sich anhäuften und diversifizierten. Da die Kohlenstoffatome allein und unter Beteiligung vieler anderer Elemente eine unbegrenzte Anzahl von unterschiedlichen Verbindungen bilden können, die sich hinsichtlich Zusammensetzung, Größe, Verzweigung und Konformation unterscheiden, ist die morphologische und chemische Mannigfaltigkeit der organischen Moleküle im Prinzip unendlich.

Es ist genau diese chemische und morphologische Mannigfaltigkeit der organischen Moleküle, die die Existenz der Lebewesen möglich macht. Sie erlaubt nämlich die Mannigfaltigkeit der molekularen Reak-

Abb. 9 Maßstabsgetreuer Vergleich zwischen den Modellen eines Wassermoleküls (oben), einer Aminosäure (Lysin, Mitte) und einem *Protein* (Ribonuclease, unten).

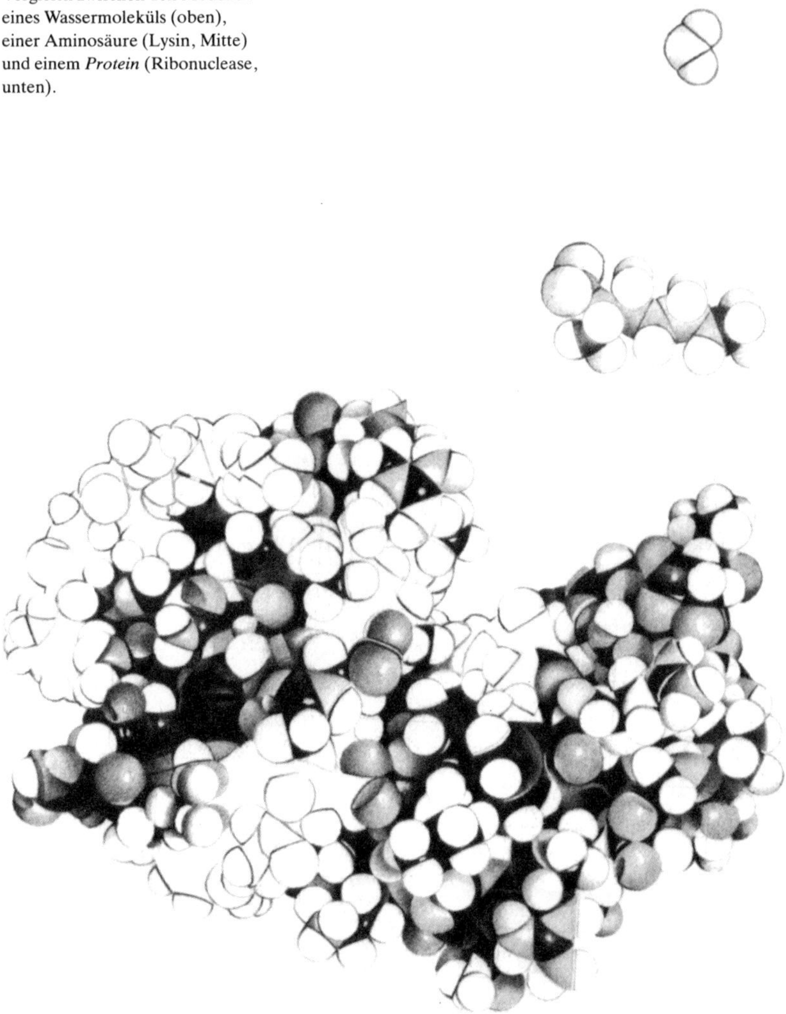

tionen innerhalb der Prozesse, die Lebewesen verwirklichen. Das werden wir weiter unten noch genauer betrachten. Inzwischen können wir sagen, daß ein Spaziergänger auf der Urerde die andauernde abiogene (ohne die Beteiligung von Lebewesen ablaufende) Produktion von organischen Molekülen angetroffen hätte, und zwar sowohl in der Atmosphäre als auch in den aufgewühlten Meeren, beide wahre Nährlösungen für molekulare Reaktionen. Etwas von dieser Mannigfaltigkeit ist in Abbildung 9 angedeutet. Dort ist zum Vergleich mit organischen Molekülen ein Wassermolekül gezeigt, das nur sehr begrenzte Möglichkeiten hat, chemische Verbindungen einzugehen.

Unterscheidungen

Das Aufzeigen eines Wesens, Objekts, einer Sache oder Einheit ist mit einem *Akt der Unterscheidung* verbunden, der das Aufgezeigte von einem Hintergrund unterscheidet und damit von diesem trennt.
Immer wenn wir auf etwas implizit oder explizit Bezug nehmen, haben wir ein *Unterscheidungskriterium* festgelegt, das das Kennzeichen dessen, von dem wir gerade sprechen, und seine Eigenschaften als Wesen, Einheit oder als Objekt spezifiziert.
Es ist dies eine ganz alltägliche und nicht etwa eine besondere Situation, in der wir uns andauernd und notwendigerweise finden.

Einheiten

Eine Einheit (Entität, Wesen, Objekt) ist durch einen Akt der Unterscheidung definiert. Anders herum: Immer dann, wenn wir in unseren Beschreibungen auf eine Einheit Bezug nehmen, implizieren wir eine Operation der Unterscheidung, die die Einheit definiert und möglich macht.

Das Erscheinen der Lebewesen

Als die molekularen Transformationen in den Meeren der Urerde diesen Punkt erreicht hatten, wurde die Bildung von Systemen mit ganz besonderen molekularen Reaktionen möglich. Das heißt: Wegen der nun möglichen Vielfalt und Plastizität im Bereich der organischen Moleküle wurde die Bildung von Netzwerken von molekularen Reaktionen möglich, die wiederum dieselben Klassen von Molekülen, aus denen sie selbst bestehen, erzeugen und integrieren, wobei sie sich im Prozeß ihrer Verwirklichung gleichzeitig gegen den umliegenden Raum abgrenzen. Solche Netze und molekulare Interaktionen, welche sich selbst erzeugen und ihre eigenen Grenzen bestimmen, sind, wie wir weiter unten sehen werden, Lebewesen.

Abbildung 10 zeigt molekulare Anhäufungen dieser Art, die sich vor mehr als 3400 Millionen Jahren auf die beschriebene Weise gebildet haben. Die Fotos wurden mit einem Elektronenmikroskop aufgenommen. Noch hat man wenige derart alte Funde gemacht, aber es gibt andere Beispiele, die in aus biolo-

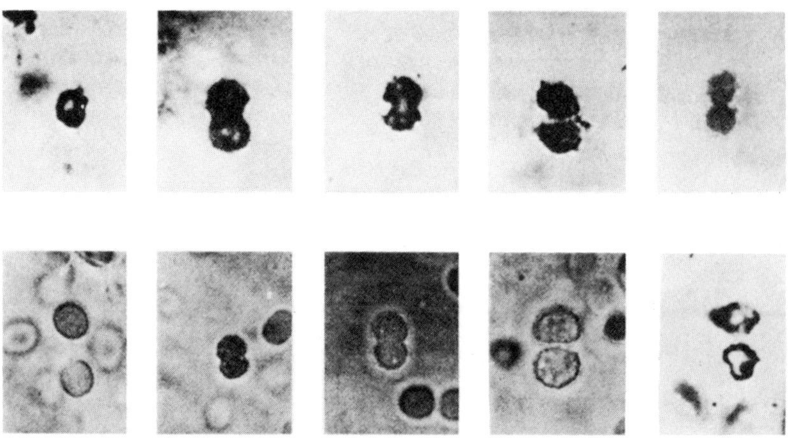

Abb. 10 Fossilien, vermutlich von Bakterien, die in über 3 000 Millionen Jahre alten Ablagerungen gefunden wurden (oben). Unten zum Vergleich Aufnahmen von gegenwärtig lebenden Bakterien, deren Form der der oben abgebildeten Fossilien entspricht. Beide Serien von Aufnahmen wurden mit einem Elektronenmikroskop gemacht.

gischer Perspektive jüngeren *fossilen* Ablagerungen (weniger als 2000 Millionen Jahre alt) gefunden worden sind. Die Forscher haben diese molekularen Anhäufungen als die ersten fossilen Lebewesen bezeichnet und in der Tat als Fossilien von Lebewesen, die bis zum heutigen Tag existieren: *Bakterien* und Algen.

Die Behauptung: «Das ist ein fossiles Lebewesen», ist sehr interessant, und es lohnt sich, sie von nahem zu betrachten. Was erlaubt dem Forscher diese Behauptung? Gehen wir Schritt für Schritt vor. Erstens war es nötig, eine Beobachtung zu machen und zu sagen, hier gibt es ein Etwas (einige Kügelchen), das unter dem Mikroskop eine deutliche Kontur erkennen läßt. Sodann wird beobachtet, daß diese derart markierten Einheiten morphologisch den Lebewesen ähneln, die gegenwärtig existieren. Da überzeugende Beweise dafür vorliegen, daß solch eine Erscheinungsweise den Lebewesen eigentümlich ist und daß diese Funde aus einer Zeit stammen, die mit jener erdgeschichtlichen Epoche von Transformationen der Erdkruste und -atmosphäre zusammenfällt, die mit Prozessen in Verbindung gebracht wird, welche Lebewesen (wie wir sie kennen) eigentümlich sind, ist die Folgerung die, daß es sich hier um Fossilien von Lebewesen handelt.

Der Forscher schlägt uns hier also ein Kriterium vor, das besagt: Die Lebewesen, die es früher gegeben hat, müssen (in diesem Fall aus morphologischer Sicht) den gegenwärtigen Lebewesen ähneln. Dies setzt voraus, daß man, und sei es nur implizit, irgendein Kriterium haben muß, um wissen und klassifizieren zu können, wann eine Entität oder ein vorhandenes System ein lebendes Wesen ist und wann nicht.

Wir sind also vor ein schwieriges Problem gestellt. Wie weiß ich, wann ein Wesen lebendig ist? Was sind meine Kriterien? Im Verlauf der Geschichte der Biologie sind viele Kriterien vorgeschlagen worden, aber sie alle haben gewisse Schwachpunkte. Es ist zum Beispiel vorgeschlagen worden, daß die chemische Zusammensetzung das Kriterium sein müßte, oder die Fähigkeit zur Bewegung, oder die Fähigkeit zur Reproduktion, oder schließlich irgendeine Kombination dieser Kriterien, also eine Aufzählung von Eigenschaften. Aber, wie wissen wir, wann diese Aufzählung vollständig ist? Zum Beispiel: Wenn eine zur Reproduktion fähige Maschine aus Eisen und Kunststoff gebaut wird – ist sie dann «lebendig»?

Wir wollen eine Antwort auf die Frage nach dem Kriterium des Lebendigen vorschlagen, die auf radikale Weise verschieden ist von der traditionellen Aufzählung von Eigenschaften und die das Problem kolossal vereinfacht. Um diese Veränderung in der Sichtweise vorzunehmen, müssen wir allerdings feststellen, daß bereits die Tatsache, daß wir uns die Frage stellen, wie wir ein Lebewesen erkennen können, darauf hinweist, daß wir eine Idee, und sei sie nur implizit, von seiner *Organisation* haben. Es ist diese Idee, welche bestimmen wird, ob wir die Frage nach der Lebendigkeit eines Wesens bejahen oder verneinen. Um zu vermeiden, daß wir einer solchen impliziten Idee auf den Leim gehen und sie uns verblendet, müssen wir uns beim Betrachten der nun folgenden Antwort dessen bewußt sein.

Was ist die Organisation von etwas? Das zu beantworten ist sehr einfach und ansatzweise zugleich kompliziert: Es sind solche Relationen, die existieren oder gegeben sein müssen, damit ein Etwas etwas ist. Damit ich ein Objekt als einen Stuhl bezeichnen kann, muß ich zuvor anerkennen, daß gewisse Relationen zwischen den Teilen, die ich Beine, Lehne, Sitzfläche nenne, auf eine Weise gegeben sind, die das Sitzen möglich machen. Ob es aus Holz mit Nägeln oder aus Kunststoff mit Schrauben besteht, ist dafür, daß ich es als einen Stuhl qualifiziere oder klassifiziere, gänzlich irrelevant.

Die Tatsache, daß wir beim Aufzeigen oder Unterscheiden eines Objekts implizit oder explizit dessen Organisation anerkennen, ist insofern universell, als wir diesen Akt andauernd als einen grundlegenden kognitiven Akt vollziehen. Er besteht in nicht mehr und nicht weniger als im Erzeugen von Klassen jedweder Art. So ist die Klasse der Stühle durch die Relationen definiert, denen etwas entsprechen muß, damit ich es als einen Stuhl klassifiziere. Ebenfalls wird die Klasse der «guten Taten» durch die Kriterien definiert, die ich festlege und die als Relation zwischen den vollzogenen Taten und ihren Konsequenzen gegeben sein müssen, damit sie als «gut» betrachtet werden können.

Es ist dann einfach, eine bestimmte Organisation aufzuzeigen, wenn auf die Objekte einer Klasse hingewiesen wird. Dennoch kann es komplex und schwierig sein, in genauer und expliziter Weise die Relationen zu beschreiben, die eine solche Organisation konstituieren. So kann es einfach erscheinen, in der Klasse der Stühle die Organisation «Stuhl» zu beschreiben, aber es ist nicht so einfach bei der Klasse der guten Taten, es sei denn, daß die, für die die Beschreibung gültig sein soll, weitgehend den gleichen kulturellen Hintergrund haben.

Wenn wir von Lebewesen sprechen, haben wir bereits angenommen, daß es etwas Gemeinsames zwischen ihnen gibt, andererseits würden wir sie nicht zu der einen Klasse zählen, die wir «das Lebendige» bezeichnen. Damit ist allerdings nicht gesagt, worin die Organisation besteht, die sie als Klasse definiert. Unser Vorschlag ist, daß Lebewesen sich dadurch charakterisieren, daß sie sich – buchstäblich – andauernd selbst erzeugen. Darauf beziehen wir uns, wenn wir die sie definierende Organisation *autopoietische Or-*

Der Ursprung der organischen Moleküle

Wird das Erscheinen der organischen Moleküle, die mit den in Lebewesen vorgefundenen vergleichbar sind (wie Nukleinbasen, *Aminosäuren* oder Proteinketten), erörtert, ist man versucht zu denken, die Wahrscheinlichkeit dafür, daß sie sich spontan erzeugt haben, sei sehr gering und eine gewisse Gerichtetheit in diesem Prozeß sei anzunehmen.

Im Rahmen der hier versuchten Rekonstruktion ist dies nicht so. Jedes der beschriebenen Stadien entsteht in unvermeidbarer Weise als Folge des Vorangegangenen. Stellt man die Uratmosphäre nach und nimmt in ihr eine angemessene energetische Aktivierung vor, dann entstehen auch am heutigen Tag organische Moleküle von einer Komplexität, die mit der der in gegenwärtig lebenden Wesen gefundenen Molekülen vergleichbar ist.

Hat man eine aus Wasserstoff bestehende Gasmasse ausreichender Dichte, dann entstehen in ihrem Inneren auch heute noch thermonukleare Reaktionen, die wiederum neue atomare Elemente entstehen lassen, welche vorher nicht vorhanden waren. Das überrascht nur den, der keinen Überblick über die ganze geschichtliche Sequenz hat.

Einer der klassischen Nachweise dafür, daß es keine Diskontinuität in dieser sequentiellen Transformation gibt, ist das Experiment von Miller (vgl. S. L. Miller in: *Science* 117:528, 1953), das in Abbildung 11 schematisch dargestellt ist. Millers Idee war einfach: In einem Glaskolben wird die Uratmosphäre sowohl in ihrer chemischen Zusammensetzung als auch in ihrer Strahlungssituation nachgeahmt. In diesem Fall wird ein Gemisch aus Ammoniak, Methan, Wasserstoff und Wasserdampf elektrischen Entladungen ausgesetzt. Die Ergebnisse der molekularen Transformationen werden über den Wasserkreislauf gesammelt und die dort gelösten Substanzen analysiert.

Zur Überraschung der gesamten Gemeinschaft der Wissenschaftler führte das Millersche Experiment zu reichhaltiger Produktion von Molekülen, die typischerweise in gegenwärtigen zellulären Organismen gefunden werden, so zum Beispiel die Aminosäure Alanin, Asparaginsäure und andere organische Moleküle wie Harnstoff und Bernsteinsäure.

ganisation nennen (griech. *autos* = selbst; *poiein* = machen). Im wesentlichen ist diese Organisation durch gewisse Relationen gegeben, die wir aufzählen werden und die auf der zellulären Ebene noch leicht zu verstehen sein werden.

Zunächst müssen die molekularen Bestandteile einer zellulären autopoietischen Einheit in einem kontinuierlichen Netzwerk von Wechselwirkungen dynamisch miteinander verbunden sein. Viele der konkreten chemischen Transformationen dieses Netzwerks sind heutzutage bekannt. Der Biochemiker nennt sie verallgemeinernd *zellulären Metabolismus* (Zellstoffwechsel).

Das Eigentümliche dieser zellulären Dynamik im Vergleich zu irgendeiner anderen Menge von mole-

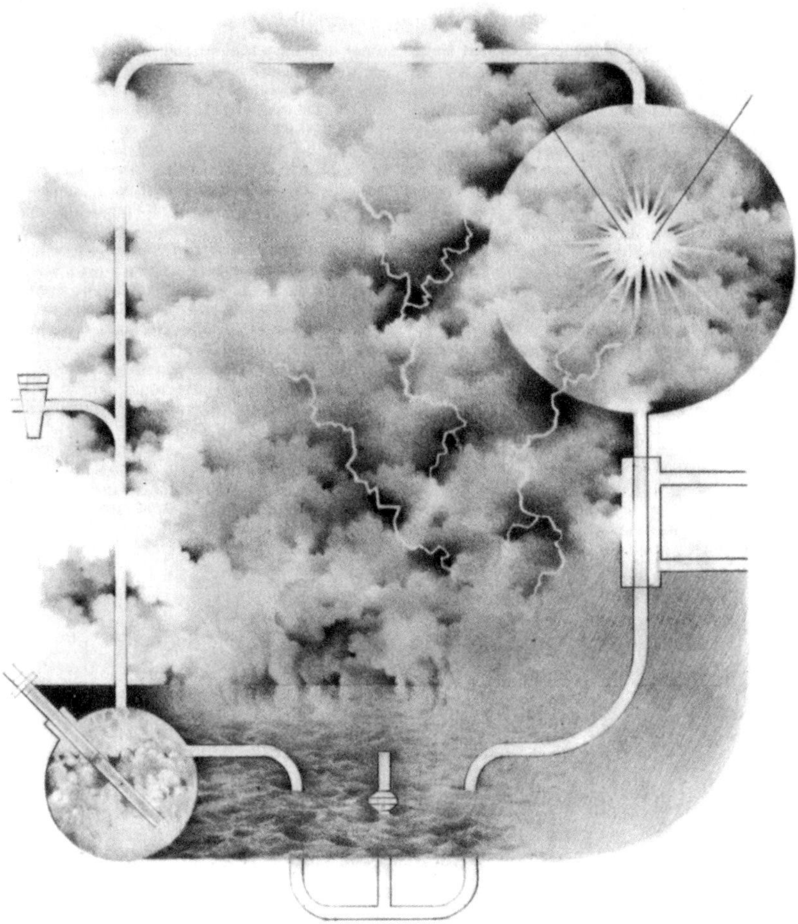

Abb. 11 Das Millersche Experiment als Metapher für die Geschehnisse in der Uratmosphäre.

kularen Transformationen in natürlichen Prozessen ist, daß der Zellstoffwechsel Bestandteile erzeugt, welche allesamt in das Netz von Transformationen, das sie erzeugte, integriert werden. Manche dieser Bestandteile bilden dabei einen *Rand,* eine Begrenzung für dieses Netz von Transformationen. In morphologischen Begriffen ist die Struktur, die dieses Entstehen im Raum möglich macht, eine *Membran*.

Dieser häutchenartige Rand ist aber kein Produkt des Zellstoffwechsels, wie etwa ein Tuch das Produkt einer Webmaschine ist, und zwar deshalb nicht, weil die Membran nicht nur die Ausdehnung des seine eigenen Bestandteile erzeugenden Netzwerkes von Transformationen begrenzt, sondern ebenfalls an diesen Transformationsprozessen teilnimmt. Gäbe es diese räumliche Architektur nicht, würde sich der zelluläre Stoffwechsel in eine molekulare Brühe auflösen, die überall diffundieren und keine getrennte Einheit wie die Zelle konstituieren würde.

In bezug auf die Relationen von chemischen Transformationen haben wir hier eine ganz besondere Situation vor uns: Auf der einen Seite sehen wir ein dynamisches Netzwerk von Transformationen, das seine eigenen Bestandteile erzeugt und das die Bedingung der Möglichkeit eines Randes ist. Auf der anderen Seite sehen wir einen Rand, der die Bedingung der Möglichkeit des Operierens eines Netzwerkes von Transformationen ist, welches das Netzwerk als Einheit erzeugt:

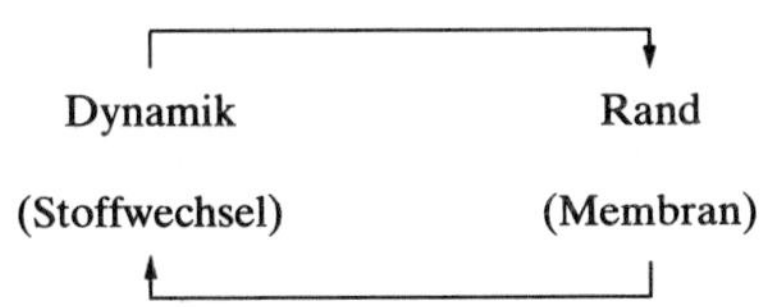

Wohlgemerkt: Dies sind keine sequentiellen Prozesse, sondern zwei Aspekte eines einheitlichen Phänomens. Es ist nicht so, daß es zuerst einen Rand und dann eine Dynamik gibt und dann einen Rand und so weiter. Wir sprechen von einer Art von Phänomen, bei der die Möglichkeit, ein Etwas von dem Ganzen zu unterscheiden (etwas, das ich zum Beispiel unter dem Mikroskop sehen kann), von der Ganzheitlichkeit der Prozesse abhängt, die dieses Etwas möglich machen. Unterbrechen wir (an welchem Punkt auch immer) das zelluläre metabolische Netz, und wir werden nach einiger Zeit keine Einheit mehr haben, die wir als solche bezeichnen könnten! Die eigentümlichste Charakteristik eines autopoietischen Systems ist, daß es sich sozusagen an seinen eigenen Schnürsenkeln emporzieht und sich mittels seiner eigenen Dynamik als unterschiedlich vom umliegenden Milieu konstituiert.

Organisation und Struktur

Unter *Organisation* sind die Relationen zu verstehen, die zwischen den Bestandteilen von etwas gegeben sein müssen, damit es als Mitglied einer bestimmten Klasse erkannt wird.

Unter der *Struktur* von etwas werden die Bestandteile und die Relationen verstanden, die in konkreter Weise eine bestimmte Einheit konstituieren und ihre Organisation verwirklichen.

So besteht die Organisation zur Steuerung des Wasserpegels in einem Spülkasten des Wasserklosetts aus den Relationen zwischen einem Gerät, das fähig ist, den Wasserpegel einzuschätzen, und einem Gerät, das fähig ist, den Wasserzufluß zu unterbinden. Im häuslichen WC wird diese Geräteklasse heute mit einem System aus verschiedenen Materialien wie Kunststoff und Metall verwirklicht, das aus einem Schwimmer und einem Durchflußventil besteht. Diese besondere Struktur könnte aber dadurch verändert werden, daß der Kunststoff durch Holz ersetzt wird, ohne daß damit die Organisation, die das Ding zu einem Spülkasten macht, betroffen wäre.

Ein Lebewesen ist durch seine autopoietische Organisation charakterisiert. Verschiedene Lebewesen unterscheiden sich durch verschiedene Strukturen, sie sind aber in bezug auf ihre Organisation gleich.

Autonomie und Autopoiese

Anzuerkennen, daß das Charakteristische an Lebewesen ihre autopoietische Organisation ist, erlaubt eine große Anzahl empirischer Daten über die zelluläre Funktionsweise und ihre Biochemie miteinander zu verbinden. Das Konzept der Autopoiese steht daher nicht im Widerspruch zu den bisher angesammelten Erkenntnissen; im Gegenteil, es lehnt sich ausdrücklich an sie an und schlägt explizit vor, diese Erkenntnisse aus einem spezifischen Blickwinkel zu interpretieren, der die Tatsache betont, daß Lebewesen *autonome* Einheiten sind.

Wir verwenden den Begriff Autonomie in seiner üblichen Bedeutung. Das heißt, ein System ist autonom, wenn es dazu fähig ist, seine eigene Gesetzlichkeit beziehungsweise das ihm Eigene zu spezifizieren. Wir schlagen *nicht* vor anzunehmen, daß Lebewesen die einzigen autonomen Wesen sind; sie sind es sicherlich nicht. Es ist aber evident, daß seine Autonomie einer der unmittelbarsten Aspekte eines Lebewesens ist. Nach unserer Ansicht ist deshalb der Mechanismus, der Lebewesen zu autonomen Systemen macht, die Autopoiese; sie kennzeichnet Lebewesen als autonom.

Die Frage nach der Autonomie des Lebendigen ist so alt wie die Frage nach dem Lebendigen. Nur den zeitgenössischen Biologen ist die Frage, wie die Autonomie des Lebendigen verstanden werden kann, unbequem. Von unserem Standpunkt aus verwandelt sich diese Frage jedoch in einen roten Faden, in dessen Verlauf sichtbar wird, daß wir, um die Autonomie des Lebewesens verstehen zu können, die Organisation verstehen müssen, die es als Einheit definiert. Dies ist deshalb notwendig, weil gerade die Berücksichtigung der Lebewesen als autonome Einheit uns aufzuzeigen erlaubt, wie ihre üblicherweise als geheimnisvoll und unfaßbar angesehene Autonomie verständlich wird, wenn und indem auf ihre sie als Einheit definierende autopoietische Organisation verwiesen wird. Zum anderen wird dann auch deutlich, daß Lebewesen sich in eben dieser Organisation zugleich verwirklichen und sich selbst spezifizieren.

Wir zielen hier auf ein wissenschaftliches Vorgehen ab: Wenn wir nicht in der Lage sind, eine das Lebewesen charakterisierende Aufzählung von Eigenschaften zu geben, warum dann nicht ein System vorschlagen, welches im Operieren seine gesamte Phänomenologie hervorbringt? Berücksichtigen wir unser gesamtes Wissen über den Stoffwechsel und die zelluläre Struktur in ihrer gegenseitgen Interdependenz, dann wird offensichtlich, daß eine autopoietische Einheit genau das tut.

Daß Lebewesen eine Organisation haben, ist natürlich nicht allein ihnen eigen. Es ist allen Gebilden gemeinsam, die wir als Systeme betrachten können. Dennoch ist den Lebewesen eigentümlich, daß das einzige Produkt ihrer Organisation sie selbst sind, das heißt, es gibt keine Trennung zwischen Erzeuger und Erzeugnis. Das Sein und das Tun einer autopoietischen Einheit sind untrennbar, und dies bildet ihre spezifische Art von Organisation.

Die autopoietische Organisation kann, wie jede Organisation, im Einzelfall durch viele verschiedene Klassen von Bestandteilen verwirklicht werden. Dennoch müssen wir feststellen, daß in Hinsicht auf den molekularen Aspekt des Ursprungs des Lebens auf der Erde nur einzelne molekulare Substanzklassen die Eigenschaften besessen haben können, die die

Abb. 12 Elektronenmikroskopisches Foto des Schnitts einer Blutegel-Zelle; es zeigt Membrane und interzelluläre Bestandteile in ca. 20 000facher Vergrößerung. Hauptumrisse wie die von Zellkernmembran, Mitochondrien, endoplasmatischem Retikulum, Ribosomen und Zellmembran sind erkennbar.

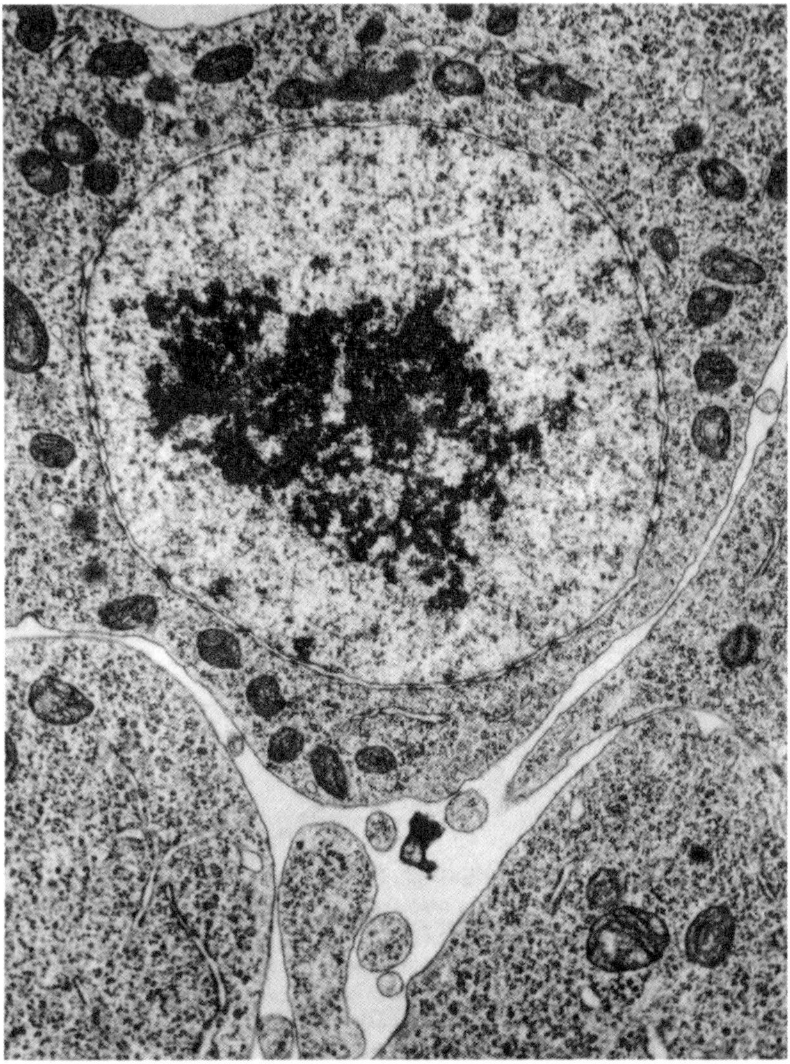

Zellen und ihre Membranen

Die Zellmembran spielt eine vielseitigere Rolle als nur die einer räumlichen Demarkationslinie für eine Menge von chemischen Transformationen. Sie nimmt nämlich, ebenso wie die anderen zellulären Bestandteile, an diesen chemischen Prozessen teil. Dies geschieht unter Umständen, die beinhalten, daß das Zellinnere eine reichhaltige, aus großen Blökken von Molekülen bestehende Architektur hat, durch die vielfältige organische Stoffe in kontinuierlichem Austausch hindurchfließen, wobei die Membran operationaler Teil dieses Inneren ist. Dies gilt sowohl für die Membranen, die die Zellräume gegen das Außenmilieu abgrenzen, als auch für solche, die die vielfältigen inneren Zellräume gegeneinander abgrenzen, wie Abb. 13 zeigt.

Die innere Architektur und die zelluläre Dynamik sind, wie wir betont haben, Aspekte desselben Phänomens: der Selbsterzeugung. So gibt es zum Beispiel innerhalb der Zellen spezialisierte Organellen – die Mitochondrien –, an deren Wänden sich in genauen räumlichen Abständen Enzyme lokalisieren, welche sich in der Membran des Mitochondriums wie Überträgerketten von Elektronen verhalten – ein Prozeß, der die Grundlage der Zellatmung ist.

Bildung von autopoietischen Einheiten ermöglichten. Sie bildeten den Anfang jenes strukturellen Werdens, dem auch wir selbst entstammen.

Es mußten zum Beispiel Moleküle vorhanden sein, die zur Bildung von ebenso stabilen wir plastischen Membranen fähig waren. Denn diese Membranen mußten einerseits effektive Grenzen sein, andererseits aber auch mit variablen Eigenschaften ausgestattet sein, damit eine dauernde und je auf die molekularen Geschwindigkeiten bezogene Diffusion von Molekülen und Ionen stattfinden konnte. Die Moleküle, aus denen sich zum Beispiel Glimmerschichten zusammensetzen, bilden mit ihren Eigenschaften zu starre Grenzen, als daß sie als solche in dynamischen Einheiten (Zellen) an schnellem und andauerndem molekularem Austausch mit der Umgebung teilnehmen könnten.

Erst als in der Geschichte der Erde die Bedingungen für die Bildung von organischen Molekülen wie den Proteinen gegeben waren, deren Flexibilität und Möglichkeiten für Komplexität praktisch unbegrenzt sind, waren die Umstände gegeben, die die Bildung von autopoietischen Einheiten möglich machten. In der Tat können wir annehmen, daß es unvermeidlich

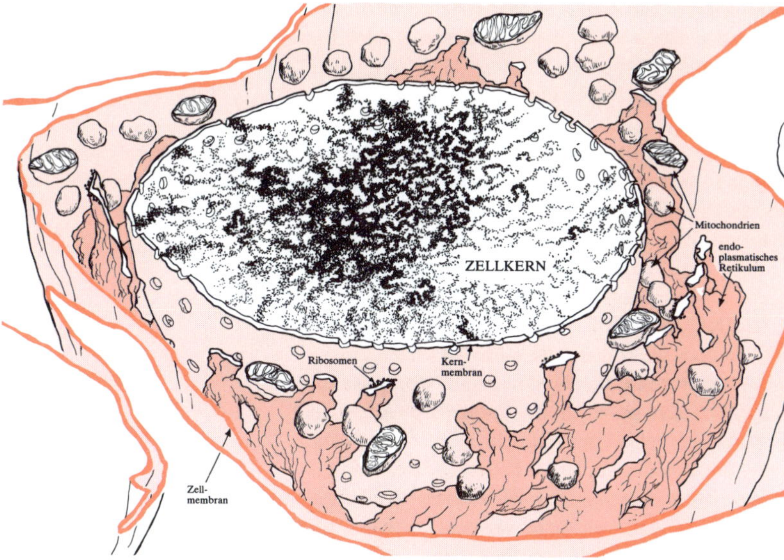

Abb. 13 Schematische dreidimensionale Projektion dessen, was unterhalb des Oberflächenschnitts von Abb. 12 zu finden wäre.

zur Bildung von autopoietischen Systemen gekommen ist, als in der Geschichte der Erde die hinreichenden Bedingungen gegeben waren.

Jener Moment kann als Ursprung des Lebens angesehen werden. Das bedeutet jedoch nicht, daß dieser auf einen einzigen Augenblick noch einen einzigen Ort festzulegen ist; wir können also auch kein Datum dafür angeben. Es spricht vieles dafür, daß, sobald die hinreichenden Bedingungen für den Ursprung lebender Systeme gegeben waren, diese viele Male entstanden. Das heißt, es entstanden viele autopoietische Einheiten mit vielen strukturellen Varianten an vielen Orten der Erde in einem Zeitraum von vielleicht vielen Millionen Jahren.

Das Erscheinen der autopoietischen Einheiten auf der Oberfläche der Erde markiert einen Meilenstein in der Geschichte dieses Sonnensystems. Dies sollte gut verstanden werden, denn die Bildung einer Einheit bestimmt immer eine Reihe von Phänomenen, die mit den sie definierenden Eigenschaften verbunden sind. Nun sind wir imstande zu sagen, daß jede Klasse von Einheiten eine der eigenen Klasse eigentümliche *Phänomenologie* spezifiziert. So spezifizieren die autopoietischen Einheiten die *biologische Phänomenologie* als die ihnen eigene Phänomenologie mit Charakteristika, die von denen der physikalischen Phänomenologie verschieden sind. Dies ist nicht etwa so, weil die autopoietischen Einheiten irgendeinem Aspekt der physikalischen Phänomenologie widersprechen; da sie molekulare Komponenten haben, müssen sie auch die gesamte physikalische Gesetzlichkeit erfüllen. Vielmehr hängen die Phänomene, die autopoietische Einheiten in ihrem Operieren erzeugen, von der Organisation der Einheit ab und von der Art, wie diese verwirklicht wird, und nicht von den physikalischen Eigenschaften ihrer Bestandteile, welche nur den Raum ihrer Existenz bestimmen.

Wenn deshalb eine Zelle mit einem Molekül X interagiert und es in ihre Prozesse einbezieht, ist die Konsequenz dieser Interaktion nicht durch die Eigenschaften des Moleküls X bestimmt, sondern durch die Art, wie dieses Molekül von der Zelle bei dessen Einbeziehen in ihre autopoietische Dynamik «gesehen» beziehungsweise genommen wird. Die Veränderungen, die in der Zelle als Konsequenz dieser Interaktion entstehen, werden von ihrer eigenen Struktur als zelluläre Einheit bestimmt. Wenn dem so ist, daß die autopoietische Organisation die biologische Phänomenologie als Verwirklichung des Lebewesens als autonome Einheiten determiniert, dann ist jedes Phänomen ein *biologisches* Phänomen, welches die Autopoiese mindestens eines Lebewesens einbezieht.

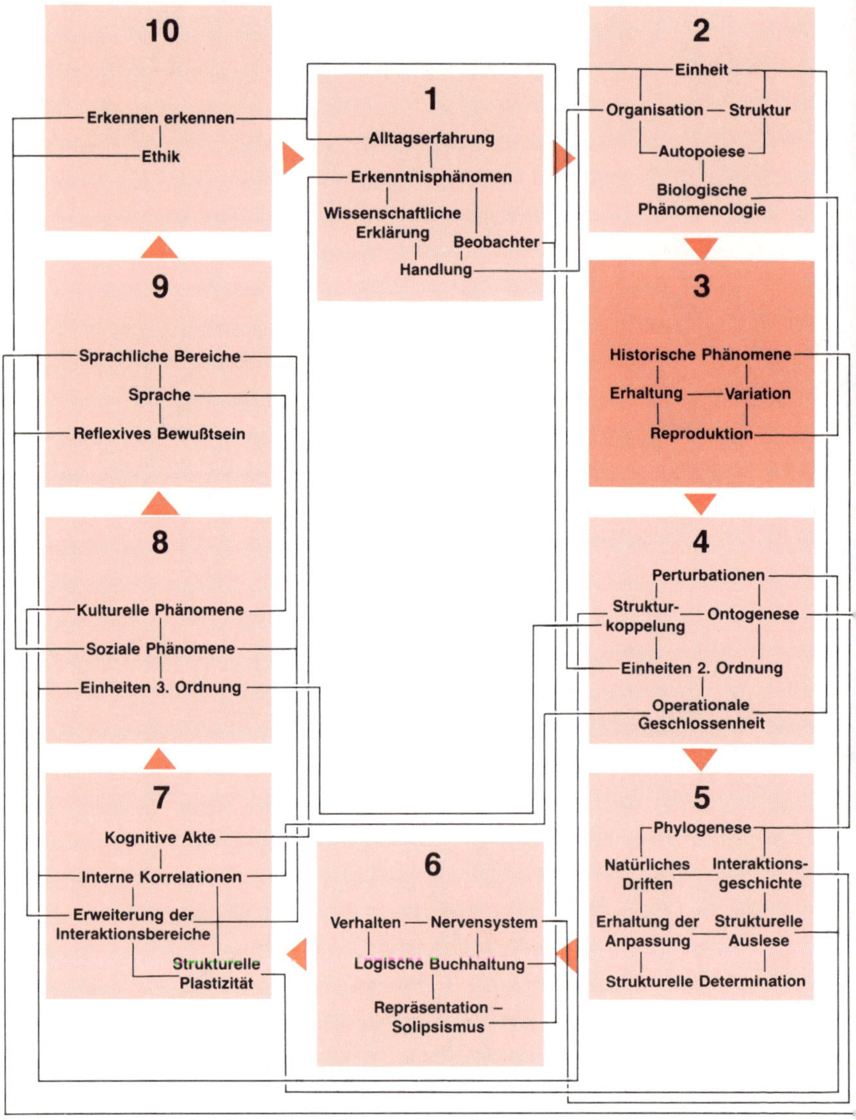

10
Erkennen erkennen
Ethik
1
Alltagserfahrung
Erkenntnisphänomen
Wissenschaftliche Erklärung
Beobachter
Handlung
2
Einheit
Organisation
Struktur
Autopoiese
Biologische Phänomenologie
9
Sprachliche Bereiche
Sprache
Reflexives Bewußtsein
3
Historische Phänomene
Erhaltung
Variation
Reproduktion
8
Kulturelle Phänomene
Soziale Phänomene
Einheiten 3. Ordnung
4
Perturbationen
Strukturkoppelung
Ontogenese
Einheiten 2. Ordnung
Operationale Geschlossenheit
7
Kognitive Akte
Interne Korrelationen
Erweiterung der Interaktionsbereiche
Strukturelle Plastizität
6
Verhalten
Nervensystem
Logische Buchhaltung
Repräsentation – Solipsismus
5
Phylogenese
Natürliches Driften
Interaktionsgeschichte
Erhaltung der Anpassung
Strukturelle Auslese
Strukturelle Determination

3 Geschichte: Fortpflanzung und Vererbung

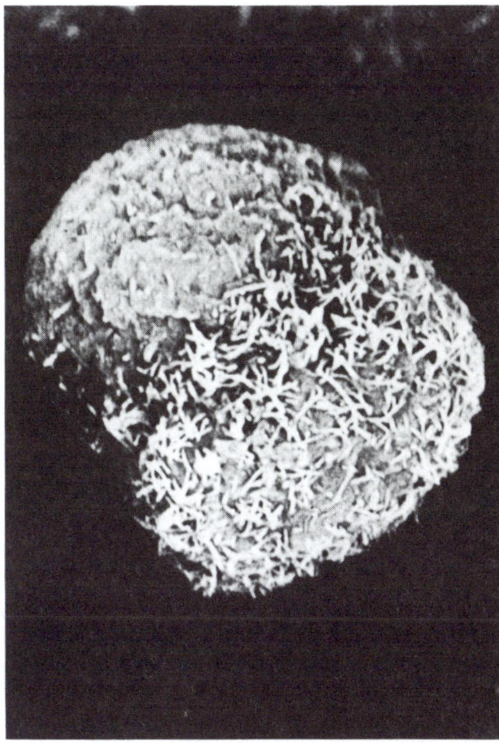

Abb. 14 Die erste Teilung eines Rattenembryos.

In diesem Kapitel werden wir von Fortpflanzung und Vererbung sprechen. Dies ist aus zwei Gründen notwendig. Der eine ist, daß wir als lebende Wesen – und, wie wir sehen werden, auch als soziale Wesen – eine *Geschichte* haben: Wir sind auf Grund der Fortpflanzung nicht nur Nachkommen von unseren menschlichen Vorfahren, sondern auch von sehr unterschiedlichen anderen Vorfahren, die in die Vergangenheit bis weit über 3000 Millionen Jahre zurückreichen. Der andere Grund ist der, daß wir als Organismen vielzellige Wesen sind und daß alle unsere Zellen durch Fortpflanzung aus der besonderen Zelle, welche sich bei der Vereinigung einer Eizelle mit einem Spermium bildet, hervorgegangen sind.

Die Fortpflanzung ist daher in unsere Geschichte als Menschen, aber auch in die Geschichte unserer individuellen zellulären Bestandteile einbezogen. Dies macht aus uns und unseren Zellen kurioserweise Wesen gleichen urzeitlichen Alters. Dies gilt aus einem historischen Blickwinkel auch für alle anderen lebenden Wesen und alle derzeitigen Zellen: Wir stammen aus derselben Vorzeit. Deshalb ist es für ein Verständnis des Lebewesens in all seinen Dimensionen (und somit auch von uns selbst) notwendig, die Mechanismen, die aus dem Lebewesen ein historisches Wesen machen, zu verstehen. Zu diesem Zweck wenden wir uns nun dem Phänomen der Fortpflanzung (Reproduktion) zu.

Historische Phänomene

Immer wenn in einem System ein Zustand als Modifikation eines früheren Zustandes auftaucht, haben wir es mit einem *historischen Phänomen* zu tun.

Vorgänge bei der Reproduktion

Die Biologie hat den Reproduktionsprozeß insbesondere auf der zellulären Ebene aus vielen Blickwinkeln untersucht. Dabei stellte sich bereits vor langem heraus, daß eine Zelle mittels Teilung eine andere erzeugen kann. Als Zellteilung (oder Mitose) wird ein komplexer Prozeß der Neuordnung von zellulären Elementen bezeichnet, der durch einen Teilungsplan determiniert ist. Was geschieht in diesem Prozeß? Im allgemeinen besteht das Phänomen der Reproduktion darin, daß ausgehend von einer Einheit mittels eines bestimmten Prozesses eine *andere* Einheit derselben Klasse entsteht. Das heißt: Es entsteht eine Einheit, die ein Beobachter als durch die gleiche Organisation wie die der ursprünglichen Einheit definiert erkennen kann.

Es ist daher offensichtlich, daß zwei Grundbedingungen erfüllt werden müssen, damit es Fortpflanzung geben kann: Es muß eine Ursprungseinheit geben und einen Prozeß, der diese reproduziert.

Im Falle der Lebewesen ist die Ursprungseinheit ebenfalls ein Lebewesen, eine autopoietische Einheit, und der Prozeß – weiter unten werden wir sehen, wie dieser konkret aussieht – muß zur Bildung von mindestens einer anderen autopoietischen Einheit führen, welche von der, die als die ursprüngliche angesehen wird, unterscheidbar ist.

Dem aufmerksamen Leser wird schon aufgefallen sein, daß eine derartige Betrachtungsweise des Reproduktionsphänomens die Fortpflanzung als *nicht* konstitutiv für Lebewesen und insofern (wie bereits klar sein sollte) auch nicht als Bestandteil ihrer Organisation ansieht. Da wir derart daran gewöhnt sind, das Lebendige durch eine Aufzählung von Eigenschaften zu definieren (und die Fortpflanzung als eine davon anzusehen), kann dies auf den ersten Blick schockierend erscheinen. Dennoch ist es ganz einfach: Die Fortpflanzung *kann* nicht Teil der Organi-

Organisation und Geschichte

Die Dynamik eines gegenwärtigen Systems läßt sich verstehen, indem wir die Relationen zwischen seinen Teilen und die Regelmäßigkeiten in deren Interaktionen aufzeigen und so seine Organisation sichtbar machen. Um solch ein System aber vollständig zu verstehen, dürfen wir es nicht nur als eine Einheit betrachten, in der eine innere Dynamik wirksam ist, sondern wir müssen es auch in seiner Umgebung, in seinem Umfeld oder Kontext betrachten, mit dem das System durch sein Funktionieren verbunden ist.

Solch ein Verständnis setzt immer die Einhaltung eines gewissen Abstandes bei der Beobachtung voraus, eine Perspektive, die im Falle der historischen Systeme den Bezug auf ihren Ursprung beinhaltet. Dies kann zum Beispiel im Fall einer vom Menschen entworfenen Maschine einfach sein, da wir Zugang zu jedem Detail ihrer Herstellung haben. Andererseits ist dieses Vorhaben bei Lebewesen nicht einfach, da uns ihre Genese und ihre Geschichte nie unmittelbar sichtbar sind und nur bruchstücksweise rekonstruiert werden können.

sation eines Lebewesens sein; um etwas zu reproduzieren, muß ein Etwas nämlich *zuallererst* als eine Einheit konstituiert sein und eine Organisation haben, die es definiert. Dies ist schlichte Alltagslogik.

Deshalb müssen wir, wenn wir diese Logik bis zur letzten Konsequenz fortführen, zu dem Schluß kommen, daß wir, wenn wir über die Reproduktion von Lebewesen sprechen, implizieren, daß ein Lebewesen existieren kann, ohne sich fortzupflanzen. Man braucht nur an das Maultier zu denken, um dies sofort bestätigt zu bekommen! Gegenstand der Erörterung in diesem Kapitel ist aber, wie sich die strukturelle Dynamik einer autopoietischen Einheit während des Fortpflanzungsprozesses kompliziert und welche Konsequenzen dies für die Geschichte der Lebewesen hat. Etwas einer strukturellen Dynamik *hinzuzufügen*, ist jedoch etwas ganz anderes, als die wesentlichen Charakteristika einer Einheit zu verändern – denn letzteres impliziert die Veränderung ihrer Organisation.

Abb. 15 Ein Fall von Replikation.

Entstehungsweisen von Einheiten

Um zu verstehen, was bei der zellulären Fortpflanzung geschieht, sehen wir uns einige Vorgänge an, bei denen Einheiten derselben Klasse entstehen. Wir werden versuchen, durch ihre Unterscheidung aufzuzeigen, was für die zelluläre Reproduktion typisch ist.

Replikation: Wir sprechen dann von Replikation (oder manchmal von Produktion), wenn ein Mechanismus vorliegt, der durch seine Arbeitsweise wiederholt Einheiten derselben Klasse erzeugen kann. Zum Beispiel ist eine Fabrik ein großer produktiver Mechanismus, der durch wiederholte Anwendung ein und desselben Vorganges serienweise Replikationen von Einheiten derselben Klasse produziert, etwa Öfen, Autos, Textilien (Abb. 15).

Dasselbe geschieht bei den zellulären Bestandteilen, was sehr deutlich bei der Proteinsynthese zu sehen ist. Dabei bilden Ribosomen, Messenger- und Transfer- Nukleinsäuren und andere Moleküle gemeinsam den produktiven Mechanismus, und die Proteine sind das Produkt.

Das Zentrale am Replikationsphänomen ist, daß der Produktionsmechanismus und die Replikationen operational unterschiedliche Systeme sind und daß der Produktionsmechanismus von ihm unabhängige Elemente erzeugt. Bemerkenswert ist, daß als Konsequenz aus der Beschaffenheit des Phänomens der Replikation die erzeugten Einheiten historisch voneinander *unabhängig* sind. Was der einen von ihnen in ihrer individuellen Geschichte passiert, hat keinen Einfluß darauf, was den anderen, die in der Produktionskette nachfolgen, geschieht. Was meinem Auto nach dem Kauf passiert, hat keinen Einfluß auf die Autofabrik, welche davon unberührt weiterhin dieselben Autos produziert. Kurzum: Die durch Wiederholung erzeugten Einheiten bilden untereinander kein historisches System.

Kopie: Wir sprechen dann von Kopie, wenn durch eine Modelleinheit und ein Projektionsverfahren eine mit dem Modell identische Einheit erzeugt wird. Zum Beispiel ist das Blatt Papier, das ein Fotokopiergerät ausspuckt, eine Kopie der Vorlage, wie man ja auch

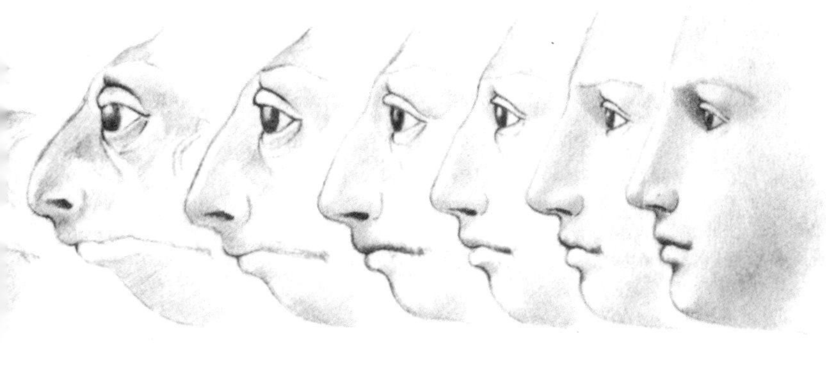

Abb. 16 Ein Fall von Kopie mit Veränderung des Modells.

in der Umgangssprache sagt. Hierbei ist die Modelleinheit die Vorlage, und das Verfahren ist der Arbeitsvorgang der optischen Projektion innerhalb des Fotokopierers.

Nun können wir bei dieser Situation zwei grundsätzlich verschiedene Fälle unterscheiden. Verwendet man *dasselbe* Modell, um nacheinander viele Kopien zu machen, so hat man eine Serie von untereinander historisch unabhängigen Kopien. Wenn andererseits wiederum eine Kopie als Modell für die nächste Kopie verwendet wird, wird eine Serie von historisch miteinander verbundenen Einheiten erzeugt. Dann bestimmt nämlich das, was jeder Kopie während ihres individuellen Daseins passiert, bevor sie als Modell für die nächste benutzt wird, die Merkmale der nachfolgenden Kopie. Wenn zum Beispiel eine Fotokopie der vorliegenden Seite wiederum im gleichen Apparat kopiert wird, so wird man leichte Unterschiede zwischen dem Original und den beiden Kopien feststellen können. Selbstverständlich werden wir, wenn wir denselben Vorgang wiederholen, nach mehreren Kopien eine zunehmende Veränderung bemerken, das heißt, eine Abstammung beziehungsweise eine historische Abfolge von kopierten Einheiten feststellen können. Eine schöpferische Verwendung dieses historischen Phänomens in der Kunst ist die sogenannte Anamorphose (Abb. 16), die ein hervorragendes Beispiel für ein historisches Driften ist.

Reproduktion: Wir sprechen von Reproduktion, wenn eine Einheit eine Teilung (oder einen Bruch) erleidet, so daß daraus zwei Einheiten derselben Klasse resultieren. Dies geschieht zum Beispiel wenn ein Stück Kreide so gebrochen wird, daß zwei Stücke Kreide entstehen, oder wenn eine Traube Wein in zwei Trauben geteilt wird. Die Einheiten, die durch dieses Teilen entstehen, sind weder mit der ursprünglichen Einheit noch untereinander identisch, aber sie gehören derselben Klasse an wie das Original, das heißt sie haben dieselbe Organisation wie dieses. Beim Teilen (Brechen) von anderen Einheiten wie etwa einem Radiogerät oder einem Geldschein geschieht aber nicht dasselbe. In diesen Fällen wird die ursprüngliche Einheit durch die Teilung zerstört, und es entstehen zwei Bruchstücke anstelle von zwei Einheiten derselben ursprünglichen Klasse.

Damit bei der Teilung einer spezifischen Einheit das Phänomen der Reproduktion auftreten kann, muß die Struktur dieser Einheit so beschaffen sein, daß sie deren Organisation in *verteilter* und nicht kompartimentierter (abgeteilter) Weise verwirklicht. Dann kann der Teilungsvorgang Fragmente mit Strukturen trennen, die unabhängig voneinander fähig sind, dieselbe ursprüngliche Organisation zu verwirklichen. Die Kreide und die Weintraube haben diese Art von Struktur und lassen deshalb viele Teilungsvorgänge zu, da sich die Bestandteile, die ihre jeweilige Organisation verwirklichen, in verteilter und nicht kompartimentierter Weise in ihrer ganzen Ausdehnung wiederholen (Calciumkristalle in der Kreide und Weinbeeren in der Weintraube).

Es gibt sehr viele Systeme, die diese Voraussetzung erfüllen; deshalb ist das Reproduktionsphänomen in der Welt sehr häufig. Beispiele: Spiegel, Stöcke, Gemeinden, Wege. Andererseits erlauben ein Radiogerät oder ein Geldschein keine Reproduktion, weil die Relationen, die sie definieren, sich nicht in ihrer ganzen Ausdehnung wiederholen. Es gibt viele Systeme von dieser anderen Klasse, so zum Beispiel Tassen, Personen, Füllhalter, die Erklärung der Menschenrechte ... Das Nicht-Zulassen der Reproduktion ist ebenfalls ein sehr häufiges Phänomen im Universum. Das Interessante ist, daß die Reproduktion als Phänomen weder auf einen bestimmten Raum noch auf eine besondere Gruppe von Systemen beschränkt ist.

Das Wesentliche am reproduktiven Prozeß (im Unterschied zur Replikation und Kopie) ist, daß in der Einheit alles als *Teil* von ihr geschieht und daß es keine Trennung zwischen dem reproduzierenden und dem reproduzierten System gibt. Man kann weder sagen, daß die aus der Reproduktion resultierenden Einheiten präexistieren, noch daß sie schon vor der reproduktiven Teilung dabei sind, sich zu bilden; sie existieren vorher einfach nicht. Außerdem: Obwohl die aus der reproduktiven Teilung resultierenden Einheiten dieselbe Organisation wie die ursprüngliche Einheit und daher ihr ähnliche strukturelle Aspekte haben, haben sie auch von ihr und auch untereinander verschiedene strukturelle Aspekte. Dies nicht allein deshalb, weil die entstehenden Einheiten kleiner sind, sondern auch, weil ihre Strukturen direkt aus der Struktur der Ursprungseinheit zum Zeitpunkt der Reproduktion herstammen. Bei ihrer Bildung erhalten die neuen Einheiten unterschiedliche Bestandteile der Ursprungseinheit, Bestandteile, die nicht gleichmäßig verteilt sind und eine Funktion der individuellen Geschichte von Strukturveränderung der Ursprungseinheit darstellen.

Wegen dieser Charakteristika erzeugt das Phänomen der Reproduktion *notwendigerweise* historisch miteinander verbundene Einheiten, welche gemeinsam ein historisches System bilden, wenn sie selbst wiederum reproduktive Teilungen durchlaufen.

Abb. 17 Ein Fall von
Reproduktion durch Teilung.

Die zelluläre Reproduktion

Was geschieht bei alldem mit den Zellen? Wenn wir irgendeine Zelle im sogenannten Zustand der Interphase teilen, das heißt, wenn sie sich nicht im Reproduktionsprozeß befindet, werden wir nicht zwei Zellen erhalten. Während der Interphase ist die Zelle ein kompartimentiertes System; manche ihrer Bestandteile sind also vom Rest abgesondert und kommen nur einmal vor, so daß die Zelle keinen reproduktiven Teilungsvorgang zuläßt. Dies ist insbesondere bei den Desoxyribonukleinsäuren *(DNS)* der Fall, welche Teil der *Chromosomen* sind und sich während der Interphase im Zellkern, vom Rest der Zelle durch die Membran des Zellkerns getrennt, befinden (Abb. 18 a). Während der *Mitose* (Zellteilung) bestehen alle stattfindenden Prozesse (b–j) in der Dekompartimentierung der Zelle. Dies ist in Abbildung 18 deutlich sichtbar an der Auflösung der Membran des Zellkerns (begleitet von einer Replikation der großen Doppelhelix der DNS) und an der Verschiebung der Chromosomen und anderer Bestandteile. Durch diese Dekompartimentierung entsteht die Grundlage für eine mögliche Teilung. Dies alles geschieht ohne Unterbrechung der zellulären Autopoiese und als Ergebnis davon. Als Teil der eigentlichen Dynamik der Zelle werden strukturelle Veränderungen – wie die bei der Mitose sich ausbildende Kernspindel (d–h) – geschaffen, welche die Teilung der auf diese Weise vorbereiteten Zelle bewirken.

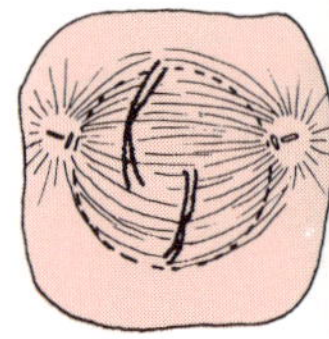

f

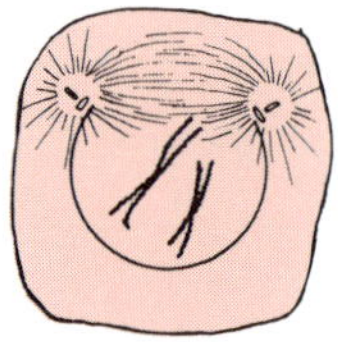

e

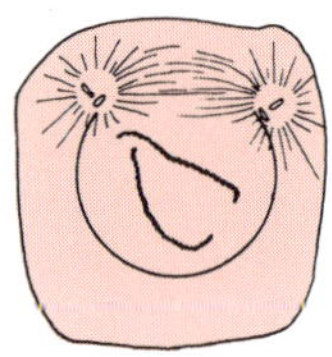

d

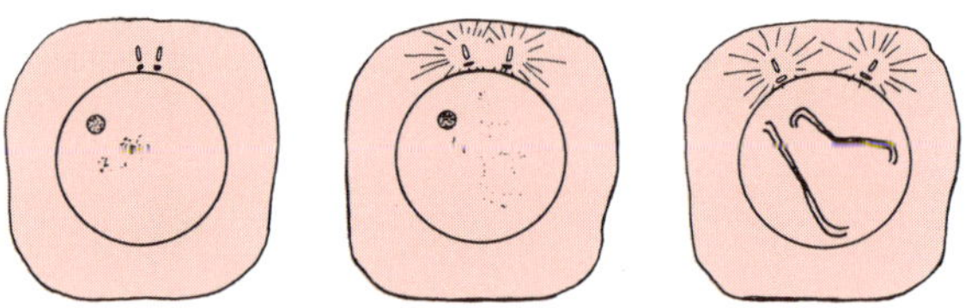

a b c

Abb. 18 Mitose oder Reproduktion durch Teilung in der Zelle eines Tieres. Das Diagramm zeigt die verschiedenen Phasen der Dekompartimentierung, die die reproduktive Teilung möglich macht.

So gesehen ist der zelluläre Reproduktionsprozeß einfach: eine Teilung, bei der zwei Einheiten derselben Klasse entstehen. In den gegenwärtigen *eukaryotischen* Zellen (mit Zellkern) ist die Festlegung dieses Vorgangs sowie des Teilungsmechanismus ein vortrefflicher und verwickelter Mechanismus molekularer Choreographie. In den älteren Zellen (den *prokaryotischen*), welche nicht die gleiche Kompartimentierung wie in Abbildung 18 zeigen, ist dieser Prozeß in der Tat noch einfacher. In jedem Fall ist es deutlich, daß die zelluläre Fortpflanzung eine Reproduktion im oben erläuterten Sinne und keine Replikation oder Kopie von Einheiten ist.

Dennoch zeigt sich bei der zellulären Reproduktion im Unterschied zu den oben gegebenen Beispielen von Reproduktion ein eigentümliches Phänomen: Es ist die eigene autopoietische Dynamik, welche für das Wirksamwerden der Teilung im vorgesehenen Rahmen verantwortlich ist. Weder ein äußeres Agens noch eine äußere Kraft sind dafür notwendig. Wir können uns vorstellen, daß dies bei den ersten autopoietischen Einheiten nicht der Fall war. In der Tat war ihre allererste Reproduktion eine Fragmentierung als Folge des Zusammenprallens mit anderen Wesen aus dem umliegenden Milieu. In dem so entstandenen historischen Netz begannen sich manche Varianten auf Grund ihrer inneren Dynamik zu teilen. Sie verfügten über einen Teilungsmechanismus,

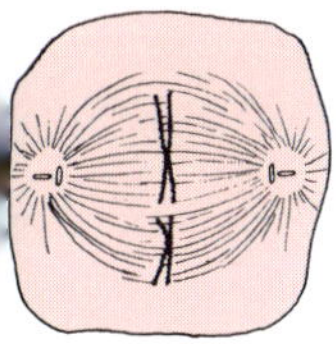

g

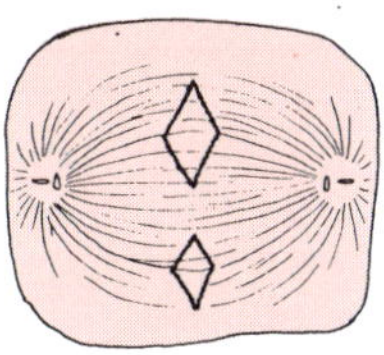

h

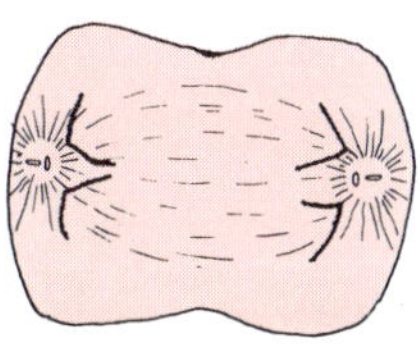

i

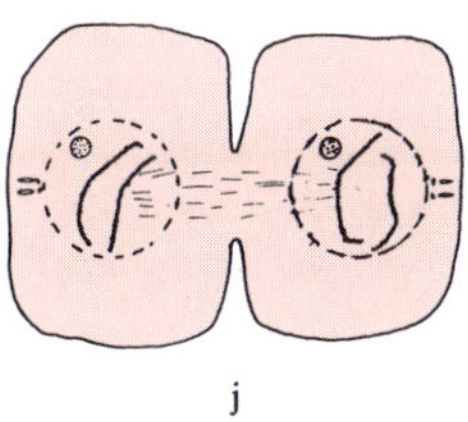

j

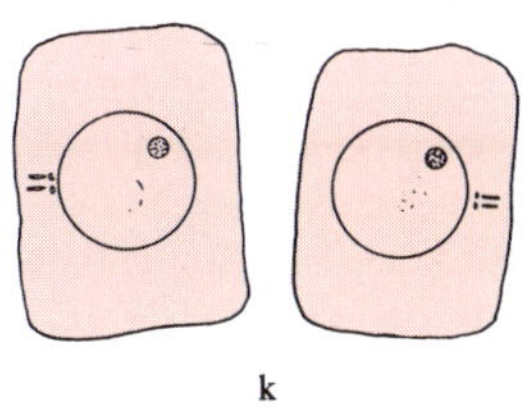

k

der zu einer Abstammung beziehungsweise einer stabilen historischen Abfolge führte. Wir sind noch weit davon entfernt, deutlich zu sehen, wie dies geschehen sein mag. Wahrscheinlich sind diese Ursprünge für immer verloren. Dies macht aber die Tatsache der zellulären Teilung als besonderer Fall von Reproduktion, den wir legitimerweise Autoreproduktion nennen können, nicht ungültig.

Reproduktive Vererbung

Unabhängig von ihrer jeweiligen Entstehungsgeschichte zeigt sich immer dann, wenn es sich um eine historische Abfolge handelt, das Phänomen der *Vererbung*. Das heißt, es tauchen erneut strukturelle Konfigurationen auf, die einem vorangegangenen Glied dieser Reihe eigen sind. Dies kommt sowohl bei der Verwirklichung der zu ihrer Klasse gehörigen Organisation vor als auch bei anderen, individuellen Merkmalen. Wenn wir noch einmal an den Fall der historischen Reihe von einander folgenden Fotokopien denken, sehen wir, daß trotz der Unterschiede von der ersten bis zur letzten Kopie gewisse Schwarz-Weiß-Relationen bei den Buchstaben unverändert bleiben, Relationen, die das Lesen erlauben und es uns ermöglichen zu sagen, daß wir es hier mit Kopien zu tun haben. Genau dann, wenn eine Kopie so diffus wird, daß sie nicht mehr zu lesen ist, ist diese historische Abstammungslinie zu ihrem Ende gekommen.

In der gleichen Weise kommt in sich reproduzierenden Systemen die Vererbung bei jedem Reproduktionsschritt als konstitutives Phänomen der Reproduktion vor, allein schon dadurch, daß zwei Einheiten derselben Klasse entstehen. Gerade weil sich Reproduktion dann ereignet, wenn ein Teilungsvorgang in einer Einheit mit verteilter Struktur auftritt, gibt es notwendigerweise eine gewisse Fortdauer von strukturellen Konfigurationen von der einen zur nächsten Generation.

In gleicher Weise wie die reproduktive Teilung

zwei Einheiten mit gleicher Organisation, aber mit von der Ursprungseinheit unterschiedlicher Struktur trennt, erhält die reproduktive Teilung die Organisation konstant und läßt zugleich strukturelle *Variation* entstehen. Das Reproduktionsphänomen beinhaltet notwendigerweise die Erzeugung sowohl von struktureller Ähnlichkeit als auch von Unterschieden zwischen «Erzeugern», «Kindern» und «Geschwistern». Jene Aspekte der Anfangsstruktur der neuen Einheit, die wir als identisch mit denen der Struktur der ursprünglichen Einheit erachten, nennen wir *Vererbung*; jene Aspekte der Anfangsstruktur der neuen Einheit, die wir als unterschiedlich von den Strukturaspekten der ursprünglichen Einheit erachten, nennen wir *reproduktive Variation*. In diesem Sinne beginnt jede neue Einheit ihre individuelle Geschichte erzwungenermaßen mit strukturellen Ähnlichkeiten und Unterschieden in bezug auf ihre Vorfahren, wobei sich diese Ähnlichkeiten und Unterschiede erhalten oder verlieren, je nach den Umständen ihrer jeweiligen Ontogenese (wie wir es etwas später im einzelnen erörtern werden). Im Augenblick liegt uns daran zu betonen, daß das Phänomen der Vererbung und Erzeugung von strukturellen Unterschieden bei den Nachkommen typisch für das Reproduktionsphänomen ist und damit natürlich auch für die Reproduktion der Lebewesen.

Vererbung

Als *Vererbung* verstehen wir die transgenerationale Invarianz irgendeines strukturellen Aspekts in einer Abstammungslinie von geschichtlich miteinander verbundenen Einheiten.

Bei der zellulären Fortpflanzung gibt es viele Schritte, bei denen es nicht mit Genauigkeit möglich ist, die strukturellen Umstände aufzuspüren, die sowohl Variationen als auch Erhaltung der Ähnlichkeit bedingen. So gibt es einige Bestandteile, die wenig Veränderung in ihrer Art der Teilnahme an der Autopoiese zulassen, aber große Vielfalt in ihrer besonderen Art, ihre Teilnahme zu verwirklichen. Solche Bestandteile nehmen teil an grundlegenden strukturellen Konfigurationen, die sich mit nur geringfügigen Veränderungen von Generation zu Generation erhalten (da sonst keine Fortpflanzung stattfinden würde).

Die am meisten bekannten sind die DNS *(Nukleinsäuren)* beziehungsweise *Gene*, deren grundlegende Struktur bei der Fortpflanzung mit geringfügiger Veränderung repliziert wird. Das Ergebnis ist, daß man

Die Vorstellung von der genetischen Information

Wir haben oft sagen hören, daß die Gene die «Information» enthalten, die ein Lebewesen spezifiziert. Dies ist aus zwei fundamentalen Gründen falsch: Erstens wird dabei das Vererbungsphänomen verwechselt mit dem Replikationsmechanismus gewisser Zellbestandteile (DNS) mit großer transgenerationaler Stabilität. Es ist zweitens falsch, weil wir mit der Behauptung, daß die DNS das Notwendige enthalte, um ein Lebewesen zu spezifizieren, die DNS (eine Komponente des autopoietischen Netzwerks) aus ihrer Einbindung in den Rest des Netzwerks herauslösen.
Es ist jedoch dieses Netzwerk von Interaktionen in seiner Gesamtheit, welches die Charakteristika einer bestimmten Zelle konstituiert und spezifiziert – und nicht etwa nur ein Bestandteil dieser Zelle. Daß Modifikationen in diesen Komponenten, den Genen, dramatische Konsequenzen für die Struktur einer Zelle haben, ist wohl wahr. Der Fehler in der oben angeführten Argumentation besteht darin, wesentliche Beteiligung mit alleiniger Verantwortung zu verwechseln. Mit der gleichen Berechtigung könnte man behaupten, daß die politische Verfassung eines Landes seine Geschichte bestimmt. Dies ist offensichtlich absurd, denn die politische Verfassung ist zwar ein wesentlicher Bestandteil eines Landes, wie auch immer seine Geschichte verläuft, aber sie enthält nicht die «Information», die die Geschichte im einzelnen bestimmt.

große Invarianzen zwischen Individuen einer Abstammung findet, wobei es aber gleichzeitig strukturelle Aspekte gibt, die dauernd variieren und nicht mehr als eine oder zwei Generationen konstant bleiben. So ist zum Beispiel die Art der Proteinsynthese mit Beteiligung der DNS durch viele Abstammungen hindurch invariant geblieben, aber der Typ der synthetisierten Proteine hat sich in ihrer Geschichte sehr verändert.

Die Art der Verteilung von struktureller Varianz und Invarianz entlang einer geschichtlichen Abstammungslinie bestimmt die verschiedenen Weisen, auf die uns das Erbgut von Generation zu Generation verteilt zu sein scheint und was wir als unterschiedliche genetische (erbliche) Systeme ansehen. Die moderne genetische Forschung hat sich insbesondere auf die Genetik der Nukleinsäuren konzentriert. Dennoch gibt es andere genetische (erbliche) Systeme, die wir noch kaum verstehen. Die Beschäftigung mit ihnen wurde bisher weitgehend von der mit der Genetik von Nukleinsäuren überschattet. Es sind Systeme wie die, die mit anderen Zellkompartimenten wie den Mitochondrien und Membranen verbunden sind.

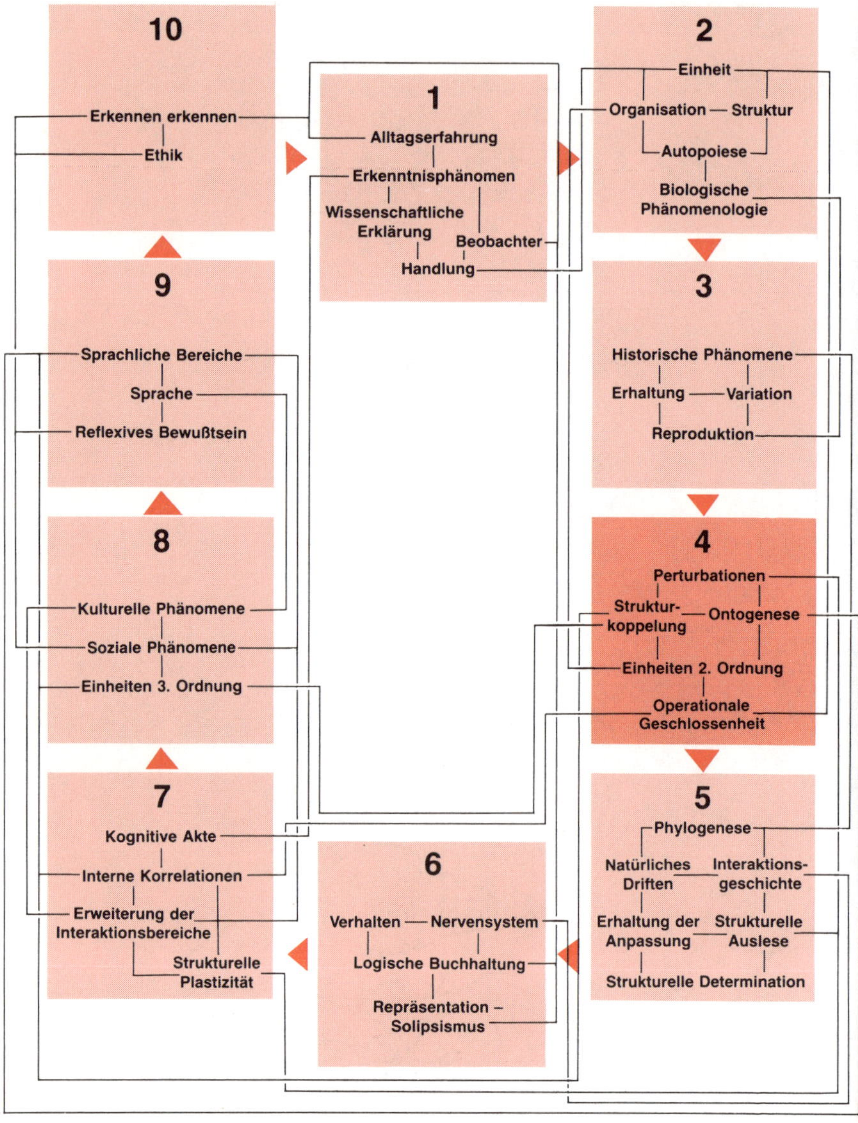
10
Erkennen erkennen
Ethik
1
Alltagserfahrung
Erkenntnisphänomen
Wissenschaftliche Erklärung
Beobachter
Handlung
2
Einheit
Organisation
Struktur
Autopoiese
Biologische Phänomenologie
9
Sprachliche Bereiche
Sprache
Reflexives Bewußtsein
3
Historische Phänomene
Erhaltung
Variation
Reproduktion
8
Kulturelle Phänomene
Soziale Phänomene
Einheiten 3. Ordnung
4
Perturbationen
Struktur-koppelung
Ontogenese
Einheiten 2. Ordnung
Operationale Geschlossenheit
7
Kognitive Akte
Interne Korrelationen
Erweiterung der Interaktionsbereiche
Strukturelle Plastizität
6
Verhalten
Nervensystem
Logische Buchhaltung
Repräsentation – Solipsismus
5
Phylogenese
Natürliches Driften
Interaktions-geschichte
Erhaltung der Anpassung
Strukturelle Auslese
Strukturelle Determination

4 Das Leben der «Metazeller»*

Abb. 19 «Das Wasser» von Giuseppe Arcimboldo.

* Die begriffliche Neubildung «Metazeller» (span. *metacelular*) trägt dem Rechnung, daß zu den so bezeichneten biologischen Einheiten zusätzlich zu den Vielzellern auch biologische Einheiten höherer Ordnung wie Kolonien und Gesellschaften gehören. (Anm. d. Übers.)

Die *Ontogenese* ist die Geschichte des strukturellen Wandels einer Einheit ohne Verlust ihrer Organisation. Dieser strukturelle Wandel findet in der Einheit in jedem Augenblick statt: entweder ausgelöst durch aus dem umgebenden Milieu stammende Interaktionen oder als Ergebnis der inneren Dynamik der Einheit. Die zelluläre Einheit «sieht» und ordnet ihre ständigen Interaktionen mit dem Milieu immer im Sinne ihrer Struktur, welche wiederum im Zuge ihrer inneren Dynamik ebenfalls in ständigem Wandel begriffen ist. Das allgemeingültige Ergebnis hiervon ist, daß der ontogenetische Wandel einer Einheit bis zu ihrer Auflösung (Desintegration) nicht aufhört. Als Darstellung hierfür verwenden wir immer, wenn wir von autopoietischen Einheiten sprechen, folgendes Diagramm:

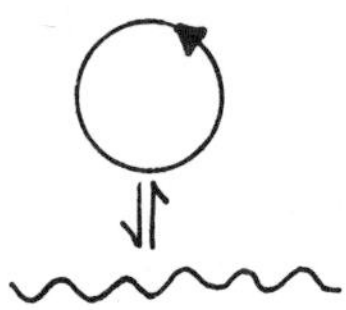

Was jedoch geschieht, wenn wir nicht nur die Ontogenese einer einzelnen Einheit sondern von zwei (oder mehr) benachbarten Einheiten in ihrem Interaktionsmilieu betrachten, läßt sich folgendermaßen darstellen:

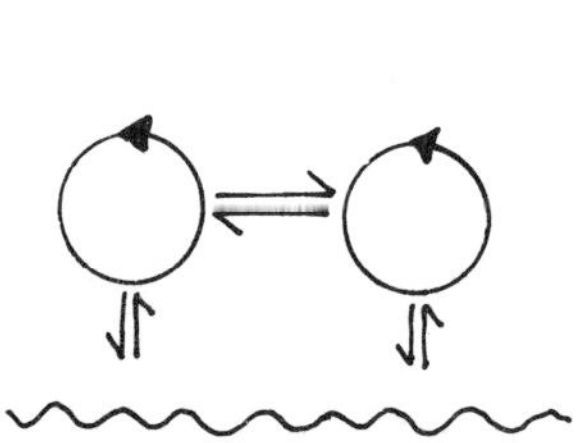

Strukturelle Koppelung

Offenbar können wir die Situation von Abbildung 21 aus der Perspektive der einen oder der anderen Einheit betrachten, und beide Sichtweisen werden symmetrisch sein. Für die Zelle auf der linken Seite bedeutet die Zelle auf der rechten Seite nur eine weitere Quelle von Interaktionen, die von denen nicht zu unterscheiden sind, welche wir als Beobachter als aus dem «leblosen Milieu» stammend einordnen. Umgekehrt ist die Zelle auf der rechten Seite für die andere auch nur eine weitere Quelle von Interaktionen, die sie im Sinne ihrer eigenen Struktur betrachtet.

Daß sich zwei (oder mehr) autopoietische Einheiten in ihrer Ontogenese gekoppelt haben, sagen wir, wenn ihre Interaktionen einen *rekursiven* oder sehr stabilen Charakter erlangt haben. Dies sollten wir gut verstehen, denn jede Ontogenese findet innerhalb eines Mediums statt, welches wir als Beobachter als ausgestattet mit einer besonderen Struktur wie etwa Strahlung, Geschwindigkeit, Dichte und so weiter beschreiben können. Da wir auch die autopoietische Einheit als mit einer besonderen Struktur ausgestattet beschreiben, erscheint es uns offenkundig, daß die Interaktionen zwischen Einheit und Milieu, solange sie rekursiv sind, für einander reziproke Perturbationen bilden. Bei diesen Interaktionen ist es so, daß die Struktur des Milieus in den autopoietischen Einheiten Strukturveränderungen nur *auslöst,* diese also weder determiniert noch instruiert (vorschreibt), was auch umgekehrt für das Milieu gilt. Das Ergebnis wird – solange sich Einheit und Milieu nicht aufgelöst haben – eine Geschichte wechselseitiger Strukturveränderungen sein, also das, was wir *strukturelle Koppelung* nennen.

Unter allen möglichen Interaktionen finden wir einige, die besonders rekursiv sind oder wiederholt vorkommen. Wenn wir beispielsweise die Membran einer Zelle betrachten, sehen wir, daß durch die

Membran ein ständiger aktiver Transport von bestimmten Ionen (wie Natrium und Calcium) stattfindet, wobei die Zelle in Anwesenheit dieser Ionen derart reagiert, daß sie sie in ihr Stoffwechselnetz einbezieht. Dieser aktive Ionentransport findet sehr regelmäßig statt. Als Beobachter kann man sagen, daß die strukturelle Koppelung der Zellen mit ihrem Milieu deren rekursive Interaktionen mit den im Milieu befindlichen Ionen erlaubt. Die zelluläre strukturelle Koppelung läßt Interaktionen nur mit bestimmten Ionen zu. Wenn andere Ionen (z. B. Cäsium oder Lithium) in das Medium eingeführt werden, werden die dadurch ausgelösten strukturellen Veränderungen nicht mit der Verwirklichung der Autopoiese der Zellen in Einklang stehen.

Wie kommt es aber dazu, daß die Autopoiese in jeder Zellart nur unter Beteiligung einer bestimmten Klasse von regelmäßigen und rekursiven Interaktionen verwirklicht wird und nicht mit anderen? Diese Frage findet ihre Antwort nur in der Phylogenese oder der Geschichte des betreffenden Zellstammes: Die Art der gegenwärtigen strukturellen Koppelung jeder Zelle ist der gegenwärtige Zustand in der Geschichte des Strukturwandels innerhalb der jeweiligen Phylogenese. Dieser Zustand ist ein Moment im «natürlichen Driften»* einer Abstammungslinie, welcher bei jeder Zelle aus der kontinuierlichen Erhaltung ihrer strukturellen Koppelung mit dem Milieu, in dem sie sich verwirklicht, resultiert. So arbeiten im oben gegebenen Beispiel die Membranen im gegenwärtigen Zustand des natürlichen zellulären Driftens derart, daß sie Natrium- und Calciumionen und keine anderen durchlassen.

Die strukturelle Koppelung mit dem Milieu als Voraussetzung für die Existenz einer Zelle schließt alle Dimensionen von Interaktionen ein und daher auch solche, die die anderen Zellen betreffen. Die

* Das von den Autoren vorgelegte Konzept des «natürlichen Driftens» (span. *deriva natural*; engl. *natural drift*) hat andere Implikationen für das Verständnis der Evolution als das Konzept der «natürlichen Auslese» (vgl. 5. Kap.). (Anm. d. Übers.)

Zellen in vielzelligen Systemen verwirklichen ihre Autopoiese normalerweise in einem Milieu, das nur aus anderen Zellen in engen zellulären Verbindungen besteht. Solche Systeme sind das Ergebnis des natürlichen Driftens von Abstammungslinien, in denen sich besagte enge Verbindungen bewahrt haben.

Ein Stamm von einzelligen Tieren, die sogenannten Schleimpilze *(Myxomycetes)*, liefert uns großartige Beispiele, die dies verdeutlichen. So wird beim Physarum eine keimende *Spore* zu einer Zelle (siehe Abb. 22). Ist die Umgebung feucht, führt die Ontogenese dieser Zelle zum Wachsen einer *Geißel* und damit zur Bewegungsfähigkeit. Ist die Umgebung eher trocken, führt die Ontogenese zu amöbenartigen Zellen. Diese beiden Arten von Zellen teilen sich

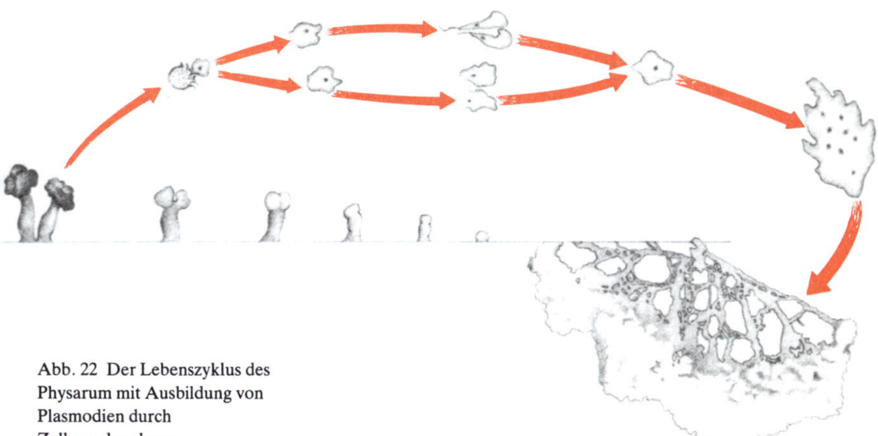

Abb. 22 Der Lebenszyklus des Physarum mit Ausbildung von Plasmodien durch Zellverschmelzung.

schließlich, was zur Entstehung vieler anderer Zellen führt. Die strukturelle Koppelung zwischen diesen Zellen führt zu einer so engen Verbindung, daß sie verschmelzen. Dabei entsteht ein *Plasmodium*, welches wiederum zur Ausbildung eines makroskopischen Fruchtkörpers führt, welcher Sporen bildet. (In Abb. 22 entspricht der obere Teil der Zeichnung einer starken und der untere Teil einer geringfügigen Vergrößerung.)

In diesen phylogenetisch primitiven *Eukaryoten* gipfelt die enge zelluläre Verbindung in der Bildung einer neuen Einheit, wobei ein Fruchtkörper als Ergebnis der Verschmelzung der Zellen entsteht. Dieser Fruchtkörper stellt in der Tat eine metazelluläre Einheit dar. Bei der Verwirklichung des Lebenszyklus der größeren organischen Einheit, zu der dieses metazelluläre Gebilde gehört und die eben durch diesen Lebenszyklus definiert ist, ist die Existenz der Zellen historisch gesehen komplementär zu der der metazellulären Einheit. Beide Phasen (einzelne Zellen/metazelluläre Einheit) *zusammen* stellen den Lebenszyklus *einer* organischen Einheit dar – im Verlauf ei-

Abb. 23 Lebenszyklus des Dycostelium (Schimmelpilz), dessen Fruchtkörper durch Anhäufung von Zellen ohne Zellverschmelzung gebildet wird, wobei die Zellen aus der Reproduktion einer Gründerzelle (einer Spore) hervorgegangen sind.

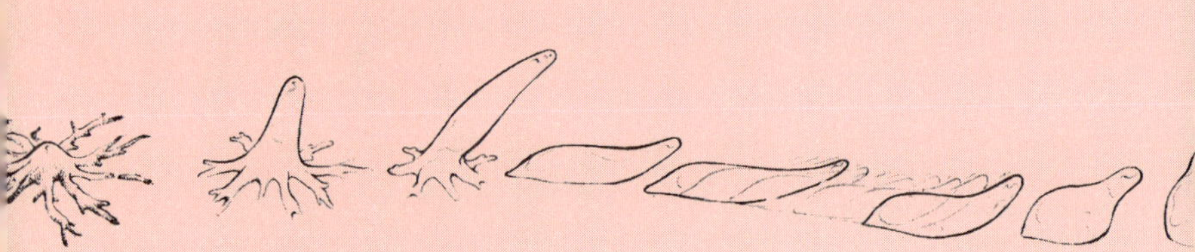

ner Geschichte, in der Zellen eine metazelluläre Einheit hervorbringen, welche wiederum Zellen hervorbringt, die eine metazelluläre Einheit bilden und so weiter.

Hierauf müssen wir besonders achten: Die Bildung von metazellulären Einheiten, die fähig sind, als Ergebnis ihrer Fortpflanzung auf zellulärer Ebene Stämme zu erzeugen, läßt eine Phänomenologie entstehen, die sich von der Phänomenologie der sie bildenden Zellen unterscheidet. Diese *Einheit zweiter Ordnung* oder metazelluläre Einheit wird eine strukturelle Koppelung und Ontogenese haben, die ihrer Struktur als zusammengesetzte Einheit angemessen ist. Im besonderen Fall des gerade beschriebenen Beispiels besitzt der Metazeller einen makroskopischen Bereich der Ontogenese und nicht einen mikroskopischen wie seine Zellen.

Ein weiteres noch verwickelteres Beispiel findet sich bei einem anderen Schleimpilz, dem Dycostelium (Abb. 23, vgl. J. T. Bonner in: *Proc. Natl. Acad. Sci. USA*, 45:379, 1959). Bei dieser Gruppe sind amöbenartige Individuen in einem bestimmten Mi-

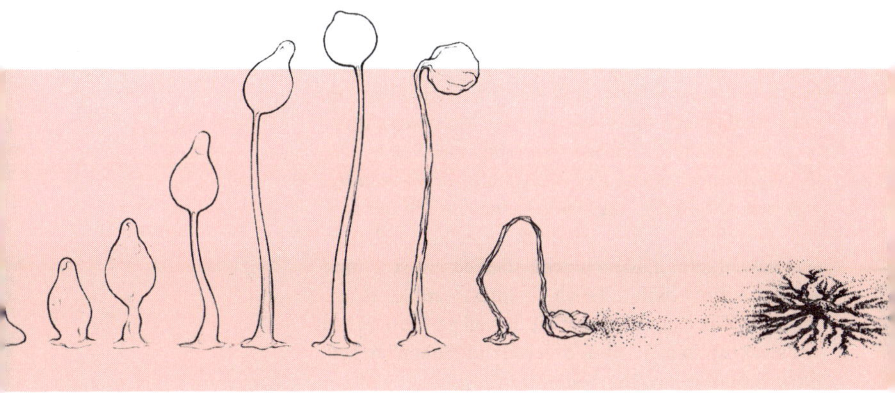

lieu dazu fähig, sich (anders als im vorigen Beispiel) ohne zelluläre Verschmelzung zu einem Fruchtkörper zusammenzuschließen. In diesem Fall finden wir in der Einheit zweiter Ordnung zudem jedoch eine deutliche Vielfalt der Zellarten vor. So können die Zellen an der Spitze des Fruchtkörpers Sporen bilden, während jene an der Basis sich mit Vakuolen und Wänden ausstatten, die dem ganzen Metazeller einen mechanischen Halt geben.

Hierbei sehen wir, daß in der Dynamik dieser engen Zellansammlungen als Teil eines Lebenszyklus die strukturellen Veränderungen, die für jede Zelle in ihrer Geschichte der Interaktionen mit anderen Zellen aufeinander folgen, notwendigerweise komplementär zueinander sind, und zwar im Rahmen ihrer Teilnahme an der Bildung der jeweiligen metazellulären Einheit. Gerade deshalb sind die ontogenetischen strukturellen Veränderungen in jeder Zelle notwendigerweise unterschiedlich – je nach ihrer Art der Beteiligung an der Bildung der Einheit im Verlauf ihrer Interaktionen und Relationen mit der Umgebung.

Lebenszyklen

Wir möchten betonen: Die Zusammenballung von Zellen (welche alle von einer einzigen Zelle abstammen), die zu einer metazellulären Einheit führt, ist eine Bedingung, die völlig mit der kontinuierlichen Autopoiese dieser Zellen vereinbar ist. Solch eine Zellzusammenballung ist biologisch nicht notwendig, was sich darin zeigt, daß viele Lebewesen in der langen Geschichte ihrer Existenz einzellig geblieben sind. Bei jenen Zellen jedoch, bei denen sich eine Zellanhäufung bildet, die zu einem Metazeller führt, sind die Konsequenzen für die jeweilige Geschichte des strukturellen Wandels tiefgreifend. Sehen wir uns diese Situation aus der Nähe an:

Es ist offenbar, daß die Ontogenese eines Metazellers durch den Bereich der Interaktionen, der diesen als ganze Einheit kennzeichnet, bestimmt wird und nicht durch die individuellen Interaktionen der den Metazeller bildenden Zellen. In anderen Worten: Das Leben eines vielzelligen Individuums als Einheit vollzieht sich zwar im Operieren seiner Bestandteile, es ist aber nicht durch die Eigenschaften der Bestandteile bestimmt. Alle multizellulären Individuen sind jedoch Ergebnis der Teilung und Aufspaltung einer Gattung von Zellen, welche zum Zeitpunkt der Befruchtung einer einzigen Zelle oder *Zygote* entstehen, wobei diese wiederum Produkt einiger Organe oder Teile eines multizellulären Organismus ist. Würden keine neuen Individuen erzeugt, so gäbe es kein Fortbestehen der Stämme. Und dafür, daß es neue Individuen gibt, muß ihr Entstehungsbeginn auf *eine* Zelle zurückgehen. So einfach ist das: Die Logik der Beschaffenheit eines metazellulären Organismus verlangt, daß er Teil eines *Zyklus* ist, in dem es notwendigerweise eine einzellige Stufe gibt.

Es ist aber die einzellige, reproduktive Phase eines vielzelligen Organismus, während der die Variationen über die Generationen hinweg auftreten. Daher unterscheiden sich die vielzelligen hinsichtlich ihrer Art, Gattungen aufzubauen, nicht von den einzelligen Lebewesen. Der Lebenszyklus eines Metazellers ist also insofern eine Einheit, als die Ontogenese des Organismus im Wandel vom Einzeller zum Vielzeller bis hin zur Fortpflanzung verläuft, wobei aber die Fortpflanzung und die reproduktiven Variationen beim Durchlaufen der einzelligen Phase entstehen.

Alle heute bekannten vielzelligen Lebewesen müssen als ausgearbeitete Variationen über ein einziges Thema verstanden werden: das Thema der Zellorganisation und -phylogenese. Jedes vielzellige Individuum stellt einen bestimmten Moment der Ontogenese eines Stammes dar, deren Variationen weiterhin zellulärer Art sind. In dieser Hinsicht führt das Erscheinen der Multizellularität (Vielzelligkeit) keine grundlegende Neuheit ein. Neu ist hierbei jedoch die Tatsache, daß viele verschiedene Klassen von Individuen möglich werden, da nun viele verschiedene Stämme mit unterschiedlichen Modi der Erhaltung der ontogenetischen strukturellen Koppelung mit dem Milieu möglich sind. Der Reichtum und die Vielfalt der Lebewesen auf der Erde, zu denen auch wir gehören, geht auf das Erscheinen dieser Varianten oder multizellulären Abweichungen innerhalb der Zellstämme zurück.

Wir sollten dennoch bemerken, daß die sexuelle Fortpflanzung von vielzelligen Organismen, was die grundlegende Schilderung der Fortpflanzung im vorigen Kapitel angeht, keine Ausnahme bildet. In der Tat setzt die sexuelle Fortpflanzung voraus, daß eine der Zellen des vielzelligen Organismus eine unabhängige operationale Dynamik entwickelt (wie das Spermium) und mit einer anderen Zelle von einem anderen Organismus derselben Klasse verschmilzt, um die Zygote, die einzellige Phase dieses Lebewesens, zu bilden. Es gibt einige multizelluläre Organismen, die sich außerdem oder sogar ausschließlich durch einfache Spaltung fortpflanzen können. Geschieht dies, ist die Variationseinheit innerhalb des Stamms nicht die Zelle, sondern der gesamte Organismus.

Die Folgen der sexuellen Fortpflanzung zeigen sich in den reichen strukturellen Verknüpfungen, die dadurch entstehen. Dies ermöglicht einerseits die wechselseitige Kreuzung von sich fortpflanzenden Stämmen, andererseits eine große Zunahme von möglichen strukturellen Variationen bei jedem Fortpflanzungsschritt. Auf diese Weise werden die Genetik und die Vererbung durch die Resultate aus der Kombination von strukturellen Alternativen der einen Art von Lebewesen bereichert. Dieser Effekt zunehmender Variabilität, die – wie wir im nächsten Kapitel sehen werden – wiederum das phylogenetische Driften ermöglicht, erklärt, warum die Sexualität unter den Lebewesen praktisch universell ist und die Vervielfältigung der Stämme möglich macht.

Das Tempo des Wandels

Eine elegante Betrachtungsweise der Metazeller und ihrer Lebenszyklen ist der Vergleich der Zeitspannen, die sie je nach Größe für einen vollständigen Lebenszyklus benötigen. Abbildung 24 a (vgl. J. T. Bonner: *Size and Cycle,* Princeton 1965) zum Beispiel zeigt den bereits erörterten Zyklus eines Schleimpilzes, wobei auf der einen Achse die für die Vervollständigung jeder Phase benötigte Zeit aufgetragen ist, auf der anderen Achse die erreichte Größe. Während für die Bildung eines Fruchtkörpers von etwa 1 cm Größe ungefähr ein Tag nötig ist, bildet sich die ein zehnmillionstel Meter große Spore in annäherend einer Minute. In Abbildung 24 b ist die Geschichte eines Lebenszyklus für einen Frosch dargestellt. Die Zygote, der Ursprung des erwachsenen Tieres, bildet sich in ungefähr einer Minute, während das erwachsene Tier fast ein Jahr benötigt, um einige Zentimeter zu wachsen. Ein solches Diagramm kann man auch für den größten Baum der Welt, den Mammutbaum (Sequoia), zeichnen, der in einer Wachstumszeit von 1000 Jahren bis zu 100 m Höhe erreicht (Abb. 24 c), oder für das größte Tier der Welt, den Blauwal, der in 10 Jahren bis zu 40 m lang wird (Abb. 24 d).

Unabhängig von Größe und äußerer Erscheinung sind die Schritte in all diesen Fällen dieselben. Ausgehend von einer Anfangszelle entsteht beim Teilungs- und Differenzierungsvorgang aus der Koppelung zwischen den aus diesen Zellteilungen entstandenen Zel-

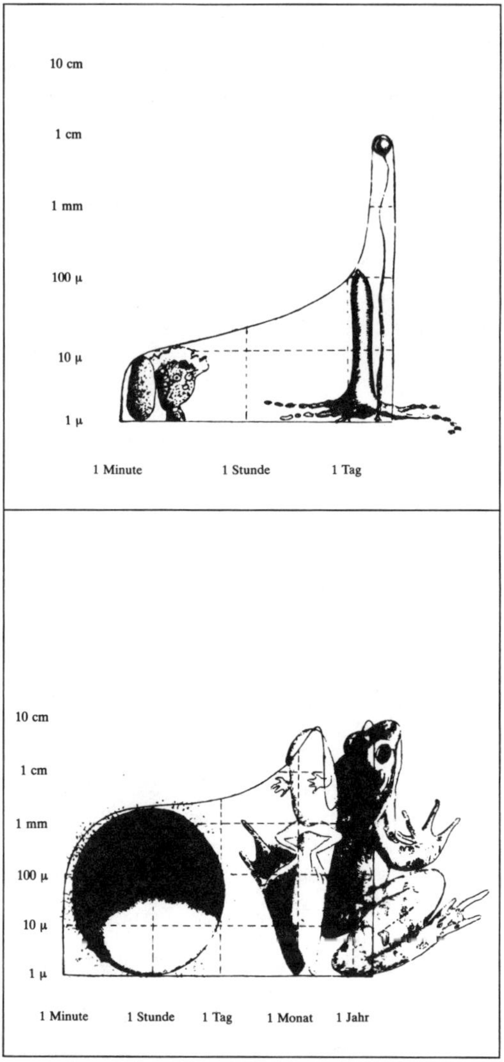

Abb. 24 Beispiele für die Relationen zwischen erreichter Größe und dafür benötigter Zeit in den verschiedenen Phasen des Lebenszyklus von Organismen.

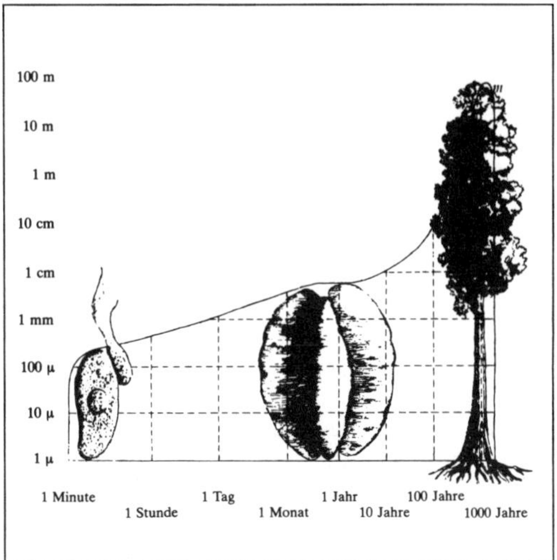
100 m
10 m
1 m
10 cm
1 cm
1 mm
100 μ
10 μ
1 μ
1 Minute
1 Stunde
1 Tag
1 Monat
1 Jahr
10 Jahre
100 Jahre
1000 Jahre

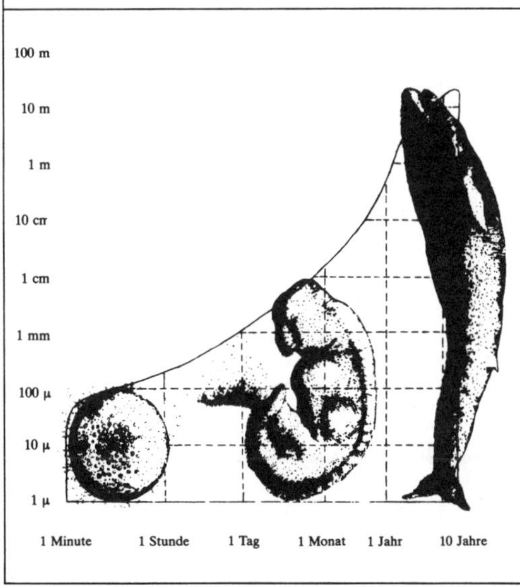
100 m
10 m
1 m
10 cm
1 cm
1 mm
100 μ
10 μ
1 μ
1 Minute
1 Stunde
1 Tag
1 Monat
1 Jahr
10 Jahre

len ein Individuum zweiter Ordnung. Das so aufgebaute Individuum hat eine unterschiedlich lange Ontogenese, welche zur nächsten Stufe der Fortpflanzung durch die Bildung einer neuen Zygote führt. Insofern ist der Generationszyklus eine Grundeinheit, die in der Zeit sowohl erhalten als auch transformiert wird. Dies kann auf einer Graphik durch das Eintragen der Fortpflanzungszeit in bezug auf die Größe verdeutlicht werden (Abb. 25). Eine nicht mit anderen Zellen gekoppelte einzellige Bakterie pflanzt sich sehr schnell fort, und daher ist ihr Transformationsrhythmus sehr schnell. Eine notwendige Folge der Bildung von Individuen zweiter Ordnung durch zelluläre Anhäufungen (Aggregationen) ist, daß für das zelluläre Wachstum und die Ausdifferenzierung der Zellen mehr Zeit benötigt und daher die Frequenz der Abfolge der Generationen kleiner wird.

Unsere Betrachtungsweise enthüllt uns, daß zwischen den Metazellern – wie auch im Fall der Zellen – eine große Ähnlichkeit besteht. Trotz ihrer beein-

Metazellularität und das Nervensystem

In diesem Buch behaupten wir, daß es nicht möglich ist zu verstehen, *wie* das Nervensystem arbeitet (und damit die Biologie des Erkennens zu verstehen), ohne vorher verstanden zu haben, *wo* das Nervensystem operiert. Die den Metazellern mit und ohne Nervensystem eigentümliche Zelldifferenzierung folgt einer gemeinsamen Logik, die sich auch im Aufbau des Nervensystems zeigt. Ein Blauwal hat Milliarden von sehr unterschiedlichen Zellen, aber sie alle sind in ein System reziproker Koppelung integriert, welches die Einheit zweiter Ordnung, den Blauwal, möglich macht.
So enthält auch das Nervensystem Millionen von Zellen, die jedoch alle integrale Bestandteile eines Organismus sind. Eine der größten Quellen der Verwirrung in dem Versuch, das wirksame Operieren des Nervensystems zu verstehen, besteht darin, seine organischen Wurzeln aus dem Blick zu verlieren. Dies wird Thema eines der folgenden Kapitel sein.

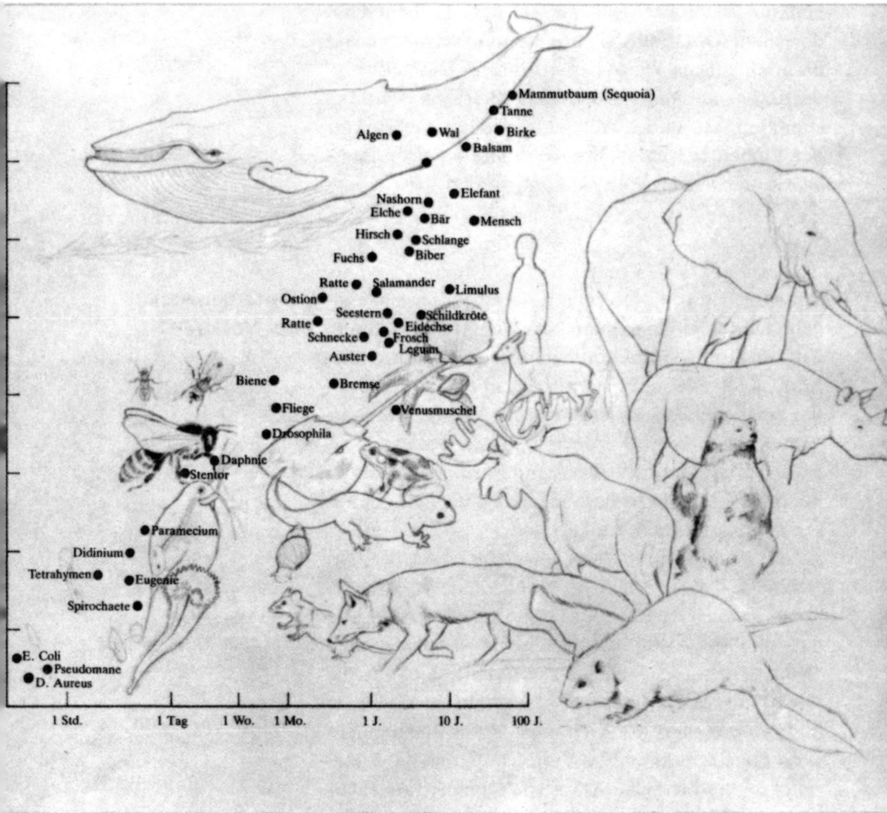

Abb. 25 Tempo der Transformation bei Einzellern und Metazellern.

druckenden Erscheinungsvielfalt behalten sie alle die Fortpflanzung mittels einer einzelligen Stufe als zentrales Kennzeichen ihrer Identität als biologische Systeme bei. Dieses gemeinsame Element in der *Organisation* aller Organismen beeinträchtigt nicht den Reichtum ihrer Vielfalt, da sich diese als *strukturelle* Variation zeigt. Wir sehen jedoch, daß alle Variationen Variationen eines Grundmusters sind – Variationen, die dazu führen, daß verschiedene Einheiten mit derselben Organisation ihre Interaktionswelten auf unterschiedliche Weise hervorbringen. Das heißt: Jede ontogenetische Veränderung führt zu einer bestimmten Art, in der Welt zu sein, denn die Struktur der Einheit bestimmt, wie sie in ihrem Milieu interagiert und welche Welt sie konfiguriert.

Die Organisation der Metazeller

Wir sprechen von Metazellern, wenn wir uns auf Einheiten beziehen, in deren Struktur eng verknüpfte Zellanhäufungen zu erkennen sind. Die Metazellularität tritt in allen fünf Bereichen, in die die Lebewesen eingeteilt sind, in Erscheinung (vgl. L. Margulis: *Five Kingdoms*, San Francisco 1982): Prokaryoten, Eukaryoten, Tiere, Pflanzen und Pilze. Die Metazellularität ist seit der frühesten Geschichte der Lebewesen eine strukturelle Möglichkeit.

Nun ist das Gemeinsame aller Metazeller der fünf Bereiche, daß sie Zellen als Bestandteile ihrer Struktur umfassen. Aus diesem Grund werden wir sagen, daß die Metazeller *autopoietische Systeme zweiter Ordnung* sind. Es stellt sich nun die Frage, wie die Organisation der Metazeller beschaffen ist. Da die sie bildenden Zellen auf vielfältige Weise miteinander verbunden sein können, ist einsichtig, daß die Metazeller unterschiedliche Arten von Organisation zulassen, zum Beispiel die eines Organismus, einer Kolonie oder einer Gesellschaft. Sind jedoch einige Metazeller (autopoietische Systeme zweiter Ordnung) *auch* autopoietische Systeme erster Ordnung? Ist der Fruchtkörper eines Schleimpilzes oder ist der Wal eine autopoietische Einheit (als solche bezeichnen wir nur ein autopoietisches System erster Ordnung)?

Dies sind keine einfachen Fragen. Wir wissen zwar sehr viel über die Zelle als molekulare autopoietische Einheit. Aber wie können wir die Bestandteile und Relationen in einem Organismus beschreiben, so daß seine Organisation im Sinne einer molekularen Autopoiese sichtbar wird? Im Falle der Metazeller haben wir bis heute eine viel ungenauere Kenntnis der molekularen Prozesse, welche sie als den Zellen vergleichbare autopoietische Einheiten definieren könnten.

Für die Zwecke dieses Buches wollen wir die Frage, ob Metazeller autopoietische Systeme erster Ord-

Symbiose und Metazellularität

Das in diesem Kapitel Gesagte läßt sich anhand eines Diagramms von zwei autopoietischen Einheiten, die rekursive Beziehungen aufgebaut haben, folgendermaßen zusammenfassen:

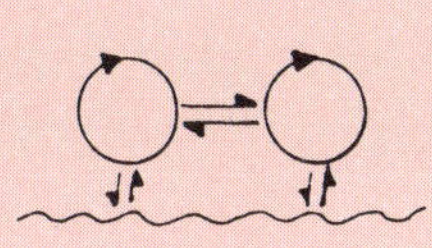

Solche Rekursionen können im Prinzip in zwei Richtungen führen:

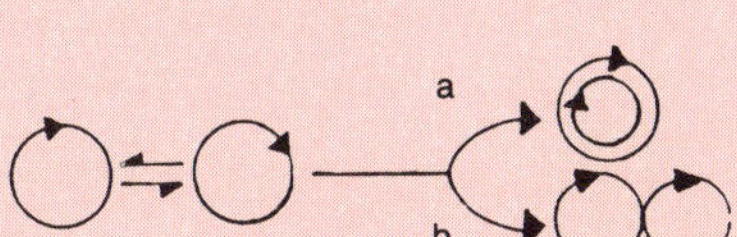

Die eine Richtung (a) führt zum Zusammenfallen der Grenzen beider Einheiten, also zu dem, was man gewöhnlich Symbiose nennt. Die Symbiose scheint beim Übergang der autopoietischen Systeme ohne innere Abteilungen (Prokaryoten) zu innerlich kompartimentierten Zellen (Eukaryoten, siehe auch Abb. 12) sehr wichtig gewesen zu sein. In der Tat scheinen alle Organellen einer Zelle (z. B. Mitochondrien, Chloroplasten und auch ihr Zellkern) von frei lebenden Prokaryoten herzukommen.

Es ist jedoch die andere Alternative (b), die uns in diesem Kapitel besonders interessiert: jene rekursive Koppelung, bei der die beteiligten Zellen ihre individuellen Grenzen bewahren und zugleich durch ihre Koppelung eine neue, besondere Kohärenz aufbauen, die wir als metazelluläre Einheit erkennen und als deren Form sehen.

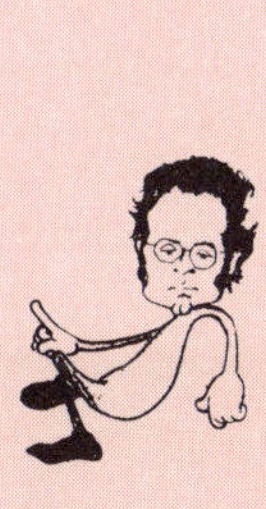

nung sind oder nicht, offenlassen. Wir können aber sagen, daß sie eine *operationale Geschlossenheit* ihrer Organisation aufweisen: Ihre Identität ist durch ein Netz von dynamischen Prozessen gekennzeichnet, deren Wirkungen das Netz nicht überschreiten. Über die explizite Form einer solchen Organisation werden wir aber weiter nichts sagen, zumal daraus keine Einschränkung für das resultiert, was wir hier ausführen wollen. Denn, wie wir gesagt haben, sind Metazeller, wie auch immer ihre Organisation beschaffen ist, aus autopoietischen Systemen erster Ordnung zusammengesetzt und bilden Abstammungslinien durch Fortpflanzung auf zellulärer Ebene. Dies beides sind hinreichende Bedingungen, die sicherstellen, daß alles, was in den Metazellern als autonome Einheiten geschieht, sich unter Erhaltung der Autopoiese der sie bildenden Zellen ebenso wie unter Erhaltung der eigenen Organisation ereignet. Folglich ist alles, was wir im weiteren sagen werden, sowohl auf autopoietische Systeme erster als auch auf solche zweiter Ordnung anwendbar, und wir werden zwischen ihnen nicht unterscheiden, solange dies nicht unerläßlich ist.

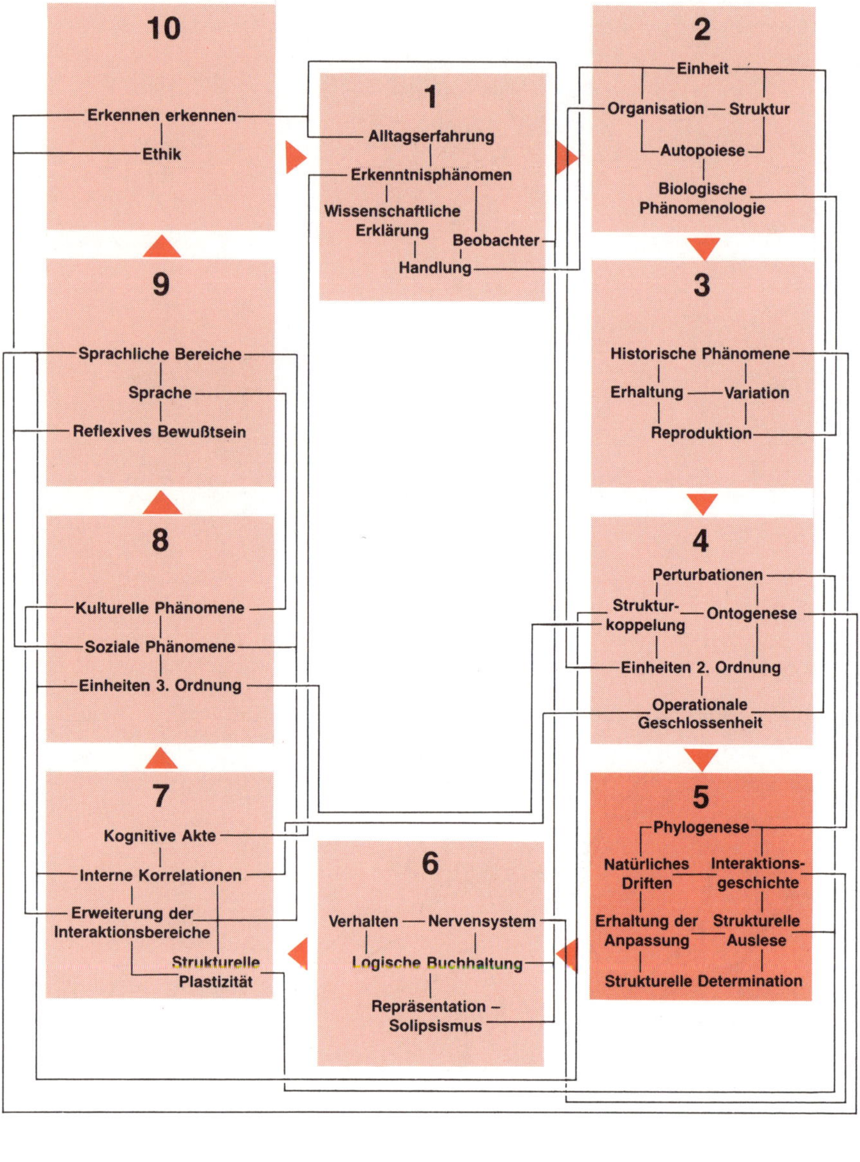
10
Erkennen erkennen
Ethik
1
Alltagserfahrung
Erkenntnisphänomen
Wissenschaftliche Erklärung
Beobachter
Handlung
2
Einheit
Organisation
Struktur
Autopoiese
Biologische Phänomenologie
9
Sprachliche Bereiche
Sprache
Reflexives Bewußtsein
3
Historische Phänomene
Erhaltung
Variation
Reproduktion
8
Kulturelle Phänomene
Soziale Phänomene
Einheiten 3. Ordnung
4
Perturbationen
Struktur-koppelung
Ontogenese
Einheiten 2. Ordnung
Operationale Geschlossenheit
7
Kognitive Akte
Interne Korrelationen
Erweiterung der Interaktionsbereiche
Strukturelle Plastizität
6
Verhalten
Nervensystem
Logische Buchhaltung
Repräsentation – Solipsismus
5
Phylogenese
Natürliches Driften
Interaktions-geschichte
Erhaltung der Anpassung
Strukturelle Auslese
Strukturelle Determination

5 Das natürliche Driften der Lebewesen

Abb. 26 Portrait von Charles Darwin, gemalt von John Collier im Jahre 1881.

Die drei letzten Kapitel haben uns eine Vorstellung von drei grundlegenden Aspekten der Lebewesen vermittelt. Zuerst haben wir gesehen, wie Lebewesen sich als Einheiten konstituieren und wie ihre Identität durch die ihnen eigentümliche autopoietische Organisation definiert ist. Weiterhin haben wir ausgeführt, auf welche Weise die autopoietische Identität zum Erlangen der komplexeren Stufe der Fortpflanzung führen kann und so ein geschichtliches Netzwerk von Abstammungen erzeugt. Schließlich haben wir gesehen, wie vielzellige Organismen (zu denen auch wir Menschen gehören) aus der Koppelung von Zellen geboren werden, die von einer einzigen Zelle abstammen, und daß alle Organismen nichts anderes als grundlegende Variationen über dasselbe Thema sind: in Generationszyklen eingebundene metazelluläre Einheiten, die immer ein unizelluläres Stadium durchlaufen.

All das führt dazu, daß es sowohl Ontogenesen von zur Fortpflanzung fähigen Lebewesen gibt als auch Phylogenesen von unterschiedlichen reproduktiven Abstammungslinien, die in ein riesiges geschichtliches Netzwerk mit erstaunlichen Variationen eingewoben sind. Dies wird uns sowohl bei Betrachtung der uns umgebenden organischen Welt verschiedener Pflanzen, Tiere, Pilze und Bakterien deutlich als auch in Hinsicht auf jene Unterschiede, die wir zwischen uns menschlichen Wesen und den anderen Lebewesen beobachten. Dieses große Netzwerk von geschichtlichen Transformationen der Lebewesen bildet Kette und Schuß des Gewebes ihrer Existenz als geschichtliche Wesen. In diesem Kapitel werden wir einige in den vergangenen Kapiteln angesprochene Themen wieder aufgreifen in dem Bemühen, die *organische Evolution* auf globale und allgemeine Weise zu verstehen. Denn ohne ein angemessenes Verständnis der geschichtlichen Mechanismen des strukturellen Wandels kann es kein Verständnis des Erkenntnisphänomens geben.

Tatsächlich liegt der Schlüssel zum Verständnis des Ursprungs der Evolution in etwas, das wir bereits in den letzten Kapiteln erwähnt haben: in der inhärenten Verbindung zwischen Unterschieden und Ähnlichkeiten auf jeder Fortpflanzungsstufe, in der Erhaltung der Organisation und der Veränderung der Struktur. Da es Ähnlichkeit gibt, gibt es die Möglichkeit einer geschichtlichen Reihe und einer ununterbrochenen Abstammungslinie. Da es strukturelle Unterschiede gibt, gibt es die Möglichkeit von geschichtlichen Variationen in den Abstammungslinien. Wie aber entstehen oder etablieren sich manche Abstammungslinien und andere nicht? Wie kommt es, daß uns, wenn wir uns umschauen, Fische auf so natürliche Weise dem Wasser und Pferde auf so adäquate Weise den Ebenen angepaßt erscheinen? Wollen wir diese Fragen beantworten, müssen wir zunächst näher untersuchen, wie die Interaktionen zwischen den Lebewesen und ihrer Umgebung ablaufen.

Determination und strukturelle Koppelung

Die Geschichte des strukturellen Wandels eines einzelnen Lebewesens ist seine Ontogenese. In dieser Geschichte beginnt jedes Lebewesen mit einer Anfangsstruktur, welche den Verlauf seiner Interaktionen bedingt und zugleich die Möglichkeit der strukturellen Veränderungen einschränkt, die durch diese Interaktionen in ihm ausgelöst werden.

Das Lebewesen wird aber auch an einem besonderen Ort geboren, in einem Milieu, in dem es sich verwirklicht und interagiert. Dieses Milieu ist seine Umgebung mit einer eigenen strukturellen Dynamik; sie ist von der des Lebewesens *operational verschieden*. Dies ist ein wichtiger Punkt. Als Beobachter haben wir ein Lebewesen als eine Einheit von einem Hintergrund unterschieden und es als eine ganz bestimmte Organisation charakterisiert. Dabei haben wir zwei Strukturen – Lebewesen und Milieu – unterschieden, welche als voneinander operational unabhängig angesehen werden, auch wenn zwischen ihnen notwendig eine strukturelle Übereinstimmung vorliegen muß (oder die Einheit löst sich auf).

Bei den Interaktionen zwischen dem Lebewesen und der Umgebung innerhalb dieser strukturellen Kongruenz determinieren die Perturbationen der Umgebung nicht, was dem Lebewesen geschieht; es ist vielmehr die Struktur des Lebewesens, die determiniert, zu welchem Wandel es infolge der Perturbation in ihm kommt. Eine solche Interaktion schreibt deshalb ihre Effekte nicht vor. Sie determiniert sie nicht und ist daher nicht «instruierend», weshalb wir davon sprechen, daß eine Wirkung «ausgelöst» wird. Wir wollen damit darauf hinweisen, daß der Wandel, der aus den Interaktionen zwischen dem Lebewesen und seiner Umgebung resultiert, zwar von dem perturbierenden Agens hervorgerufen, aber von der Struktur des perturbierenden Systems determiniert wird. Dasselbe gilt für das Milieu, für das das Lebewesen eine Quelle von Perturbationen und nicht von Instruktionen ist.

Dem Leser mag dies sehr verwickelt erscheinen, und er mag denken, daß die Sache nur bei Lebewesen so kompliziert ist. Doch ebenso wie im Falle der Reproduktion haben wir es hier mit einem grundlegenden, gewöhnlichen und ganz alltäglichen Phänomen zu tun. Es tritt bei allen Interaktionen auf. Dieses Phänomen nicht in seiner Allgemeingültigkeit zu erkennen, wäre eine Quelle unnötiger Verwirrung. Deshalb werden wir noch etwas dabei verweilen und uns näher ansehen, was jedesmal geschieht, wenn wir eine Einheit von einem Milieu unterscheiden, in dem sie interagiert.

Eigentlich ist der Schlüssel zum Verständnis des Gesagten einfach: Als Wissenschaftler können wir nur mit *strukturell determinierten* Einheiten umgehen. Das heißt, wir können nur Systeme behandeln, deren gesamte Veränderungen durch ihre wie auch immer geartete Struktur determiniert sind und in denen diese strukturellen Änderungen aus ihrer eigenen Dynamik resultieren beziehungsweise von ihren Interaktionen mit dem Milieu ausgelöst werden.

In unserem Alltag handeln wir tatsächlich, als seien alle Dinge, denen wir begegnen, strukturdeterminierte Einheiten. Das Auto, das Tonbandgerät, die Nähmaschine oder der Computer sind Systeme, die wir behandeln, als seien sie strukturdeterminiert. Wie käme es sonst, daß wir, wenn bei ihnen ein Defekt auftritt, ihre Struktur zu verändern versuchen und nicht etwas anderes? Wenn wir beim Gasgeben im Auto feststellen, daß es nicht anfährt, käme niemand auf den Gedanken, daß es an dem Fuß liegen könnte, der auf das Gaspedal tritt. Wir nehmen vielmehr an, daß das Problem im Bereich der Verbindung zwischen dem Gaspedal und dem Einspritzsystem liegt, also in der Struktur des Autos.

So enthüllen die Defekte an von Menschen gebauten Maschinen mehr von ihrem effektiven Operieren als die Beschreibungen, die wir von ihnen geben, wenn sie fehlerfrei funktionieren. In Abwesenheit von Defekten verkürzen wir unsere Beschreibung, indem wir sagen, daß wir zum Beispiel den Computer dazu «instruieren», uns den Stand unseres Bankkontos auszudrucken.

Diese alltägliche Haltung, die in der Wissenschaft nur durch die rigorose Verwendung wissenschaftlicher Gültigkeitskriterien systematischer und gezielter Anwendung findet, gilt nicht nur für künstliche Systeme sondern auch für Lebewesen und soziale Systeme. Wäre dem nicht so, würden wir bei Unwohlsein nie einen Arzt aufsuchen, oder wir würden nicht einen Beamten in einer Dienststelle austauschen, wenn diese nicht wie erwartet funktioniert. Bei vielen Phänomenen unserer menschlichen Erfahrung mögen wir es vorziehen, sie nicht zu erklären. Wenn wir aber eine wissenschaftliche Erklärung geben wollen, dann müssen wir die berücksichtigten Einheiten als strukturdeterminiert betrachten.

Dies alles wird deutlicher in der Unterscheidung von vier Bereichen (Gebieten oder Ordnungen), die von der Struktur einer Einheit festgelegt werden:

a) *Bereich von Zustandsveränderungen* – das sind alle Strukturveränderungen, die eine Einheit ohne Veränderung ihrer Organisation erfahren kann, also unter Aufrechterhaltung ihrer Klassenidentität.
b) *Bereich von destruktiven Veränderungen* – das sind alle Strukturveränderungen, die zum Verlust der Organisation einer Einheit und daher zu ihrer Auflösung als Einheit einer bestimmten Klasse führen.
c) *Bereich von Perturbationen* – das sind alle Interaktionen, die Zustandsveränderungen auslösen.
d) *Bereich von destruktiven Interaktionen* – das sind alle Perturbationen, die zu einer destruktiven Veränderung führen.

So nehmen wir zum Beispiel alle an, daß eine aus nächster Nähe abgefeuerte Bleikugel bei dem getroffenen Lebewesen im allgemeinen destruktive Veränderungen auslöst, die durch die Struktur des Lebewesens festgelegt sind. Es ist aber wohl bekannt, daß dieselbe Kugel bloß eine einfache Perturbation für die Struktur eines Vampirmenschen ist, bei dem erst ein Holzpflock im Herzen eine destruktive Veränderung darstellt. Es ist ebenfalls selbstredend, daß ein heftiger Zusammenstoß mit einem Telegrafenmast zwar eine destruktive Interaktion für ein kleines Au-

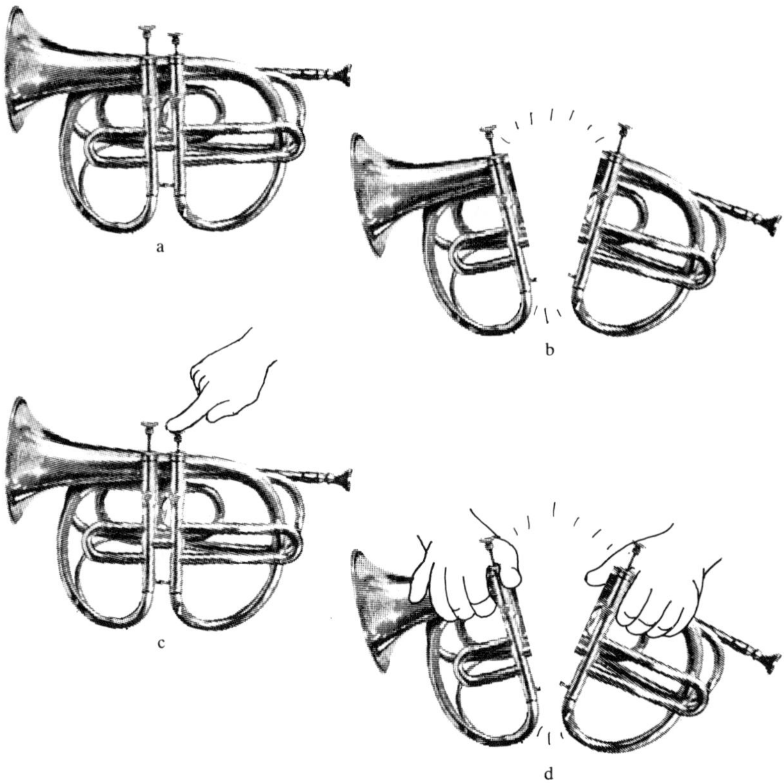

Abb. 27 Wie für jede Einheit gibt es auch für die Trompete vier Bereiche: a) von Zustandsveränderungen; b) von destruktiven Veränderungen; c) von Perturbationen; d) von destruktiven Interaktionen.

to, aber nur eine einfache Perturbation für einen Panzer darstellt (siehe auch Abb. 27).

Beachten wir jedoch, daß die strukturellen Bereiche bei einem strukturdeterminierten dynamischen System sich auch deshalb verändern werden, weil seine Struktur in ständigem Wandel begriffen ist, wenn auch diese Veränderungen immer von der gegenwärtigen Struktur des Systems bestimmt sind. Es ist gerade dieser ständige Strukturwandel, welcher bei jeder dynamischen Einheit zum Eigentlichen ihrer Ontogenese wird, sei sie ein Kassettenrecorder oder ein Leopard.

Solange die Einheit nicht in eine destruktive Interaktion mit ihrem Milieu eintritt, werden wir als Beobachter zwischen der Struktur des Milieus und derjenigen der Einheit eine Verträglichkeit (Kompatibilität bzw. Kommensurabilität) feststellen. Solange diese Verträglichkeit vorliegt, wirken Milieu und Einheit füreinander als gegenseitige Quellen von Perturbation, und sie lösen gegenseitig beim jeweils anderen Zustandsveränderungen aus – ein ständiger Prozeß, den wir als *strukturelle Koppelung* bezeichnet haben. So gibt es zum Beispiel in der Geschichte der strukturellen Koppelung zwischen den Abstammungen von Autos und Städten dramatische Veränderungen auf beiden Seiten, die sich bei jedem von ihnen als Ausdruck der jeweils eigenen strukturellen Dynamik im Zuge der selektiven Interaktionen mit dem anderen ergeben.

Ontogenese und Auslese

Alles bisher Gesagte ist für jedes System und daher auch für Lebewesen gültig. Lebewesen sind also weder in ihrer Determiniertheit noch in ihrer Strukturkoppelung einzigartig. Das ihnen Eigentümliche ist jedoch, daß bei ihnen, ob als Einheit erster oder zweiter Ordnung, Determiniertheit und Strukturkoppelung im Rahmen der ständigen Aufrechterhaltung der Autopoiese verwirklicht werden und daß alles in ihnen diesem Prozeß untergeordnet bleibt. Sogar die Autopoiese der Zellen, die einen Metazeller bilden, ordnet sich der Autopoiese des autopoietischen Systems zweiter Ordnung unter. Deshalb ist jeder strukturelle Wandel in einem Lebewesen notwendigerwei-

Achtung gefährliche Kurve: Die natürliche Auslese

Der Begriff Auslese in diesem Kontext ist trügerisch; allzu leicht löst er bei uns – ohne daß wir es merken – Assoziationen aus, die in andere Bereiche, aber nicht zu dem uns hier beschäftigenden Phänomen gehören. Wir denken zum Beispiel an einen Selektionsprozeß durch willkürliches Auswählen aus vielen Alternativen. So ist man leicht versucht zu glauben, daß im Verlauf der Evolution etwas Ähnliches geschieht: Wir meinen, es sei das Milieu, welches mittels seiner Perturbationen unter den vielen Möglichkeiten die Veränderungen «auswählt», die auftreten sollen.
Wäre dem so, so stände das im Widerspruch zu der Tatsache, daß wir es hier mit strukturdeterminierten Systemen zu tun haben. Es geschieht also in Wirklichkeit das genaue Gegenteil: Eine Interaktion kann eine Strukturveränderung nicht determinieren, da diese Veränderung von dem vorangegangenen Zustand der betroffenen Einheit determiniert ist und nicht durch die Struktur des perturbierenden Agens.
Wir sprechen hier von «Auslese» in dem Sinne, daß der Beobachter feststellen kann, daß jede Perturbation eine bestimmte (und nicht eine andere) Veränderung unter allen möglichen Veränderungen ausgelöst («ausgewählt») hat. Diese Beschreibung ist jedoch nicht ganz angemessen, da in jeder Ontogenese nur eine bestimmte Reihe von Interaktionen stattfindet und nur eine bestimmte Reihe von Strukturveränderungen ausgelöst wird. Die große Zahl der Veränderungen, die der Beobachter als Möglichkeiten ansieht, bestehen ja nur in seiner Vorstellung, auch wenn sie Möglichkeiten innerhalb anderer Geschichtsverläufe darstellen. Unter diesen Umständen faßt der Begriff der Auslese das Verständnis zusammen, das der *Beobachter* vom Geschehen innerhalb jeder einzelnen Ontogenese gewonnen hat, auch wenn er dazu nur durch seine vergleichende Beobachtung vieler Ontogenesen gekommen ist.
Man könnte das Phänomen, um das es hier geht, auch mit anderen Begriffen bezeichnen. Wir bleiben jedoch beim Begriff der Auslese, da er auf Grund seiner Verwendung durch Darwin mit der Geschichte der Biologie bereits untrennbar verbunden ist. In seinem Buch *Über die Entstehung der Arten* zeigte Darwin zum ersten Mal die Beziehung zwischen Generationsunterschieden und Strukturkoppelung auf. Die Veränderungen, so meinte Darwin, sähen so aus «als ob» eine natürliche Auslese stattfände, die in ihrer selektierenden Wirkung der künstlichen Zuchtwahl (wie sie etwa ein Bauer mit den ihn interessierenden Arten vornimmt) vergleichbar wäre.
Darwin selbst hat nie ganz deutlich gemacht, ob der Begriff der natürlichen Auslese für ihn mehr als bloß eine sinnvolle Metapher war. Doch kaum hatte sich seine Evolutionstheorie verbreitet, ging man auch schon dazu über, in der «natürlichen Auslese» eine Quelle von vorschreibenden (instruierenden) Interaktionen durch das Milieu zu sehen. Zum gegenwärtigen Zeitpunkt ist eine Veränderung der Nomenklatur in der Geschichte der Biologie unmöglich. Es ist daher besser, derart eingeführte Begriffe weiterhin zu verwenden – allerdings nun in einem anderen, richtigeren Verständnis. Schließlich hat auch die Biologie ihre Ontogenese!

se durch die Erhaltung seiner Autopoiese eingeschränkt. So werden alle Interaktionen, welche mit dieser Erhaltung vereinbare Strukturveränderungen auslösen, Perturbationen sein. Andere, mit der Autopoiese unverträgliche Interaktionen werden destruktive Interaktionen sein. Die ständige Strukturveränderung eines Lebewesens unter Erhaltung seiner Autopoiese geschieht in jedem Augenblick und zugleich auf viele verschiedene Weisen. Das ist das Pulsieren allen Lebens.

Beachten wir nun etwas Interessantes: Wenn wir als Beobachter uns die Interaktionen eines Organismus ansehen, befinden wir uns in der besonderen Situation, daß wir einerseits Zugang zur Struktur des Milieus und andererseits zur Struktur des Organismus haben. So können wir uns die vielen Möglichkeiten vorstellen, wie sich beide bei ihrem Zusammentreffen hätten verändern können, wenn es zu anderen Interaktionen als den beobachteten gekommen wäre. Wir können uns zum Beispiel vorstellen, was aus der Welt geworden wäre, wenn Kleopatra häßlich gewesen wäre, oder ernsthafter: was jenes auf der Straße bettelnde Kind hätte werden können, wenn es als Säugling angemessen ernährt worden wäre.

Aus dieser Perspektive scheinen die Strukturveränderungen, die in einer Einheit tatsächlich auftreten, durch das Milieu im Zuge des ständigen Spiels von Interaktionen «selektiert» zu sein. Deshalb kann dann auch das Milieu als ein ständiger «Auswähler» der vom Organismus erfahrenen Strukturveränderungen angesehen werden.

Im strengen Sinne geschieht mit dem Milieu jedoch umgekehrt genau das Entsprechende – das (oder die) in ihm interagierende(n) Lebewesen wirkt (wirken) als Auswähler für seine Strukturveränderungen. So hat zum Beispiel die Tatsache, daß die Zellen während der ersten Millionen Jahre nach dem Ursprung des Lebens gerade Sauerstoff und nicht irgendein anderes mögliches Gas verbreitet haben, substantielle Veränderungen in der Erdatmosphäre bewirkt, so daß dieses Gas als Ergebnis der Geschichte heute einen wichtigen Prozentsatz der Atmosphäre ausmacht. Andererseits hat das Vorkommen von Sauerstoff in der Atmosphäre seinerseits strukturelle Variationen in vielen Stämmen von Lebewesen «selektiert» und dabei im Verlauf der Phylogenese zum Aufbau von Formen geführt, die als sauerstoffatmende Wesen leben. Die Strukturkoppelung ist immer gegenseitig; beide – Organismus und Milieu – erfahren Veränderungen.

Wenn wir vor dem Hintergrund der Strukturkoppelung zwischen Organismus und Milieu, die wir als operational unabhängige Systeme ansehen, unser Augenmerk auf das Fortbestehen der Organismen als dynamische Systeme im Milieu richten, dann erscheint uns die Grundlage dieses Fortbestehens die strukturelle Verträglichkeit des Organismus mit dem Milieu zu sein, also das, was wir *Anpassung* nennen. Beobachten wir andererseits eine destruktive Interaktion zwischen einem Lebewesen und seinem Milieu, die zur Auflösung des ersteren als autopoietische Einheit führt, dann sagen wir, es habe seine Anpassung verloren. Die Anpassung einer Einheit an ihr Milieu ist deshalb eine notwendige Folge der strukturellen Koppelung dieser Einheit mit ihrem Milieu. Mit anderen Worten: Jede Ontogenese als die individuelle Geschichte strukturellen Wandels ist ein Driften von Strukturveränderung unter Konstanthaltung der Organisation und daher unter *Erhaltung der Anpassung*.

Sagen wir es noch einmal: Die Erhaltung der Autopoiese und die Erhaltung der Anpassung sind notwendige Bedingungen für die Existenz der Lebewesen; die ontogenetische Strukturveränderung eines

Lebewesens in seinem Milieu wird immer ein strukturelles Driften sein, das mit dem Driften des Milieus in Übereinstimmung ist. Dieses Driften wird einem Beobachter im Verlauf der Geschichte von Interaktionen des Lebewesens als durch das Milieu «selektiert» erscheinen.

Abb. 28 Die großen Linien der organischen Evolution von den prokaryotischen Ursprüngen bis in die Gegenwart mit der Vielfalt von Einzellern, Pflanzen, Tieren und Pilzen, die aus den Verzweigungen und Kreuzungen durch Symbiose von vielen ursprünglichen Stämmen entstanden sind.

Phylogenese und Evolution

Jetzt haben wir alle Elemente in der Hand, die uns erlauben, die komplexe Geschichte der Transformationen der Lebewesen in ihren Gemeinsamkeiten zu verstehen und die Fragen zu beantworten, mit denen wir dieses Kapitel begonnen haben. Der aufmerksame Leser wird festgestellt haben, daß wir, um uns in dieses Phänomen weiter zu vertiefen, sozusagen durch ein «gedankliches» Mikroskop das betrachtet haben, was in der Geschichte von individuellen Interaktionen geschieht. Denn gerüstet mit einem Verständnis vom Geschehen *in jedem Einzelfall* und auch mit dem Wissen, daß Variationen bei jeder Fortpflanzungsstufe auftreten, können wir über eine Zeitskala von vielen Millionen Jahren zurückprojizieren und die Ergebnisse einer sehr (wirklich *sehr*) großen Zahl von Wiederholungen desselben Phänomens individueller, von reproduktiver Veränderung gefolgter Ontogenese betrachten. Auf Abbildung 28 haben wir eine globale Sicht der Geschichte der Lebewesen von ihren Ursprüngen bis zu unseren Tagen in all ihrer Herrlichkeit vor uns.

Diese Darstellung ähnelt einem Baum und wird daher phylogenetische Stammbaumgeschichte der Spezies genannt. Eine Phylogenese ist eine Abfolge von durch reproduktive Beziehungen verwandten organischen Formen. Die im Verlauf der Phylogenese

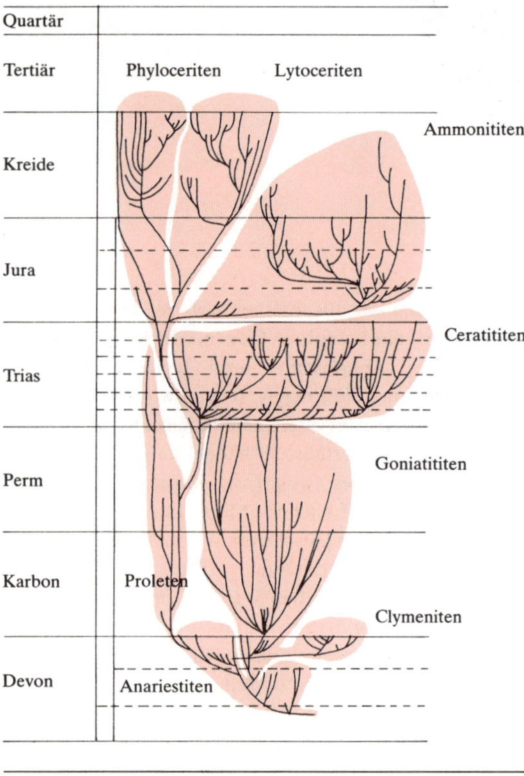

Abb. 29 Ausbreitung und Auslöschung von Abstammungslinien eines Trilobitenstammes, von Tieren, die in dem Zeitraum von 500 bis 300 Millionen Jahre vor unserer Zeit existierten.

entstehenden Veränderungen bilden den phylogenetischen beziehungsweise evolutionären Wandel.

Auf der Abbildung 29 haben wir zum Beispiel eine Rekonstruktion des Driftens eines besonderen Stammes von Metazellern vor uns, der Trilobiten, die urweltliche, wirbellose Tiere waren. Durch die Variationen auf jeder Fortpflanzungsstufe entstand in der einzelligen Phase des Tieres eine große Vielfalt von Arten innerhalb dieses Stammes, die in jedem Moment der Geschichte der Trilobiten vorgefunden werden. Jede dieser Varianten befindet sich in Koppelung mit einem Milieu, ist eine Variante des zentralen Themas. Während dieser langen Abfolge gab es dramatische geologische Transformationen auf der Erde, wie jene, die gegen Ende der sogenannten Trias vor etwa 200 Millionen Jahren geschahen. Die fossilen Funde enthüllen uns, daß während dieser Zeit die Mehrzahl der Trilobitenstämme verlorenging. Das heißt, während jenes Zeitraums im strukturellen Werden erwiesen sich die meisten der in den Abstammungslinien der Trilobiten entstandenen strukturellen Variationen als nicht komplementär zum damaligen Strukturwandel des Milieus. Dadurch verloren die Organismen dieser Stämme ihre Anpassung, sie pflanzten sich nicht weiter fort und ihre Abstammungslinie war unterbrochen. Dagegen erhielten sich jene Trilobitenstämme, bei denen dies nicht geschah, noch viele Millionen Jahre, bis schließlich neue und wiederholte drastische Veränderungen in ihrem Milieu zum Verlust auch ihrer Anpassung führten, wodurch schließlich die gesamte Abstammungslinie erlosch.

Das Studium der fossilen Reste und der Paläontologie erlaubt, eine der Geschichte der Trilobiten ähnelnde Geschichte für jede der uns heute bekannten Arten von Tieren und Pflanzen aufzuzeigen. Es gibt in der Strukturgeschichte der Lebewesen keinen einzigen Fall, der nicht enthüllt, daß jede Abstammungslinie ein besonderer Fall unter den Variationen eines Grundthemas ist, zu dem es in der ununterbrochenen Abfolge von Fortpflanzungsstufen unter Erhaltung der Autopoiese und der Anpassung kam.

Halten wir fest, daß dieser Fall (wie alle anderen Fälle) uns vor Augen führt, daß viele Strukturvariationen in der Lage sind, in einem bestimmten Milieu lebenstüchtige Individuen hervorzubringen. Sie alle sind gleichermaßen angepaßt und auch dazu fähig, ihre Linie in dem Milieu, in dem sie vorkommen, sei dieses veränderlich oder nicht, für mindestens einige Tausend Jahre fortzusetzen. Dieser Fall enthüllt aber auch, daß die verschiedenen Abstammungslinien, die aus den unterschiedlichen Strukturwandlungen im Verlauf der evolutiven Geschichte eines Stammes hervorgegangen sind, sich in Hinsicht auf ihre Chance unterscheiden, einen ununterbrochenen Beitrag zur Vielfalt des Stammes in einem sich verändernden Milieu zu leisten. Bei einer retrospektiven Betrachtung zeigt sich: Es hat Abstammungslinien gegeben, die ausgestorben sind, weil die strukturellen Konfigurationen, durch die sie gekennzeichnet waren, die Erhaltung ihrer Organisation und ihrer Anpassung und somit ihre Fortdauer nicht erlaubt haben. Im Prozeß der organischen Evolution ist alles erlaubt, sofern die wesentliche ontogenetische Voraussetzung der Fortpflanzung erfüllt ist. Diese Voraussetzung nicht zu erfüllen ist verboten, da es zum Aussterben führt. Im weiteren werden wir sehen, wie dies zum wichtigen Teil die kognitive Geschichte der Lebewesen bedingt.

Natürliches Driften

Sehen wir uns den beeindruckenden Baum der organischen Evolution in einer Analogie an. Stellen wir uns einen spitzgipfeligen Berg vor. Stellen wir uns weiter vor, daß wir auf dem Gipfel sitzen und Wassertropfen immer in die gleiche Richtung hinunterwerfen, wobei jedoch durch die Mechanik des Werfens geringfügige Abweichungen auftreten. Stellen wir uns schließlich vor, daß diese Wassertropfen eine Spur auf dem Boden hinterlassen, sozusagen einen historischen Abdruck ihrer Abwärtsbewegung.

Offenbar werden wir bei mehrmaliger Wiederholung unseres Experiments leicht unterschiedliche Ergebnisse bekommen. Einige Tropfen werden geradewegs hinunterfließen; andere werden Hindernisse auf ihrem Weg antreffen und ihnen infolge ihrer geringen Unterschiede an Gewicht und Impuls auf verschiedene Weise ausweichen, indem sie zu der einen oder der anderen Seite hintendieren. Vielleicht wird die Windrichtung sich ändern und die Tropfen hierhin oder dorthin ablenken, vielleicht werden die Spuren vorangegangener Tropfen den Grund für den Weg der nachfolgenden verändert haben – und so weiter und so weiter.

Betrachten wir nun diese Reihe von Experimenten, verfolgen wir die Spuren eines jeden Tropfens, und markieren wir alle Wege, die die Tropfen genommen haben. Was wir dann erhalten, ist ein Muster wie in Abbildung 30.

Diese Darstellung kann als die Abbildung des vielfältigen natürlichen Driftens der Wassertropfen auf dem Berg betrachtet werden. Dieses Driften ist das Ergebnis der unterschiedlichen individuellen Interaktionsweisen der Tropfen mit den Unregelmäßigkeiten des Bodens, der Winde und allen sonstigen Faktoren. Die Analogie zu den Lebewesen ist evident. Der Gipfel und die anfänglich gewählte Richtung entsprechen dem gemeinsamen urzeitlichen Organismus, der zu

Abb. 30 Die «Wassertropfen-Analogie» für das natürliche Driften der Lebewesen.

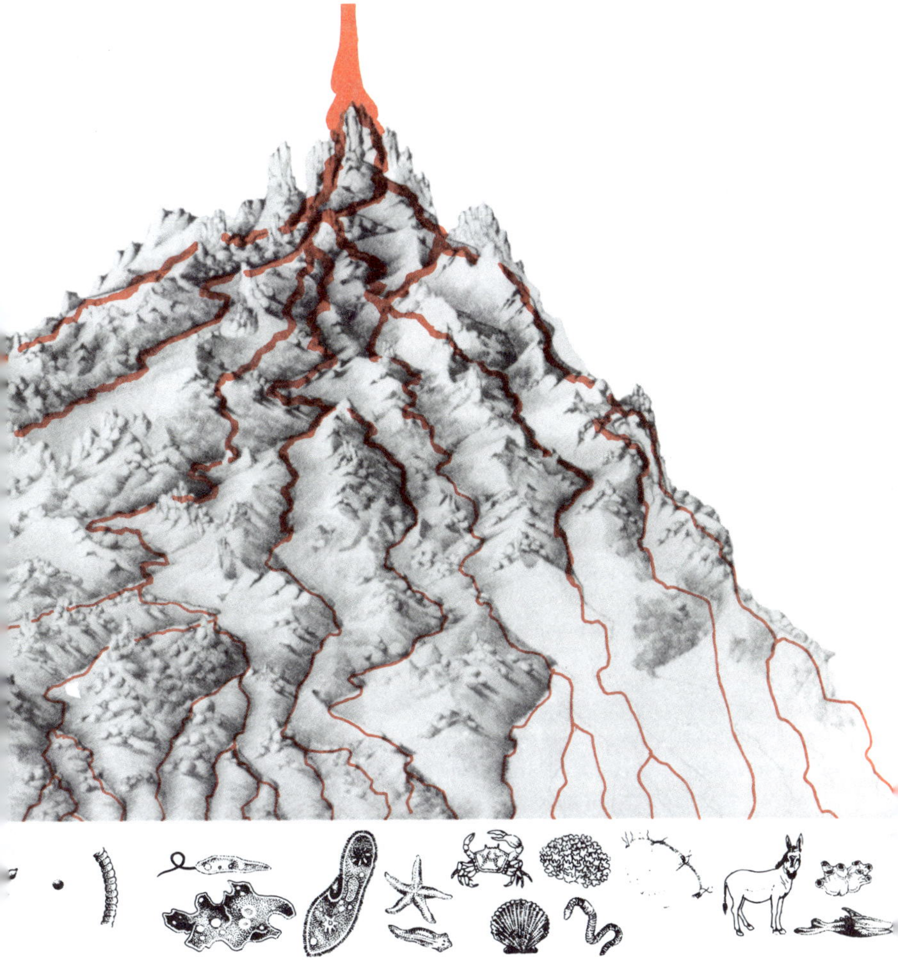

Nachkommen mit leichten strukturellen Variationen führte. Die vielfältige Wiederholung entspricht den vielen Abstammungslinien, die aus diesen Nachkommen hervorgehen. Der Berg ist natürlich das gesamte Milieu der Lebewesen, das sich in seinem Werden teilweise vom Werden der Lebewesen unabhängig und teilweise von ihm abhängig verändert. In diesem Bild assoziieren wir das Werden des Milieus mit der Abnahme der Berghöhe, während wir das ständige Herunterrollen der Wassertropfen bei konstanter Abnahme von potentieller Energie mit der Erhaltung der Anpassung in Verbindung bringen. In dieser Analogie haben wir die reproduktiven Stufen übersprungen, da es in unserer Darstellung um die Entfaltung der Abstammungslinien und nicht um das Wie ihrer Ausformung geht.

Unsere Analogie zeigt uns jedoch, daß das natürliche Driften nur den zu jedem Zeitpunkt möglichen Bahnen folgt. Es vollzieht sich oftmals ohne große Variationen in der Erscheinung der Organismen (Phänotyp), häufig aber auch mit unterschiedlichsten Verzweigungen, je nachdem, welche spezifischen Relationen zwischen Organismus und Milieu erhalten werden. Organismen und Milieu variieren voneinander unabhängig; die Organismen bei jeder reproduktiver Stufe, das Milieu gemäß einer anderen Dynamik. Aus dem Zusammentreffen zwischen diesen beiden Variationen entsteht eine phänotypische Stabilisierung oder Spezifizierung je nach dem Zeitpunkt dieses Zusammentreffens – und zwar als Ergebnis des Prozesses der Erhaltung von Anpassung und Autopoiese. Es kommt zur Stabilisierung, wenn das Milieu sich langsam wandelt, zur Diversifizierung und Verbreitung, wenn es sich plötzlich verändert.

Konstanz und Vielfalt der Abstammungslinien werden deshalb vom Spiel zwischen den geschichtlichen Bedingungen abhängen, unter denen sie auftreten, und von den inhärenten Eigenschaften der Individuen, die sie bilden. Deshalb wird es beim natürlichen Driften der Lebewesen viele Löschungen von Stämmen geben, viele überraschende Formen und viele Möglichkeiten, die jedoch nie aktualisiert werden.

Stellen wir uns nun eine andere Sicht der Verläufe des natürlichen Driftens von Lebewesen vor, indem wir sie sozusagen von oben betrachten. Dabei befindet sich die Hauptform im Mittelpunkt, während die von ihr abgeleiteten Abstammungslinien sich um die Hauptform herum als aus dem Mittelpunkt herkommende Verzweigungen verteilen, die sich um so mehr vom Mittelpunkt entfernen, je mehr sich die ursprünglichen Organismen differenzieren. Dies wird auf Abbildung 31 gezeigt (Originalkonzept von Raúl Berríos).

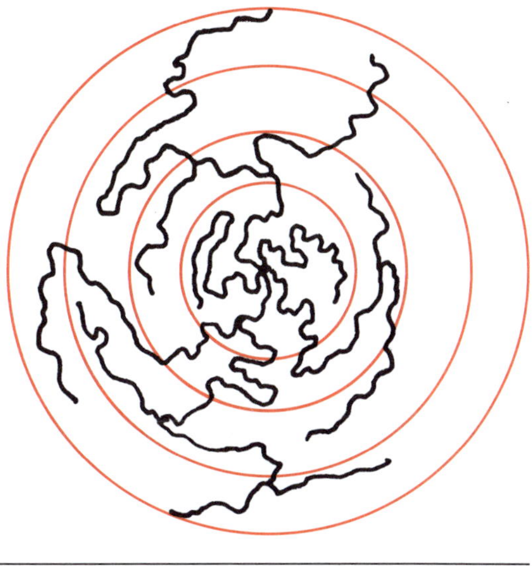

Abb. 31 Darstellung des natürlichen Driftens der Lebewesen, bei der der Abstand vom Mittelpunkt den zunehmenden Komplexitätsgrad ausgehend vom gemeinsamen Ursprung darstellt.

Bei dieser Betrachtung würden wir sehen, daß die meisten gegenwärtigen Stammformen von Lebewesen vor allem den ersten autopoietischen Einheiten ähnlich sind: Bakterien, Pilzen, Algen. Alle diese Linien entsprechen Verläufen, die um den Mittelpunkt zentriert geblieben sind. Sodann trennen sich einige Verläufe, welche die Vielfalt der vielzelligen Wesen bilden. Einige von ihnen führen sogar zu den höheren Wirbeltieren: Vögel und Säugetiere. Wie im Falle der Wassertropfen werden beim Vorliegen einer genügend großen Anzahl von Fällen und ausreichender Zeit viele der möglichen Abstammungslinien entstehen, so seltsam sie auch erscheinen mögen. Zudem werden einige Abstammungslinien unterbrochen, da der Moment kommt, in dem die von ihnen erzeugte Fortpflanzungsvielfalt mit der Umgebungsvielfalt nicht verträglich ist, wie wir beim Erörtern der Trilobiten gezeigt haben. So endet bei diesen Abstammungen die Erhaltung der Anpassung, da in ihnen Wesen erzeugt werden, die in dem ihnen zum Leben zufallenden Milieu nicht mehr zur Fortpflanzung fähig sind.

Im System der biologischen Abstammungen gibt es viele Linien, die sich ohne große Variationen um eine Grundform über Millionen von Jahren fortgesetzt haben. Es gibt aber auch viele, die zu großen, neue Formen hervorbringenden Veränderungen geführt haben, und schließlich viele, die erloschen sind, ohne bis in die Gegenwart reichende Verzweigungen gebildet zu haben. In all diesen Fällen handelt es sich jedoch um phylogenetische Abzweigungen, bei denen Organisation und Anpassung der Organismen, solange sie existieren, erhalten werden. Darüber hinaus sind es *nicht* die einem Beobachter auffallenden Variationen des Milieus, welche den evolutiven Verlauf der verschiedenen Abstammungslinien determinieren. Dieser Verlauf wird vielmehr von dem Kurs be-

Besser oder schlechter angepaßt

Wir haben gesagt, daß ein Lebewesen solange an sein Milieu angepaßt ist, als es sich nicht auflöst. Sein Zustand der Anpassung ist deshalb invariant, das heißt, sie wird erhalten. Wir sagten auch, daß alle Lebewesen, solange sie leben, in dieser Hinsicht gleich sind. Andererseits hören wir oft, es gäbe Lebewesen, die auf Grund ihrer Evolutionsgeschichte besser oder schlechter angepaßt seien als andere.
Wie viele Darstellungen der biologischen Evolution, die wir in unseren Schulbüchern gefunden haben, ist auch diese (wie aus dem bisher Gesagten erhellt) dem Phänomen nicht angemessen. Bestenfalls kann der Beobachter einen Bezugs- oder Vergleichsmaßstab einführen, der es ihm ermöglicht, Vergleiche anzustellen, was die Effizienz bei der Verwirklichung einer Funktion angeht. Man könnte zum Beispiel die Effizienz des Sauerstoffverbrauchs bei verschiedenen Meerestieren messen und aufzeigen, daß einige Organismen unter Bedingungen, die den gleichen Aufwand zu erfordern scheinen, weniger Sauerstoff brauchen als andere. Wäre es jedoch angebracht zu sagen, die Organismen, die weniger Sauerstoff verbrauchen, seien besser angepaßt? Gewiß nicht, denn solange sie leben, haben alle Organismen die Voraussetzungen für eine ununterbrochene Ontogenese erfüllt. Vergleiche hinsichtlich der Effektivität gehören zum Bereich der Beschreibungen, die der Beobachter gibt. Sie haben keinen unmittelbaren Bezug zu dem, was in den individuellen Geschichten der Erhaltung der Anpassung geschieht (siehe Abb. 32).
Es gibt kein «Überleben des Angepaßteren», sondern nur ein «Überleben des Angepaßten». Die Anpassung ist eine Frage notwendiger Bedingungen, die auf viele verschiedene Weisen erfüllt werden können, wobei es keine «beste» Weise gibt, einem Kriterium zu genügen, welches außerhalb des Überlebens zu suchen wäre. Die Unterschiede zwischen den Organismen offenbaren, daß es viele strukturelle Wege der Verwirklichung des Lebendigen gibt und nicht die Optimierung *einer* Beziehung oder *eines* Wertes.

Abb. 32 Verschiedene Weisen zu schwimmen. Keine dieser Weisen ist als «besser» oder «angepaßter» zu bezeichnen als die anderen, da jeder Organismus angepaßt ist, solange er existiert.

stimmt, dem die Erhaltung der Strukturkoppelung der Organismen mit dem *von ihnen* definierten *eigenen* Milieu (Nische) folgt. Dabei kann der Wandel innerhalb dieser Nische für einen Beobachter unauffällig bleiben.

Wer kann die leichten Veränderungen der Windstärke, der Reibung oder der elektrostatischen Entladungen beobachten, die wiederum Veränderungen im Verlauf der Wassertropfen unserer Analogie in Abbildung 30 auslösen? Der Physiker verzweifelt, zuckt mit den Schultern und spricht einfach von Zufallsfluktuationen. Dennoch weiß der Physiker, daß, obwohl vom Zufall die Rede ist, in jeder beobachteten Situation vollständig determinierte Prozesse ablaufen, die dem Geschehen zugrunde liegen. Das heißt, er weiß, daß er für die Beschreibung der Situation auf der Ebene jedes einzelnen Wassertropfens eine ihm praktisch unzugängliche Ausführlichkeit benötigt. Er kann dies aber vernachlässigen, wenn er sich mit einer statistischen Beschreibung begnügt, mit der unter der Annahme einer deterministischen Gesetzlichkeit zwar die Klasse der eintretenden Phänomene, aber kein Einzelfall vorausgesagt werden kann.

Will er das Evolutionsphänomen verstehen, befindet sich der Biologe in vergleichbarer Situation – auch wenn die ihn interessierenden Phänomene, wie wir es bereits beim Besprechen der Identitäts- und Anpassungserhaltung erörtert haben, durch ganz andere Gesetze als diejenigen der physikalischen Phänomene geregelt werden. So kann der Biologe bequemerweise von großen Evolutionslinien in der Geschichte der Lebewesen auf der Grundlage ihrer Strukturkoppelung mit einem veränderlichen Milieu (wie den Umweltveränderungen im Falle der Trilobiten) berichten. Er zuckt aber ebenfalls mit den Schultern, wenn es darum geht, den Wandel eines Tierstammes im einzelnen zu erklären, da er dann nicht nur sämtliche Umweltveränderungen rekonstruieren müßte, sondern auch die Art, wie dieser besondere Stamm solche Fluktuationen gemäß seiner eigenen strukturellen Plastizität kompensiert hat. Im Endeffekt sehen wir uns gezwungen, jeden Einzelfall als Ergebnis von Zufallsvariationen zu beschreiben, da wir den Veränderungsverlauf nur im nachhinein beschreiben können. Es ist, als würden wir ein treibendes Schiff beobachten, das von für uns unvoraussagbaren Veränderungen des Windes und der Gezeiten bewegt wird.

Wir können deshalb sagen, daß einer der interessantesten Aspekte der Evolution die Weise ist, auf die

Evolution: natürliches Driften

Wollen wir die Grundaussagen dieses Buches verstehen, müssen wir ganz klar sehen, daß das, was wir hier über die organische Evolution gesagt haben, ausreicht, um die Grundzüge des Phänomens der historischen Transformation von Lebewesen zu verstehen. Es ist also nicht nötig, die zugrundeliegenden Mechanismen noch weitergehend zu untersuchen.

So haben wir uns praktisch nicht mit dem befaßt, was heute als Populationsgenetik bekannt ist, und auch nicht mit manchen Aspekten dessen, was Darwin als «Modifikation vermittels Nachkommenschaft» bezeichnet hat. Ebensowenig haben wir uns mit den Beiträgen des Studiums von Fossilien zur genauen Erforschung der evolutiven Transformationen vieler Spezies beschäftigt.

In der Tat hat man bis heute noch kein einheitliches Bild davon gewonnen, wie die Evolution der Lebewesen in all ihren Aspekten abgelaufen ist. Es gibt heute viele Schulen des Denkens, die das Konzept der Evolution durch natürliche Auslese, das nun für mehr als sechzig Jahre vorherrschend war, in Frage stellen. Zu welchen neuen Vorstellungen von den evolutionären Mechanismen man auch gekommen sein mag – das Phänomen der Evolution selbst können diese Ideen nicht negieren.

Diese neuen Ideen werden uns jedoch von der populären Vorstellung befreien, die die Evolution als einen Prozeß versteht, in dem es eine umgebende Welt gibt, an die sich die Lebewesen zunehmend anpassen, indem sie ihre Ausnutzung der Umwelt optimieren.

Wir sehen die Evolution hier als ein strukturelles Driften bei fortwährender phylogenetischer Selektion. Dabei gibt es keinen «Fortschritt» im Sinne einer Optimierung der Nutzung der Umwelt, sondern nur die Erhaltung der Anpassung und Autopoiese in einem Prozeß, in dem Organismus und Umwelt in dauernder Strukturkoppelung bleiben.

die innere Kohärenz eines Stammes von Lebewesen eine bestimmte Perturbation kompensiert. Wenn beispielsweise ins Gewicht fallende Veränderungen der Erdtemperatur auftreten, werden nur solche Organismen imstande sein, ihre ununterbrochene Phylogenese aufrechtzuerhalten, die in diesen neuen Temperaturbereichen leben können. Der Ausgleich eines Temperaturabfalls zum Beispiel kann jedoch auf verschiedene Weisen vollzogen werden: mit dicken Fellen, mit Veränderungen des Stoffwechsels, mit massiven geographischen Wanderungen und so weiter. In jedem Fall bezieht das, was wir als Anpassung an die Kälte ansehen, auf umfassende Weise den Rest des Organismus mit ein. Zum Beispiel impliziert das Wachsen der Haare notwendigerweise korrelative Veränderungen, und zwar nicht nur in Haut und Muskeln, sondern auch in der Weise, wie sich die Tiere der gleichen Art gegenseitig erkennen, oder in der Weise, wie der Muskeltonus beim Bewegungsablauf reguliert wird.

Mit anderen Worten: Da jedes autopoietische System eine Einheit mit vielfältigen Interdependenzen ist, vollzieht sich der Wandel einer Dimension des Systems nur unter gleichzeitigem, korrelativem Wandel vieler anderer Dimensionen. Solche korrelativen Veränderungen, die uns mit Umweltveränderungen zusammenzuhängen scheinen, werden von diesen nicht verursacht. Sie entstehen vielmehr aus dem strukturellen Driften, das sich beim Zusammentreffen von Organismus und Milieu ergibt, die voneinander operational unabhängig sind. Da wir nicht alle Faktoren sehen, die an diesem Zusammentreffen beteiligt sind, erscheint uns das Driften wie ein Prozeß voller Zufälle. Daß dem nicht so ist, werden wir weiter unten sehen, wenn wir genauer untersuchen, wie das kohärente Ganze eines Organismus strukturelle Veränderungen erfährt.

Fassen wir zusammen: Die Evolution ist ein *natürliches Driften*, ein Ergebnis der Erhaltung von Autopoiese und Anpassung. Wie im Fall der Wassertropfen ist keine äußere lenkende Kraft notwendig, um die von uns gesehene Vielfalt und Komplementarität zwischen Organismus und Milieu zu erzeugen. Wir müssen auch keine lenkende Kraft annehmen, damit wir die Richtung der Variationen innerhalb einer Abstammungslinie erklären können. Und schließlich ist es auch nicht so, daß im Verlauf der Evolution irgendeine besondere Qualität der Lebewesen optimiert wird.

Die Evolution ähnelt eher einem wandernden Künstler, der auf der Welt spazierengeht und hier einen Faden, da eine Blechdose, dort ein Stück Holz aufhebt und diese derart zusammenstellt, wie ihre Struktur und die Umstände es erlauben, ohne einen weiteren Grund zu haben, als den daß er sie so zusammenstellen *kann*. Und so entstehen während seiner Wanderung die kompliziertesten Formen aus harmonisch verbundenen Teilen, Formen, die keinem Entwurf folgen, sondern einem natürlichen Driften entstammen. Genau so sind wir alle entstanden, ohne einem anderen Gesetz zu folgen, als dem der Erhaltung einer Identität und der Fähigkeit zur Fortpflanzung. Gerade dies verbindet uns im Grunde mit allen Dingen, mit der Edelrosenblüte, dem Flußkrebs und dem Manager in Santiago de Chile.

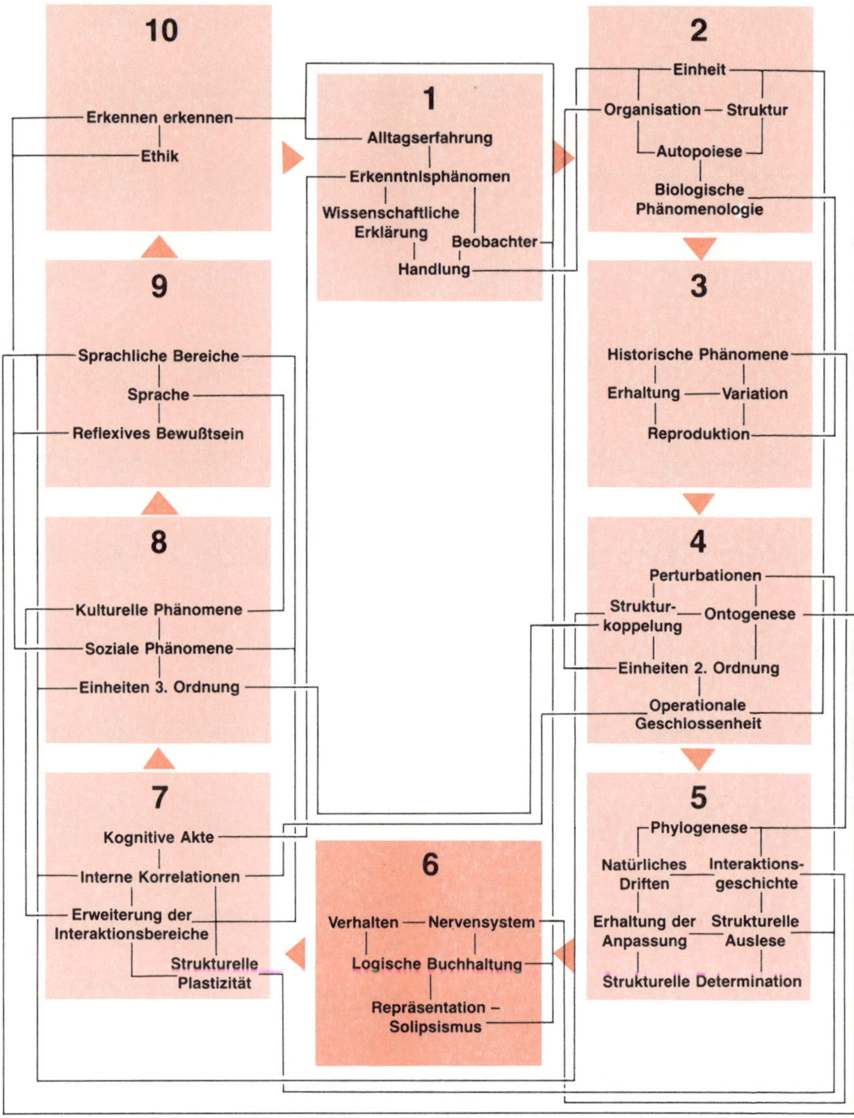

10
Erkennen erkennen
Ethik
1
Alltagserfahrung
Erkenntnisphänomen
Wissenschaftliche Erklärung
Beobachter
Handlung
2
Einheit
Organisation
Struktur
Autopoiese
Biologische Phänomenologie
9
Sprachliche Bereiche
Sprache
Reflexives Bewußtsein
3
Historische Phänomene
Erhaltung
Variation
Reproduktion
8
Kulturelle Phänomene
Soziale Phänomene
Einheiten 3. Ordnung
4
Perturbationen
Struktur-koppelung
Ontogenese
Einheiten 2. Ordnung
Operationale Geschlossenheit
7
Kognitive Akte
Interne Korrelationen
Erweiterung der Interaktionsbereiche
Strukturelle Plastizität
6
Verhalten
Nervensystem
Logische Buchhaltung
Repräsentation – Solipsismus
5
Phylogenese
Natürliches Driften
Interaktions-geschichte
Erhaltung der Anpassung
Strukturelle Auslese
Strukturelle Determination

6 Verhaltensbereiche

Abb. 33 Ein Orang-Utan nimmt einer Katze die Maus weg, die sie gefangen hat.

Den Versprechungen eines Hellsehers, er könne uns mittels seiner Kunst die Zukunft voraussagen, begegnen wir im allgemeinen mit gemischten Gefühlen. Zum einen sind wir von dem Gedanken angezogen, daß jemand beim Betrachten unserer Hände und in Anlehnung an einen für uns unerforschlichen, ihm aber offenbaren Determinismus unsere Zukunft voraussagen könnte. Zum anderen sträuben wir uns gegen den Gedanken, determinierte, erklärbare und voraussagbare Wesen zu sein. Wir wünschen uns, einen freien Willen zu haben und so jenseits von jedem Determinismus zu sein. Aber gleichzeitig möchten wir, daß der Arzt unsere Krankheiten behandeln kann, indem er uns als strukturdeterminierte Systeme betrachtet. Was enthüllt uns dies? Welche Beziehung gibt es zwischen unserer organischen Natur uns unserem Verhalten? Es ist das Ziel des vorliegenden Kapitels und der folgenden, auf diese Fragen zu antworten. Hierfür beginnen wir mit der näheren Untersuchung dessen, wie wir einen Verhaltensbereich in all seinen möglichen Dimensionen verstehen können.

Voraussagbarkeit und Nervensystem

Wie wir bereits gesehen haben, können wir nur in dem Maße eine wissenschaftliche Erklärung abgeben, in dem wir das zu erklärende Phänomen als Ergebnis der Arbeitsweise eines strukturdeterminierten Systems behandeln. Die gesamte von uns bisher vorgestellte Analyse der Welt und der Lebewesen ist ja in der Tat in deterministischen Begriffen erfolgt. Dabei haben wir gezeigt, wie das so betrachtete Universum verstehbar ist und aus ihm das Lebendige als etwas Spontanes und Natürliches entsteht.

Nun ist es an der Zeit, sehr deutlich zwischen Determinismus und Voraussagbarkeit zu unterscheiden. Wir sprechen dann von einer Voraussage, wenn wir nach Betrachten des gegenwärtigen Zustandes irgendeines von uns beobachteten Systems behaupten, daß ein anderer Zustand folgen wird, der sich aus der strukturellen Dynamik des Systems ergeben und ebenfalls unserer Beobachtung zugänglich sein wird. Eine Voraussage enthüllt deshalb, welches Geschehen wir als Beobachter erwarten.

Hieraus folgt, daß Voraussagbarkeit nicht immer möglich ist und daß es nicht dasselbe ist, den strukturdeterminierten Charakter eines Systems zu behaupten wie dessen vollständige Voraussagbarkeit zu behaupten. Wir als Beobachter mögen nicht imstande sein, alles über das Operieren eines Systems zu erkennen, was wir wissen müßten, um eine Voraussage machen zu können. So steht außer Frage, daß Wolken und Wind relativ einfachen Prinzipien von Bewegung und Wandel gehorchen. Dennoch ist die Meteorologie wegen der Schwierigkeit, alle relevanten Variablen zu erkennen, bis heute eine nur beschränkt voraussagefähige Disziplin. In diesem Fall geht die Beschränkung der Voraussagefähigkeit auf die Beschränkung unserer Beobachtungsfähigkeit zurück. In anderen Fällen ist unsere Unfähigkeit anderer Art. So gibt es Phänomene wie die Turbulenz, hinsichtlich derer wir nicht einmal über die Elemente eines Konzepts verfügen, das uns erlauben würde, uns ein sie erzeugendes deterministisches System vorzustellen. In diesem Fall enthüllt unser Unvermögen, Voraussagen zu machen, die Beschränkung unseres Verstehens. Schließlich gibt es Systeme, die ihren Zustand verändern, wenn sie beobachtet werden, so daß bereits der Versuch eines Beobachters, ihren strukturellen Verlauf vorauszusagen, sie aus dem Bereich der Voraussagemöglichkeit entfernt.

In anderen Worten: Was wir für notwendig und unvermeidbar halten, das zeigt uns als Beobachter, die zu effizienten Voraussagen fähig sind. Was wir als zufällig ansehen, erweist uns als Beobachter, die unfähig sind, dafür ein wissenschaftliches Erklärungssystem vorzuschlagen.

Es ist besonders wichtig, diese Bedingungen im Hinterkopf zu behalten, wenn wir die Ontogenese vielzelliger Organismen mit einem Nervensystem untersuchen, denen wir ja gewöhnlich einen sehr breiten und reichen Verhaltensbereich zuschreiben. Bevor wir nämlich deutlich gemacht haben, was wir unter einem Nervensystem verstehen, können wir bereits sicher sein, daß das Nervensystem als Teil eines Organismus so wird operieren müssen, daß es in jedem Augenblick zur strukturellen Determiniertheit des Organismus beiträgt. Dieser Beitrag geht einerseits auf die dem Nervensystem eigene Struktur zurück, andererseits auf die Tatsache, daß das Resultat seiner Arbeitsweise (z. B. Sprache) einen Teil des Milieus bildet, das in jedem Moment als Ausleser beim strukturellen Driften des Organismus unter Erhaltung der Anpassung wirkt. Das lebende Wesen (mit oder ohne Nervensystem) funktioniert deshalb immer in seiner strukturellen Gegenwart. Die Vergangenheit als Bezug auf geschehene Interaktionen und die Zukunft als Bezug auf noch zu geschehende Interaktionen sind wertvolle Dimensionen für unsere Kommunikation untereinander als Beobachter, aber sie gehen nicht in jeden Moment des strukturdeterminierten Operierens des Organismus ein.

Ob sie ein Nervensystem haben oder nicht: Alle Organismen (einschließlich wir Menschen) funktionieren, wie sie funktionieren, und sind da, wo sie sind, als Ergebnis ihrer strukturellen Koppelung. Wir schreiben diese Zeilen, weil wir auf eine bestimmte Art beschaffen sind und weil wir eine bestimmte eigene Ontogenese durchlaufen haben. Der Leser versteht beim Lesen des hier Geschriebenen das, was er versteht, weil ihn seine gegenwärtige Struktur und daher indirekt seine Geschichte so determinieren. In einem strengen Sinn ist nichts Zufall. Dennoch machen wir die Erfahrung von kreativer Freiheit, und das Tun der höheren Tiere erscheint uns aus unserer Sicht unvoraussagbar. Wie kann dieser ungeheuere Reichtum im Verhalten der mit einem Nervensystem ausgestatteten Tiere auftreten? Um diese Frage besser zu verstehen, müssen wir die Arbeitsweise des Nervensystems selbst in all dem Reichtum von Bereichen der Strukturkoppelung näher untersuchen, die von der Existenz des Nervensystems ermöglicht werden.

Von Fröschen und Wolfsmädchen

Alle Spielarten von Fröschen und Kröten ernähren sich von kleineren Tieren wie Würmern, Motten, Fliegen und Ameisen. Ihr Verhalten bei der Nahrungsaufnahme ist immer ähnlich: Das Tier orientiert sich auf die Beute, schleudert seine lange und klebrige Zunge hinaus, zieht sie schnell mit der an ihr haftenden Beute zurück und frißt diese auf. Dabei ist das Verhalten des Frosches beachtlich effektiv; der Beobachter sieht, daß die Zunge immer in Richtung auf die Beute geschleudert wird.

Mit einem Tier wie einem Frosch kann man jedoch ein sehr enthüllendes Experiment durchführen (vgl. R. W. Sperry in: *J. Neurophysiol.* 8: 15, 1945): Mit der Sorgfalt eines Chirurgen kann man bei einer Kaulquappe den Rand ihres Auges ohne Verletzung des Sehnervs aufschneiden und das Auge um 180 Grad drehen. Das so operierte Tier setzt dann seine weitere Larvenentwicklung und Metamorphose fort und wird erwachsen. Nun machen wir unser Experiment mit dem Frosch: Wir decken das verdrehte Auge ab und zeigen dem Frosch eine Fliege; er schleudert seine Zunge, und wir sehen, daß er perfekt zielt.

Wiederholen wir das Experiment, diesmal nach Abdecken des normalen Auges, so sehen wir, daß das Tier seine Zunge mit einer Abweichung von genau 180 Grad schleudert. Das heißt, wenn sich die Beute vor und unter dem Tier befindet, schleudert es die Zunge nach hinten und oben. Jedesmal, wenn wir diesen Test wiederholen, begeht der Frosch immer denselben Fehler; er zielt um 180 Grad daneben, und weitere Versuche sind nutzlos, da er dabei bleibt. Das Tier mit dem verdrehten Auge verändert nie diese neue Art, seine Zunge mit genau der Abweichung bezüglich der Lage der Beute zu schleudern, die der ihm vom Beobachter auferlegten Augendrehung entspricht (Abb. 34). Das Tier schleudert seine Zunge so, als ob der Bereich der Netzhaut, auf dem sich das Bild formt, in seiner normalen Lage wäre.

Dieses Experiment zeigt auf dramatische Weise, daß es für das Tier kein Oben und Unten, Vorn und Hinten in bezug auf eine Außenwelt gibt, wie sie für den Beobachter existiert. Vielmehr liegt eine *interne Korrelation* vor zwischen der Stelle, an der die Netz-

Abb. 34 Fehler beim Zielen oder Ausdruck einer unveränderten inneren Korrelation?

haut einer bestimmten Perturbation ausgesetzt ist, und den Muskelkontraktionen, die Zunge, Mund, Hals und schließlich den ganzen Körper des Frosches bewegen. Bei einem Tier mit einem verdrehten Auge lassen wir beim Hinstellen der Beute vorn/unten eine visuelle Perturbation hinten/oben auf dem Bereich der Netzhaut entstehen, der gewöhnlich vorn/unten liegt. Beim Nervensystem des Frosches löst dies eine sensomotorische Korrelation zwischen der Lage der Netzhaut und der Bewegung der Zunge aus und eben keine Berechnung in bezug auf eine Landkarte der Welt, wie dies einem Beobachter sinnvoll erscheinen könnte.

Dieses Experiment kann wie viele andere, die seit den fünfziger Jahren durchgeführt worden sind, als unmittelbarer Beleg dafür betrachtet werden, daß die Arbeitsweise des Nervensystems Ausdruck seiner Konnektivität, das heißt, seiner Vernetzungsstruktur ist, und dafür, daß Verhalten entsprechend den *internen* Aktivitätsrelationen im Nervensystem entsteht. Hierauf kommen wir noch ausführlicher zurück. Inzwischen wollen wir den Leser auf die Dimension von struktureller Plastizität aufmerksam machen, die mit dem Vorhandensein eines Nervensystems in einem Organismus einhergeht. Wir werden zeigen, daß für jeden Organismus die Geschichte seiner Interaktionen eine Geschichte von Strukturveränderungen ist, welche eine ganz besondere Geschichte von Transformationen einer Ausgangsstruktur ist, an denen das Nervensystem beteiligt ist, indem es den Bereich der möglichen Zustände ausweitet.

Wenn wir ein gerade geborenes Lämmchen für wenige Stunden von seiner Mutter entfernen und es ihr dann zurückgeben, werden wir sehen, daß das Tierchen sich in einer anscheinend normalen Weise entwickelt. Das Lämmchen wächst, läuft, folgt seiner Mutter, und es läßt nichts Auffälliges erkennen, bis wir seine Interaktionen mit anderen jungen Lämmern beobachten. Jene Tiere lieben es, herumzulaufen und zu spielen, indem sie sich gegenseitig mit dem Kopf stoßen. Das von uns für wenige Stunden von seiner Mutter getrennte Lämmchen tut dies aber nicht. Es kann nicht spielen und es lernt nicht spielen, es bleibt abgesondert und einsam. Was ist geschehen?

Wir kennen die Antwort darauf nicht im einzelnen, aber wir wissen auf Grund von all dem, was wir bislang in diesem Buch gesehen haben, daß die Dynamik von Zuständen des Nervensystems von dessen Struktur abhängt. Deshalb wissen wir auch, daß das andersartige Verhalten dieses Tieres bedeuten muß, daß sein Nervensystem als Ergebnis der Entfernung von der Mutter von dem der anderen Tiere verschieden sein muß. In der Tat leckt die Mutter ein Lämmchen während der ersten Stunden nach seiner Geburt ständig am ganzen Körper ab. Durch die Trennung haben wir diese Interaktion verhindert und damit alles, was an taktiler und optischer Stimulierung und vermutlich auch an vielfältigen chemischen Kontakten damit einhergeht. Diese Interaktionen erweisen sich durch das Experiment als entscheidend für einen Strukturwandel des Nervensystems, der Auswirkungen hat, welche mit dem einfachen Verhalten des Ableckens wenig zu tun zu haben scheinen.

Jedes Lebewesen beginnt seine Existenz mit einer besonderen einzelligen Struktur, ihrem Ausgangspunkt. Deshalb besteht die Ontogenese eines Lebewesens in seinem andauernden Strukturwandel. Dies ist ein Prozeß, der zum einen vom Anfang bis zur endgültigen Auflösung ohne Unterbrechung der Klassenidentität und der Strukturkoppelung mit dem Milieu verläuft. Zum anderen folgt die Ontogenese einem besonderen Kurs, der im Verlauf der Interaktionsgeschichte des Lebewesens durch die Abfolge der Strukturveränderungen selektiert worden ist, die diese Interaktionen in ihm ausgelöst haben. Das über das Lämmchen Gesagte ist also keine Ausnahme. Wie beim Beispiel des Frosches erscheint uns auch dieser Fall sehr aufschlußreich, da wir hier Zugang zu einer Reihe von Interaktionen haben, die wir als «selektierend» für einen bestimmten Weg von Strukturveränderung beschreiben können, der sich in diesem Fall als pathologisch im Vergleich mit dem Regelfall erwies.

Daß dies alles in der Tat auch mit uns Menschen geschieht, zeigt der dramatische Fall von zwei indischen Mädchen, die 1922 in einem bengalischen Dorf im Norden Indiens aus dem Schoß einer Wolfsfamilie gerettet (bzw. herausgerissen) wurden. Sie waren völlig isoliert von jedem menschlichen Kontakt aufgewachsen (Abb. 35; vgl. C. MacLean: *The Wolf Children*, New York 1977). Die Mädchen waren etwa acht und fünf Jahre alt. Das jüngere Mädchen starb, kurz nachdem sie gefunden worden waren, während das ältere noch etwa 10 Jahre zusammen mit anderen Waisenkindern lebte.

Als sie gefunden wurden, konnten die Mädchen nicht aufrecht auf zwei Beinen gehen, aber schnell auf vier Beinen laufen. Selbstverständlich sprachen sie nicht, und sie hatten ausdruckslose Gesichter. Sie wollten nur rohes Fleisch essen und wurden nachts aktiv, sie lehnten menschlichen Kontakt ab und zogen die Gesellschaft von Hunden und Wölfen vor. Bei ihrer «Rettung» waren die Mädchen vollkommen gesund, und es waren keine Symptome von Geistesschwäche oder Idiotie infolge von Unterernährung zu erkennen. Ihre Trennung vom Schoß der Wolfsfamilie führte bei ihnen zu einer tiefen Depression, die beide an den Rand des Todes, eines sogar in den Tod führte.

Das noch zehn Jahre weiterlebende Mädchen wechselte in dieser Zeit seine Nahrungsgewohnheiten

a

b

c

Abb. 35 Wolfslauf des bengalischen Mädchens einige Zeit nach seiner «Rettung» (a; b zum Vergleich). Das Wolfsmädchen (fr)ißt auf gelernte Weise (c). Auch nachdem es einige menschliche Verhaltensweisen gelernt hatte, wurde das Mädchen nie als wirklich «menschlich» empfunden (d).

d

und Aktivitätszyklen, es lernte auf zwei Beinen zu gehen, obwohl es immer wieder in vierbeiniges Laufen zurückfiel, wenn es in Eile war. Es lernte nie richtig sprechen, aber doch die Verwendung einiger Worte. Weder die Familie des anglikanischen Missionars, die es «rettete» und beaufsichtigte, noch die anderen Personen, die das Mädchen näher kennenlernten, haben es je als wirklich menschlich empfunden.

Dieser keineswegs einzigartige Fall zeigt uns, daß die Wolfsmädchen, obwohl sie in ihrer genetischen Ausstattung und in ihrer Anatomie und Physiologie menschlich waren, sich nie ganz dem menschlichen Kontext angekoppelt haben. Die Verhaltensweisen, die der Missionar und seine Familie bei dem überlebenden Mädchen verändern wollten, da sie im menschlichen Kontext abweichend waren, waren völlig natürlich im Rahmen ihrer «wolfsmäßigen» Erziehung. In Wirklichkeit hätte Mowgli, das von Kipling erdachte Dschungelkind, nie aus Fleisch und Blut existieren können, da Mowgli sprechen konnte und sich bei der ersten Begegnung mit dem menschlichen Milieu sofort wie ein Mensch verhielt. Wir Menschen aus Fleisch und Blut sind in der Welt, in der wir existieren und die wir durch unser Leben hervorbringen, nicht fremd.

Abb. 36 Cäsars Art, die Welt zu erkennen, nach der repräsentationistischen Metapher (span. *aguila* = Adler).

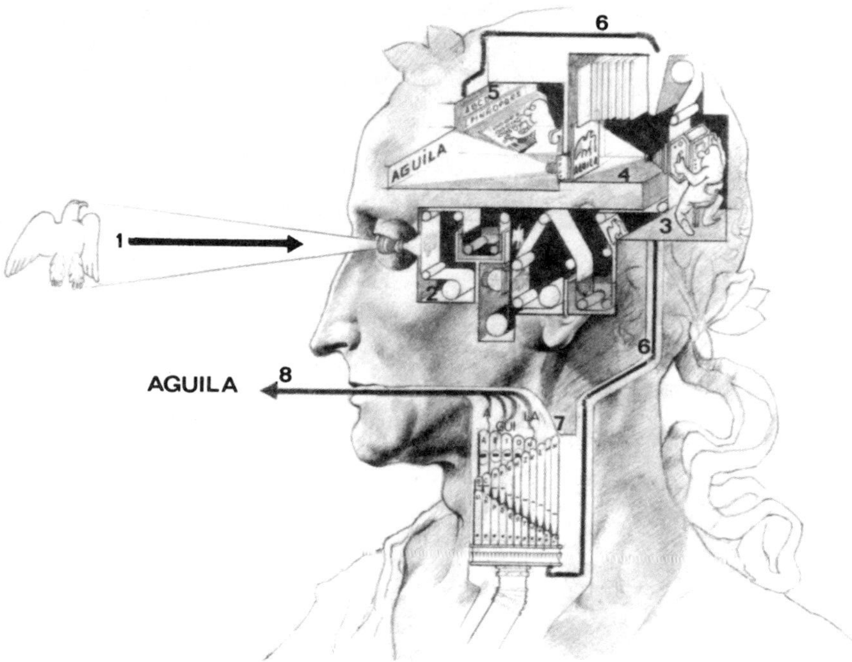

Die Gratwanderung

Die populäre und heute vorherrschende Sicht des Nervensystems betrachtet es als ein Instrument, vermittels dessen der Organismus Informationen aus der Umwelt aufnimmt, Informationen, die er benutzt, um eine *Abbildung* (Repräsentation) der Welt aufzubauen, die ihm das Errechnen eines zum Überleben angemessenen Verhaltens erlaubt (Abb. 36). Diese Sicht geht davon aus, daß das Milieu dem Nervensystem seine eigenen Merkmale eingibt und das Nervensystem sie benutzt, um Verhalten zu erzeugen. Wir wissen jedoch, daß das Nervensystem als Teil des Organismus strukturdeterminiert operiert. Die Struktur des Milieus kann seine Veränderungen also nur *auslösen,* aber nicht *bestimmen.* Wir als Beobachter haben Zugang sowohl zum Nervensystem als auch zur Struktur des Milieus. Deshalb können wir das Verhalten des Organismus beschreiben, als ginge es aus dem Operieren seines Nervensystems mit Abbildungen des Milieus hervor oder als sei es Ausdruck eines zielgerichteten Prozesses. Diese Beschreibungen spiegeln jedoch nicht die Arbeitsweise des Nervensystems selbst wider. Sie sind für die Kommunikation unter uns Beobachtern nützlich, als wissenschaftliche Erklärungen jedoch unzureichend.

Wenn wir unsere Alltagserfahrung betrachten und ein wenig darüber nachdenken, stellen wir fest, daß wir in der Tat dazu neigen, sie in jedem Fall zuerst in dieser oder jener Form der Metapher des Einholens von «Informationen» aus dem Milieu, welche «drinnen» abgebildet werden, zu beschreiben. Unsere ganze bisherige Argumentation hat jedoch deutlich gemacht, daß das Benutzen einer solchen Metapher allem widerspricht, was wir über Lebewesen wissen. Wir geraten damit jedoch in eine vertrackte Zwickmühle, da die einzige Alternative zur Vorstellung eines mit Abbildungen arbeitenden Nervensystems die Negation der umliegenden Realität zu sein scheint.

Wenn das Nervensystem nicht mit einer Repräsentation der umliegenden Welt operiert – und nicht operieren kann –, wie entsteht dann die außerordentliche operationale Effektivität des Menschen und der Tiere sowie ihre enorme Fähigkeit zum Lernen und zum Manipulieren der Welt? Wenn wir die Objektivität einer erkennbaren Welt negieren, führt uns das nicht ins Chaos völliger Willkürlichkeit, da dann alles möglich ist?

Dies ist wie eine Gratwanderung. Auf der einen Seite droht die Gefahr, daß wir kognitive Phänomene unmöglich verstehen können, wenn wir eine Welt von Objekten annehmen, die uns informieren, da es in der Tat keinen Mechanismus gibt, der solch eine «Information» möglich macht. Zur anderen Seite eine andere Gefahr: das Chaos und die Willkür der Nicht-Objektivität, in der alles möglich erscheint. Wir müssen lernen, auf der Mittellinie zu bleiben, auf dem Grat selbst zu wandern (Abb. 37).

In die Falle der Annahme zu gehen, daß das Nervensystem mit *Repräsentationen* der Welt arbeitet, bedeutet, daß wir uns der Möglichkeit berauben, zu begreifen, wie das Nervensystem in seiner Arbeitsweise als determiniertes System mit operationaler Geschlossenheit von Augenblick zu Augenblick funktioniert. Das wird im folgenden Kapitel deutlich werden.

Auf der anderen Seite haben wir die andere Falle: ein umliegendes Milieu zu negieren in der Annahme, daß das Nervensystem in einem völligen Vakuum funktioniert, wo alles gültig und möglich ist. Das ist das Extrem der absoluten kognitiven Einsamkeit, des *Solipsismus* (der klassischen philosophischen Tradition, die behauptete, daß nur die eigene Innerlichkeit existiert). Dies ist eine Falle, weil es uns nicht zu erklären erlaubt, wie es zu einer Vereinbarkeit oder Kommensurabilität zwischen dem Operieren des Or-

Abb. 37 Die epistemologische Odyssee zwischen Szylla und Charybdis: eine Seefahrt zwischen den Strudeln des Solipsismus (Charybdis) und dem Ungeheuer des Repräsentationismus (Szylla).

ganismus und seiner Umwelt kommt. Diese beiden Extreme oder Fallen hat es seit den ersten Versuchen gegeben, das Erkenntnisphänomen zu begreifen. Gegenwärtig herrscht das repräsentationistische Extrem vor; zu anderen Zeiten war die solipsistische Sicht vorherrschend.

Wir wollen nun einen Vorschlag machen, wie dieser scheinbar gordische Knoten durchschnitten werden kann und wie auf natürlichem Wege die Abgründe zu beiden Seiten des Grates zu vermeiden sind. Der aufmerksame Leser wird bereits ahnen, was wir jetzt sagen werden, da dies in allem vorher Gesagten enthalten ist. Die Lösung ist, bei einer klaren *logischen Buchhaltung* zu bleiben. Das heißt, daß wir nie aus dem Blick verlieren, was wir schon zu Anfang betont haben: *Alles Gesagte ist von jemandem gesagt.* Die Lösung – wie bei allen Lösungen scheinbarer Widersprüche – besteht darin, daß wir vom Denken in Gegensätzen Abstand nehmen und die Art der Fragestellung ändern, damit diese einen größeren Zusammenhang erfaßt.

Die Situation ist in Wirklichkeit einfach. Als Beobachter können wir eine Einheit nämlich in *verschiedenen* Bereichen betrachten, und zwar je nach den Unterscheidungen, die wir machen. So können wir ein System einerseits in dem Bereich betrachten, in dem seine Bestandteile operieren, also im Bereich seiner inneren Zustände und seiner Strukturveränderungen. Für dieses Operieren – für die interne Dynamik des Systems – existiert die Umgebung nicht, sie ist irrelevant. Wir können jedoch auch eine Einheit betrachten, die mit ihrer Umwelt interagiert und die Geschichte ihrer Interaktionen mit diesem Milieu beschreiben. Für diese Perspektive, in der der Beobachter Beziehungen zwischen bestimmten Eigenschaften des Milieus und dem Verhalten der Einheit feststellen kann, ist die innere Dynamik der Einheit irrelevant.

Keiner dieser beiden möglichen Beschreibungsbereiche ist *an sich* problematisch, und beide sind notwendig, um ein gründliches Verständnis der Einheit zu erlangen. Es ist der Beobachter, der, von seinem distanzierten Standpunkt, Korrelationen herstellt. Er ist es, der feststellt, daß die Struktur des Systems seine Interaktionen determiniert, indem er spezifiziert, welche Konfigurationen des Milieus Strukturveränderungen in ihm auslösen können. Es ist der Beobachter, der feststellt, daß das Milieu die Strukturveränderungen des Systems weder spezifiziert noch vorschreibt (instruiert). Wir kommen erst dann in

Schwierigkeiten, wenn wir, ohne es zu merken, von einem Bereich zum anderen überwechseln und dabei verlangen, daß die Korrelationen, die wir (auf Grund unserer gleichzeitigen Betrachtung beider Bereiche) zwischen ihnen herstellen können, tatsächlich Bestandteile des Operierens der Einheit (in diesem Fall des Organismus und des Nervensystems) sind.

Bleiben wir jedoch bei einer sauberen logischen Buchhaltung, lösen sich diese Verwicklungen auf. Wir werden gewahr, daß wir es mit zwei Perspektiven zu tun haben, und bringen diese in einem von uns hergestellten, umfassenderen Bereich in Beziehung. So brauchen wir weder auf Abbildungen zurückzugreifen, noch brauchen wir zu negieren, daß das System in einem als Ergebnis seiner Geschichte von Strukturkoppelung mit ihm verträglichen Milieu operiert.

All dies wird vielleicht anhand einer Analogie deutlicher. Stellen wir uns jemanden vor, der sein ganzes Leben in einem Unterseeboot verbracht hat, ohne es je zu verlassen, und der in dem Umgang damit ausgebildet wurde. Nun sind wir am Strand und sehen, daß das Unterseeboot sich nähert und sanft an der Oberfläche auftaucht. Über Funk sagen wir dann dem Steuermann: «Glückwunsch, du hast alle Riffe vermieden und bist elegant aufgetaucht; du hast das Unterseeboot perfekt manövriert.» Der Steuermann im Inneren des Boots ist jedoch erstaunt: «Was heißt denn ‹Riffe› und ‹Auftauchen›? Alles, was ich getan habe, war, Hebel zu betätigen und Knöpfe zu drehen und bestimmte Relationen zwischen den Anzeigen der Geräte beim Betätigen der Hebel und Knöpfe herzustellen – und zwar in einer vorgeschriebenen Reihenfolge, an die ich gewöhnt bin. Ich habe kein ‹Manöver› durchgeführt, und was soll das Gerede von einem ‹Unterseeboot›?»

Für den Fahrer im Inneren des Unterseeboots gibt es nur die Anzeigen der Instrumente, ihre Übergänge und die Art, wie zwischen ihnen bestimmte Relationen hergestellt werden können. Nur für uns draußen, die wir sehen, wie sich die Relationen zwischen dem Unterseeboot und seiner Umgebung verändern, gibt es das «Verhalten» des Unterseebootes, ein Verhalten, das je nach seinen Konsequenzen mehr oder weniger angemessen erscheint. Wenn wir bei der logischen Vorgehensweise bleiben wollen, dürfen wir die Arbeitsweise des Unterseeboots selbst und die Dynamik seiner Zustände nicht mit dessen Verlagerungen und Bewegungen im Milieu verwechseln.

Die Dynamik von Zuständen des Unterseeboots mit seinem Steuermann, der die Außenwelt nicht kennt, vollzieht sich nie in einem Operieren mit Abbildungen der Welt, die der Außenbeobachter sieht: Sie beinhaltet weder «Strände» noch «Riffe» noch «Oberfläche», sondern nur Korrelationen zwischen Anzeigen innerhalb bestimmter Grenzen. Entitäten wie Strände, Riffe oder Oberfläche sind einzig für einen Außenbeobachter gültig, aber nicht für das Unterseeboot oder für den Steuermann, der als dessen Bestandteil operiert.

Was für das Unterseeboot in dieser Analogie gilt, ist auch für alle lebenden Systeme gültig: Für den Frosch mit dem verdrehten Auge, für das Wolfsmädchen und für jeden von uns als menschliche Wesen.

Verhalten

Unter «Verhalten» verstehen wir die Haltungs- und Standortveränderungen eines Lebewesens, die ein Beobachter als Bewegungen oder Handlungen in bezug auf eine bestimmte Umgebung (Milieu) beschreibt.

Verhalten und Nervensystem

Was wir beim Beobachten der Zustandsveränderungen eines Organismus in seinem Milieu als Verhalten bezeichnen, entspricht der Beschreibung, die wir von den Bewegungen eines Organismus in einem von uns benannten Milieu machen. Da in einem Lebewesen nur innere Zustandsveränderungen auftreten, ist Verhalten nicht etwas, das das *Lebewesen* an sich tut, sondern etwas, worauf *wir* hinweisen. In dem Maße, in dem die Zustandsveränderungen eines Organismus (mit oder ohne Nervensystem) von dessen Struktur abhängen und diese von dessen Geschichte von Strukturkoppelungen, werden die Zustandsveränderungen eines Organismus in seinem Milieu notwendigerweise kongruent beziehungsweise kommensurabel mit dem Milieu sein, was auch immer die von uns beschriebenen Verhaltensweisen und Umgebungen sein mögen. Ob eine Verhaltensweise als eine besondere Konfiguration von Bewegungen adäquat erscheint, wird deshalb von der Umgebung abhängen, in der wir sie beschreiben. Erfolg oder Mißerfolg einer Verhaltensweise sind immer durch die Erwartungen definiert, die der Beobachter bestimmt. Würde der Leser die gleichen Bewegungen und Haltungen, wie er sie beim Lesen dieses Buches vollzieht, allein in einer Wüste durchführen, wäre sein Verhalten nicht nur exzentrisch, sondern pathologisch.

Das Verhalten der Lebewesen ist daher keine Erfindung des Nervensystems, und es ist nicht ausschließlich mit ihm verbunden, denn der Beobachter wird beim Beobachten eines jeden Lebewesens in dessen Milieu Verhalten sehen. Was das Vorhandensein eines Nervensystems bewirkt, ist, den Bereich möglicher Verhaltensweisen zu *erweitern,* in dem es den Organismus mit einer ungeheuer vielfältigen und plastischen Struktur ausstattet. Das ist das Thema des nächsten Kapitels.

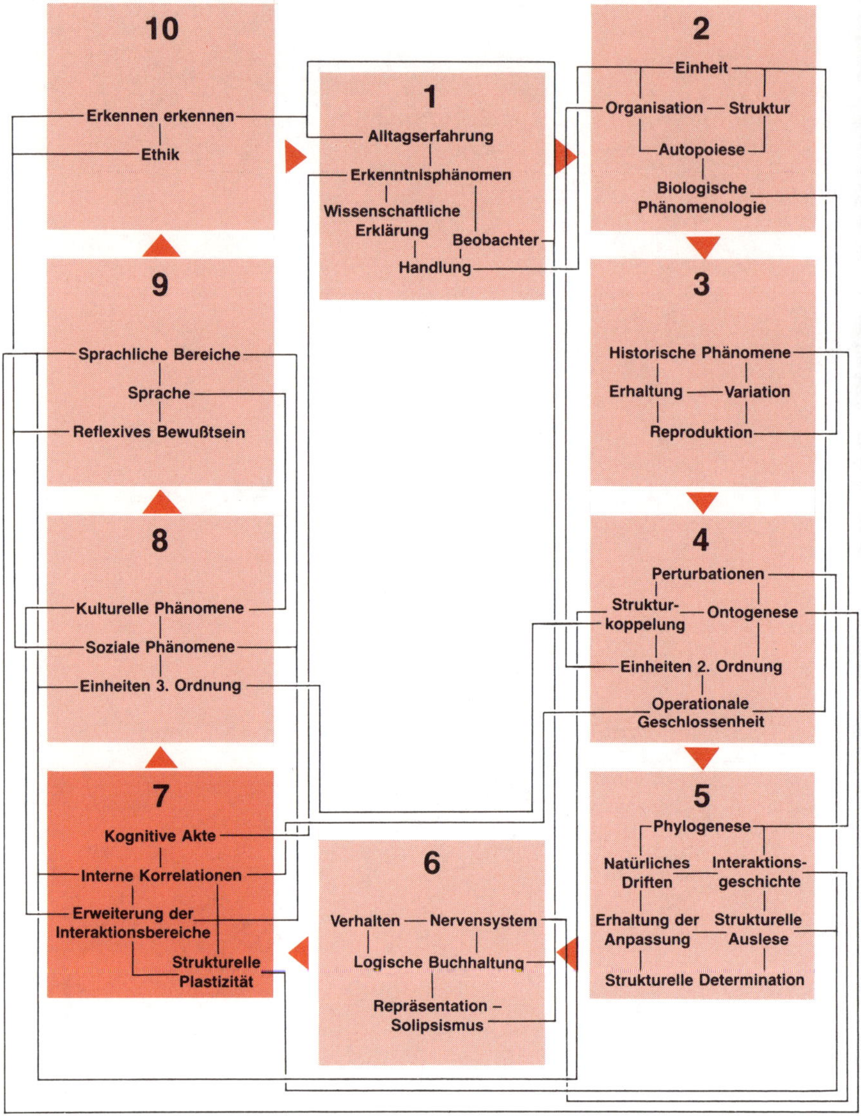

10
Erkennen erkennen
Ethik
1
Alltagserfahrung
Erkenntnisphänomen
Wissenschaftliche Erklärung
Beobachter
Handlung
2
Einheit
Organisation
Struktur
Autopoiese
Biologische Phänomenologie
9
Sprachliche Bereiche
Sprache
Reflexives Bewußtsein
3
Historische Phänomene
Erhaltung
Variation
Reproduktion
8
Kulturelle Phänomene
Soziale Phänomene
Einheiten 3. Ordnung
4
Perturbationen
Struktur-koppelung
Ontogenese
Einheiten 2. Ordnung
Operationale Geschlossenheit
7
Kognitive Akte
Interne Korrelationen
Erweiterung der Interaktionsbereiche
Strukturelle Plastizität
6
Verhalten
Nervensystem
Logische Buchhaltung
Repräsentation – Solipsismus
5
Phylogenese
Natürliches Driften
Interaktions-geschichte
Erhaltung der Anpassung
Strukturelle Auslese
Strukturelle Determination

7 Nervensystem und Erkenntnis

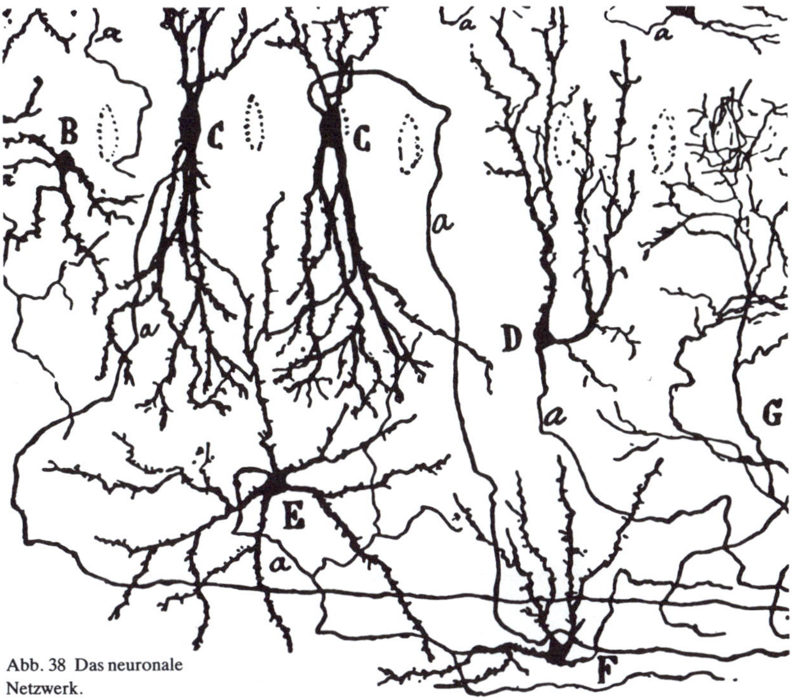

Abb. 38 Das neuronale Netzwerk.

In diesem Kapitel wollen wir untersuchen, *auf welche Weise* das Nervensystem die Interaktionsbereiche eines Organismus erweitert. Wir haben bereits gesehen, daß Verhalten keine Erfindung des Nervensystems ist. Vielmehr eignet Verhalten jedweder Einheit, die in einem Medium gesehen wird, wo die Einheit einen Bereich von Perturbationen bestimmt und zugleich ihre Organisation als Ergebnis der Zustandsveränderungen, die jene Perturbationen in ihr auslösen, erhält.

Es ist wichtig, dies nicht zu vergessen, da wir Verhalten gewöhnlich als etwas ansehen, das für Tiere mit einem Nervensystem charakteristisch ist. Ferner assoziieren wir mit dem Begriff «Verhalten» üblicherweise Handlungen wie Gehen, Fressen, Suchen und so weiter. Wenn wir näher untersuchen, was all diesen mit dem Begriff Verhalten assoziierten Handlungen gemeinsam ist, finden wir, daß sie mit *Bewegung* verbunden sind. Dennoch ist Bewegung, ob auf der Erde oder im Wasser, nicht bei allen Lebewesen anzutreffen; denn unter den zahlreichen aus dem natürlichen Driften entstandenen Formen gibt es viele, die keine Bewegung zeigen.

Naturgeschichte der Bewegung

Betrachten wir zum Beispiel die auf Abbildung 39 gezeigte Pflanze. Dieses Pfeilkraut *(Sagittaria)* nimmt beim Wachsen außerhalb des Wassers die im oberen Teil der Abbildung dargestellte Form an. Steigt aber der Wasserspiegel, bleibt die Pflanze also unter Wasser, verändert sie in wenigen Tagen ihre Struktur und wandelt sich zu ihrer Wasserpflanzenform (Abb. 39, unten). Diese Situation ist umkehrbar; es kommt dabei zu recht komplizierten Strukturveränderungen, die mit unterschiedlichen Formen der Ausdifferenzierung von verschiedenen Pflanzenteilen zu tun ha-

Abb. 39 Das Pfeilkraut *(Sagittaria sagittifolia)* in seinen Formen als Wasserpflanze (unten) und als Landpflanze (oben).

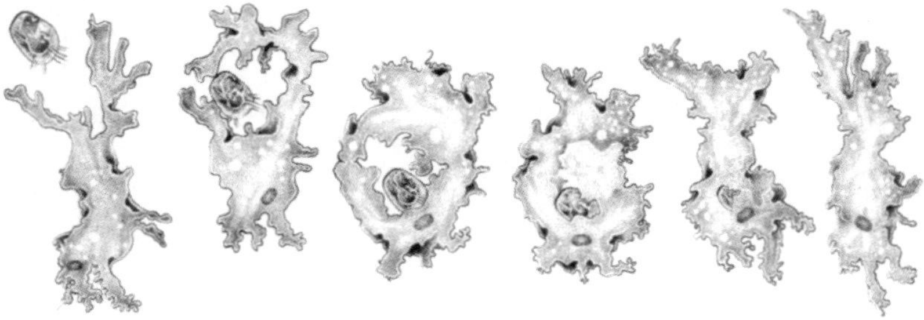

Abb. 40 Einverleibung eines Protozoons durch eine Amöbe.

ben. Dies ist ein Beispiel für etwas, das man als Verhalten beschreiben könnte, da es mit Strukturveränderungen verbunden ist, welche als beobachtbare Formveränderungen im Zuge der Kompensation gewisser rekursiver Perturbationen der Umgebung erscheinen. Dennoch wird diese Situation normalerweise als Veränderung in der Entwicklung der Pflanze beschrieben und nicht als Verhalten. Wieso?

Vergleichen wir den Fall des Pfeilkrauts mit dem Nahrungsverhalten einer Amöbe, die kurz davor ist, sich ein kleines *Protozoon* mit Hilfe der Ausstülpung ihrer Pseudopodien einzuverleiben (Abb. 40). Die Pseudopodien sind Erweiterungen beziehungsweise fingerförmige Ausstülpungen des Protoplasmas, die mit Veränderungen der lokalen physikochemischen Beschaffenheit der Zellmembran in Verbindung gebracht werden können. Infolgedessen fließt das Protoplasma auf bestimmte Stellen zu und schiebt das Tier in die eine oder andere Richtung; dies erscheint dann als Amöbenbewegung. Im Unterschied zu dem, was beim Pfeilkraut passiert, zögert niemand, dies als Verhalten zu beschreiben.

Aus unserer Perspektive besteht eine klare Kontinuität zwischen beiden Fällen: beides sind Modi von Verhalten. Uns geht es darum hervorzuheben, wie naiv es ist, das eine Verhalten zu nennen und das andere nicht, nur weil wir bei der Amöbe Bewegung entdecken, beim Pfeilkraut aber nicht. Wir sehen eine Kontinuität zwischen der Bewegung der Amöbe und der großen Vielfalt der Verhaltensweisen höherer Tiere, die wir stets als Formen der Bewegung ansehen. Die Veränderungen bei der Differenzierung des Pfeilkrauts hingegen scheinen uns wegen ihrer Langsamkeit von dem, was uns als Bewegung vertraut ist, weit entfernt zu sein, und deshalb sehen wir sie nur als Veränderung der Form.

In der Tat ist die Möglichkeit der Bewegung im Hinblick auf das Erscheinen und die Transformation des Nervensystems wesentlich. Dies ist das Faszinierende an der Geschichte der Bewegung. Wie und warum dies so ist, werden wir Schritt für Schritt in diesem Kapitel aufzeigen. Zunächst aber wollen wir uns einige allgemeine Fälle aus einer umfassenden Perspektive ansehen. Betrachten wir die Möglichkeit der Bewegung, wie sie im gesamten Bereich der Natur vorkommt.

In Abbildung 41 ist die Größe natürlicher Einheiten in Relation zu ihrer Bewegungsfähigkeit, gemessen an der höchsten von ihnen erreichbaren Geschwindigkeit, dargestellt (vgl. J. T. Bonner: *The Evolution of Culture in Animal Societies,* Princeton 1980). Hier wird deutlich, daß im Extrembereich von «groß» und «klein», bei den Galaxien einerseits und den Elementarteilchen andererseits, sehr schnelle Bewegungen in der Größenordnung von Tausenden von Kilometern pro Sekunde möglich sind. Andererseits sehen wir, daß bei großen Moleküle wie denen, aus denen Lebewesen bestehen, die Bewegung mit Zunahme der Größe langsamer wird. Sie bewegen sich zwischen anderen Molekülen, die eine zähflüssige Umgebung bilden. So gibt es Moleküle, wie zum Beispiel viele Proteine in unserem Organismus, die so

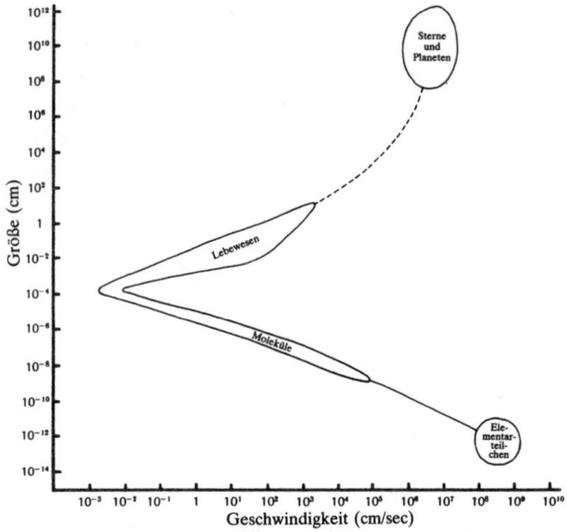

Abb. 41 Relationen zwischen Größe und Bewegungsgeschwindigkeit von Einheiten in der Natur.

groß sind, daß ihre spontane Lageveränderung im Vergleich mit der Beweglichkeit kleinerer Moleküle bedeutungslos ist.

In diesem Bereich treten die autopoietischen Systeme auf, was, wie wir im zweiten Kapitel gesehen haben, durch das Vorhandensein vieler großer, organischer Moleküle möglich wird. Haben sich dann noch größere Einheiten gebildet, so entsteht plötzlich der Knick in der Kurve von Abbildung 41, der jenen Zeitpunkt des Wandels markiert, an welchem Strukturen wie Geißeln und Pseudopodien auftreten. Sie ermöglichen eine beachtliche Zunahme der Bewegungsfähigkeit, da sie viel stärkere Kräfte als die der Viskosität ins Spiel bringen. Kommt es dann zur Entstehung der vielzelligen Organismen, so entwickeln einige von ihnen infolge weiterer Zelldifferenzierung noch spektakulärere Bewegungsfähigkeit. So kann zum Beispiel ein Impala (Schwarzfersenantilope) eine Geschwindigkeit von vielen Stundenkilometern erreichen, obwohl es viel größer ist als ein kleines Molekül, das sich (im Durchschnitt) mit der gleichen Geschwindigkeit bewegt. Die Metazoen und die beweglichen einzelligen Organismen bilden insofern einen Bewegungsbereich, der, bezogen auf ihre Größe, einzigartig in der Natur ist.

Verlieren wir jedoch nicht aus dem Blick, daß das Erscheinen dieser Klasse von Bewegung weder universell noch notwendig für alle Formen von Lebewesen ist. Die Pflanzen sind ein grundlegendes, aus dem natürlichen Driften hervorgegangenes Beispiel dafür; Bewegung als eine Weise des Seins kommt bei ihnen im wesentlichen nicht vor. Vermutlich hängt dies mit der Tatsache zusammen, daß Pflanzen ihre Erhaltung mittels der Photosynthese unter folgenden Bedingungen verwirklichen: eine konstante, lokale Nahrungs- und Wasserzufuhr aus dem Boden sowie Verfügbarkeit von Gasen und Licht aus der Atmosphäre. Dies erlaubt ihnen die Erhaltung der Anpassung ohne große und schnelle Standortveränderungen.

Für einen Beobachter ist evident, daß es mannigfache Möglichkeiten der Bewegung gibt. Viele davon sind von Lebewesen als Ergebnis ihres natürlichen Driftens verwirklicht worden. So beruht bei beweglichen Organismen nicht nur die Fortpflanzung auf Bewegung, sondern auch die Ernährung und die Modi ihrer Interaktion mit dem Milieu beruhen darauf. Gerade bei den Lebewesen, bei denen das natürliche Driften zur Etablierung der Beweglichkeit geführt hat, erlangt das Nervensystem große Bedeutung. Dies wollen wir nunmehr näher betrachten.

Sensomotorische Koordination bei Einzellern

Kehren wir für einen Moment zur Amöbe zurück, die sich ein Protozoon einverleibt. Was geschieht in dieser Sequenz? Man könnte es folgendermaßen zusammenfassen: Die Nähe des Protozoons erzeugt eine Konzentration von Stoffen im Milieu, die mit der Membran der Amöbe interagieren können, wobei sie Veränderungen der protoplasmatischen Konsistenz auslösen, die in der Ausstülpung eines Pseudopodiums resultieren. Das Pseudopodium erzeugt wiederum Veränderungen in der Lage des sich bewegenden Tieres, wodurch sich die Anzahl der Moleküle im Milieu ändert, die mit seiner Membran interagieren. Dieser Zyklus wiederholt sich, und die Folge der Verlagerung der Amöbe stellt sich her mittels der Erhaltung einer *internen Korrelation* zwischen dem Grad an Veränderungen seiner Membran und solchen protoplasmatischen Veränderungen, die wir Pseudopodien nennen. Das heißt, eine rekursive oder invariante Korrelation wird etabliert zwischen einer perturbierten beziehungsweise sensorischen Fläche des Organismus und einem motorischen Bereich (motorische Fläche), der Bewegung erzeugen kann, wodurch eine zusammenhängende Menge von inneren Relationen in der Amöbe invariant gehalten wird.

Ein anderes Beispiel kann diesen Gedanken noch deutlicher machen. Abbildung 42 zeigt ein Protozoon, das eine sehr spezialisierte Struktur, eine Geißel, besitzt. Mit ihrem Schlagen ist sie in der Lage, das Protozoon in einem flüssigen Milieu zu bewegen. In diesem besonderen Fall schlägt die Geißel derart, daß sie die Zelle hinter sich herzieht. Dabei trifft das Protozoon zuweilen auf ein Hindernis. Was geschieht in dieser Situation? Es entsteht ein interessantes Verhalten im Sinne eines Orientierungswechsels: Die Geißel biegt sich beim Zusammenstoß mit dem Hindernis, wobei Veränderungen an der Basis der Geißel, die in die Zelle eingebettet ist, ausgelöst werden.

Abb. 42 Sensomotorische Korrelation beim Schwimmen eines Protozoons.

Diese haben wiederum Veränderungen im Zytoplasma zur Folge, welche die Geißel leicht kippen, so daß sie beim Wiederaufnehmen des Schlagens die Zelle in eine andere Richtung zieht.

Als Ergebnis davon sieht der Beobachter, daß das Protozoon ein Hindernis berührt, sich daraufhin biegt und ihm ausweicht. Hier geschieht dasselbe wie im Falle der Amöbe: Eine gewisse interne Korrelation zwischen einer sensorischen Struktur, die gewisse Perturbationen zuläßt, und einer motorischen Struktur, die Standortverlagerung erzeugen kann, wird aufrechterhalten. Das Interessante an diesem Beispiel ist, daß die sensorische Oberfläche und die motorische Oberfläche identisch sind, so daß ihre Koppelung unmittelbar ist.

Betrachten wir noch ein weiteres Beispiel dieser Koppelung zwischen sensorischen und motorischen Flächen. Es gibt (einzellige) Bakterien, die wie einige Protozoen Geißeln besitzen. Dennoch, wie Abbildung 43 zeigt, arbeiten diese Geißeln auf eine ganz andere Weise (vgl. H. Berg in: *Sci. Amer.* 233: 36, 1975). Statt wie im ersten Beispiel zu schlagen, rotieren die an ihre Basis fixierten Geißeln, so daß sie eine wahre Antriebsschraube für die Bakterie darstellen. Sie können sich zudem in zwei Richtungen drehen. Aber es gibt nur eine Richtung, in der die Koordination der Drehungen zu einer deutlichen Verlagerung der Bakterie führt, während die Koordination bei Drehung in der entgegengesetzten Richtung dazu führt, daß die Bakterie auf der Stelle herumtaumelt.

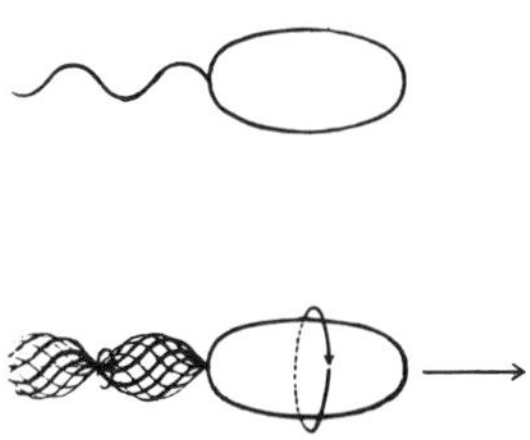

Abb. 43 Bakterie mit Geißel, die wie ein «Schraubenantrieb» arbeitet.

Es ist möglich, die Bewegungen einer dieser Bakterien unter dem Mikroskop zu verfolgen und so ihre Veränderung unter verschiedenen kontrollierten Bedingungen zu beobachten. Wenn man sie zum Beispiel in ein Milieu setzt, in das man in eine Ecke ein Körnchen Zucker gelegt hat, wird man beobachten, daß die Bakterie sehr schnell mit der taumelnden Bewegung aufhört. Sie wechselt die Drehrichtung der Geißel und bewegt sich auf den Bereich mit der größten Zuckerkonzentration zu, wobei sie dem Konzentrationsgradienten folgt. Wie geschieht das?

An der Membran der Bakterie gibt es spezialisierte Moleküle, die mit Zucker auf bestimmte Weise interagieren, so daß beim Vorhandensein einer Konzentrationsdifferenz in der nahen Umgebung der Zelle innere Veränderungen auftreten, die den Richtungswechsel beim Drehen der Geißel hervorrufen. In jedem Augenblick wird auch hier eine stabile Korrelation zwischen der sensorischen Fläche der Zelle und ihrer motorischen Fläche hergestellt, die ihr dieses eindeutig diskriminative Verhalten ermöglicht, nämlich sich auf Bereiche größerer Konzentration von gewissen Stoffen zuzubewegen. Dies ist als Chemotaxis bekannt und ist Beispiel eines Verhaltens auf einzelliger Ebene, dessen molekulare Einzelheiten weitgehend bekannt sind.

Im Unterschied zu diesen Bakterien haben das erwähnte Pfeilkraut sowie andere Pflanzen keine motorische Fläche, die ihnen die Möglichkeit der Bewegung gibt. In der Tat trifft man unter den Bakterien auf manche Fälle, welche eine Art Kompromiß zwischen der Bewegungsfähigkeit und dem Verzicht darauf darzustellen scheinen. So bleibt zum Beispiel Caulobacter, befindet er sich in einem sehr feuchten Milieu, wie eine Pflanze mittels eines Sockels am Boden fixiert. Tritt aber eine Trockenperiode auf, pflanzt sich die Bakterie fort und die neuen Zellen wachsen mit einer Geißel, die sie zu einer anderen Umgebung mit mehr Feuchtigkeit transportieren kann.

Vielzellige sensomotorische Korrelation

In den bisherigen Beispielen haben wir gesehen, daß die Bewegung bei Einzellern, also ihr Verhalten bei Standortverlagerung, auf einer besonderen Korrelation zwischen den sensorischen und den für Bewegung verantwortlichen beziehungsweise motorischen Flächen beruht. Zudem haben wir gesehen, daß diese Korrelation durch die Prozesse im Inneren der Zelle zustande kommt, also vermittels der Stoffwechseltransformationen, die den zellulären Einheiten eigen sind. Was aber geschieht im Falle der metazellulären Organismen?

Untersuchen wir diese Situation erneut anhand eines Beispiels. Abbildung 44 zeigt das Foto einer Hydra, wie man sie im Teich einer Parkanlage finden

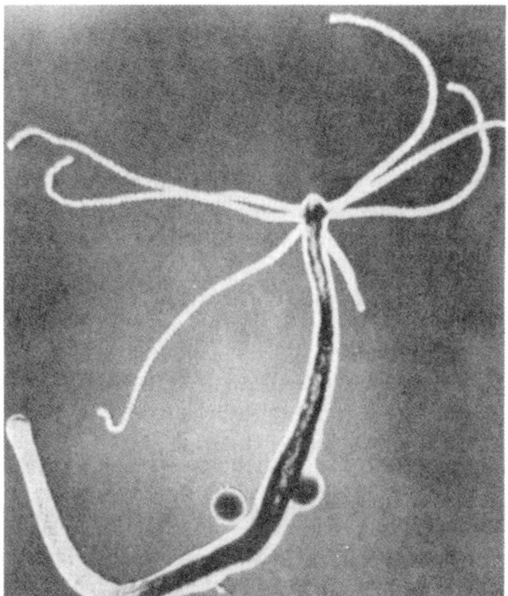

Abb. 44 Die Hydra, ein kleines Hohltier.

kann. Diese Metazoen gehören zum Stamm der Hohltiere, einer Abstammungslinie von sehr alten und primitiven Tieren, die von einer doppelten Zellschicht in Form einer Vase gebildet werden. Einige Tentakel am Rande erlauben es dem Tier, das Wasser zu bewegen und so andere Tiere heranzuholen, die es in sein Inneres führt und mittels der Absonderung von Verdauungssäften verdaut. Wenn wir die zelluläre Beschaffenheit dieses Tieres betrachten, sehen wir eine doppelte Schicht, eine innere und eine äußere. In diesen zwei Flächen trifft man auf eine gewisse Zelldiversifizierung. So gibt es Zellen mit Lanzetten, die bei Berührung ihre Geschosse nach außen schleudern, während andere Vakuolen besitzen, die Verdauungssäfte nach innen absondern können. In der Hydra finden sich auch einige motorische Zellen, die kontraktile Fibrillen besitzen, welche sowohl längs als auch quer an der Wand des Tieres entlanglaufen (Abb. 45). Diese Muskelzellen erzeugen mit ihren Kontraktionen in verschiedenen Zusammensetzungen die gesamte Bewegungsvielfalt des Tieres. Es ist offensichtlich, daß eine koordinierte Aktivität zwischen etwa den Muskelzellen der Tentakeln und den sekretorischen Zellen im Inneren irgendeine Art von Koppelung zwischen diesen Zellen verlangt. Es reicht nicht aus, daß sie bloß in einer doppelten Schicht angeordnet sind.

Um die Natur dieser Koppelung verstehen zu können, müssen wir uns genauer ansehen, was sich zwischen den beiden Zellschichten befindet. Dort finden wir Zellen ganz besonderer Art, die Verlängerungen haben, welche sich über eine beträchtliche Entfernung innerhalb des Tieres erstrecken. Das Besondere an diesen Zellen ist, daß sie mittels ihrer Ausdehnungen Zellelemente miteinander verbinden, die im Metazoon topographisch weit auseinanderliegen. Diese Zellen sind Nervenzellen oder *Neuronen* in ihrer ein-

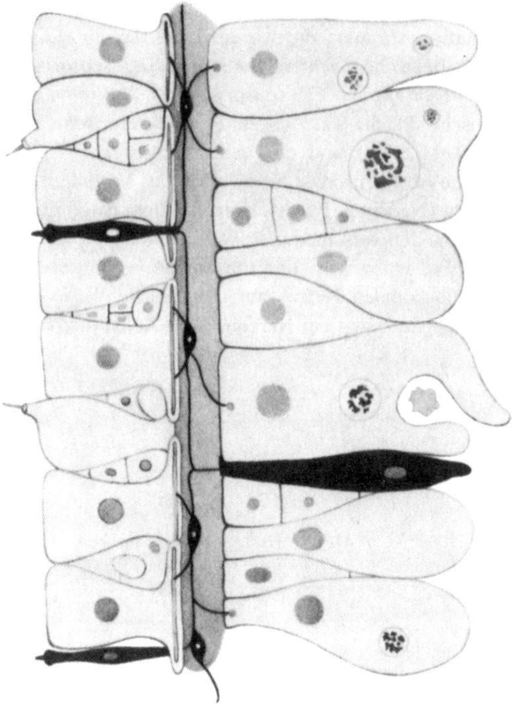

Abb. 45 Schematische Darstellung der Zellvielfalt im Gewebe einer Hydra (mit hervorgehobenen Neuronen).

fachsten und primitivsten Form. Die Hydra besitzt eine der einfachsten Formen eines Nervensystems, die bekannt sind. Es bildet ein Netzwerk, das diese besondere Klasse von Zellen sowie Rezeptoren und Effektoren umfaßt. Insgesamt erscheint das Nervensystem einer Hydra wie ein Gewirr von Verbindungen, das sich im interzellulären Raum über alle Teile des Tieres erstreckt und somit jene sensorischen und motorischen Elemente miteinander in Interaktion bringt, die weit voneinander entfernt liegen.

So haben wir also in allen Einzelheiten dieselbe Situation vor uns, die wir im Falle des einzelligen Verhaltens beobachten konnten: eine sensorische Fläche (in diesem Fall sensorische Zellen), eine motorische Fläche (in diesem Fall sekretorische und Muskel-Zellen) und ein Verbindungsweg zwischen beiden (das neuronale Netzwerk). Das Verhalten der Hydra (Nahrung, Flucht, Fortpflanzung usw.) ergibt sich aus den verschiedenen Weisen, wie diese beiden Flächen, sensorische und motorische, vermittels des interneuronalen Netzes auf dynamische Weise verbunden sind, was ein Nervensystem konstituiert.

Neuronale Struktur

Die Neuronen sind dadurch von anderen Zellen zu unterscheiden, daß sie zytoplasmatische Verzweigungen besonderer Form haben, die sich über (in Relation zur Größe normaler Zellen) enorme Abstände erstrecken – bei den größten Organismen bis zu mehreren Zentimetern. Diese universelle neuronale Eigenart, die in allen Organismen mit Nervensystem vorkommt, bestimmt die besondere Art der Beteiligung des Nervensystems an den Einheiten zweiter Ordnung, die es durch die Verbindung von Zellelementen aus den verschiedenen Teilen des Körpers integriert. Über die außerordentliche Reihe von Transformationen, die nötig sind, damit eine ur-

Abb. 46 Das Neuron und seine Fortsätze.

sprünglich wenige Tausendstel Millimeter lange Zelle spezifisch geformte Verzweigungen aufbaut, die bis zu mehrere Zentimeter Ausdehnung erreichen können – ein Wachstum von mehreren Größenordnungen (Abb. 46) – dürfen wir nicht hinwegsehen.

Mittels ihrer physischen Anwesenheit verknüpfen die Nervenzellen also auf die verschiedensten Weisen Zellgruppen miteinander, die sich andernfalls nur über den allgemeinen Kreislauf der Körpersäfte des Organismus miteinander koppeln könnten. Die physische Anwesenheit eines Neurons erlaubt den Transport von Stoffen zwischen zwei Regionen auf einem besonderen Weg, der die umliegenden Zellen nicht beeinträchtigt und die gezielte Abgabe dieser Stoffe möglich macht. Die Eigentümlichkeit der Verbindungen und Interaktionen, die von den neuronalen Formen ermöglicht werden, ist der Schlüssel zur Arbeitsweise des Nervensystems.

Die gegenseitigen Einflüsse, die Neuronen aufeinander ausüben, sind sehr vielseitig. Die am besten bekannten sind elektrische Entladungen, die sich entlang eines neuronalen Fortsatzes namens *Axon* im Bruchteil einer Sekunde ausbreiten. Deshalb heißt es häufig, das Nervensystem sei ein Organ, das auf der Grundlage von elektrischen Veränderungen funktioniere. Dies ist jedoch nur zum Teil richtig, da die Neuronen nicht nur mittels elektrischer Veränderungen interagieren, sondern in konstanter Weise auch mittels Stoffen, die im Inneren des Axons transportiert werden. An den Endungen der Axone freigesetzt (oder aufgenommen), lösen sie in den mit ihnen verbundenen Neuronen, Effektoren oder Sensoren, Veränderungen bezüglich der Differenzierung und des Wachstums aus.

Mit welchen Zellarten verbinden sich die Neuronen? Tatsächlich verbinden sie sich mit fast allen Zellarten innerhalb eines Organismus, wobei aber das üblichere ist, daß die Neuronen mit ihren Fortsätzen sich mit anderen Neuronen verbinden. Diese Nervenzellfortsätze sind ihrerseits sehr spezialisiert und sind als *Dendriten* und Axonendungen bekannt. Sowohl in diesen Bereichen wie in den Zellkörpern gibt es Kontaktstellen, die *Synapsen*. Eine Synapse ist die Stelle, wo die gegenseitigen Beeinflussungen bei der Koppelung zwischen einer Nervenzelle und einer anderen, mit der sie in Verbindung steht, erzeugt werden. Die Synapsen bilden damit die wirksamen Strukturen, die es dem Nervensystem erlauben, spezifische Interaktionen zwischen weit entfernten Zellgruppen zu vermitteln.

Natürlich bilden die Neuronen, obwohl sie die deutliche Mehrheit synaptischer Verbindungen im Nervensystem untereinander bilden, auch mit vielen anderen Zellarten des Organismus Synapsen. Dies ist der Fall bei Zellen, die wir bislang kollektiv «sensorische Fläche» genannt haben. In der Hydra zum Beispiel schließt diese Fläche alle Zellen ein, die in der Lage sind, auf spezifische Perturbationen zu antworten, ob diese aus dem Milieu kommen (Zellen mit Lanzetten) oder aus dem Organismus selbst (Chemorezeptorzellen). Zudem gibt es Neuronen besonderer Konfiguration, die sich mit den Zellen der motorischen Flächen verbinden, insbesondere mit den Muskeln. Das neuronale System ist in den Organismus also durch seine vielfältigen Verbindungen mit diversen Zellarten eingebettet. Indem es zwischen den sensorischen und motorischen Flächen ein Netz von neuronalen Zwischenverbindungen spannt, das sehr präzise Interaktionen erlaubt, bildet es das, was wir das Nervensystem nennen.

Die Synapse

Die Synapse ist der Punkt der Verbindung zwischen Nervenzellen beziehungsweise zwischen Nervenzellen und anderen Zellen (z. B. neuromuskuläre Synapse). An diesen Punkten sind die Membranen der Zellen in enger Berührung; außerdem sind die Membranen an diesen Punkten spezialisiert für das Freisetzen besonderer Moleküle, der sogenannten *Neurotransmitter.*

Ein Nervenimpuls, der eine Nervenzelle durchläuft und schließlich zu einer synaptischen Endung gelangt, führt zur Freisetzung von Neurotransmittern, die den Spalt zwischen den Membranen überqueren und eine elektrische Veränderung in der nächsten Zelle auslösen. Nur durch Spezialisierungen wie diese ist es möglich, daß die gegenseitige Beeinflussung zwischen den Neuronen sowie zwischen Neuronen und anderen Zellen lokalisiert und nicht diffus oder generalisiert geschieht. Zu einer diffusen Beeinflussung käme es, wenn Interaktionen auf dem Weg von Veränderungen der Konzentration mancher Moleküle im Blutstrom stattfinden würden.

Im Dendritenbau jeder Nervenzelle gibt es gewöhnlich Tausende von synaptischen Endungen vieler hundert verschiedener Neuronen. Jede dieser Endungen leistet einen kleinen Beitrag zur Gesamtveränderung der elektrischen Aktivität der Nervenzelle, mit der sie verbunden ist (Abb. 47). Außerdem ist jedes Neuron fähig, die Struktur aller mit ihm verbundenen Neuronen mittels der Diffusion von Metaboliten auf chemische Weise zu beeinflussen. Diese Metaboliten verkehren durch die synaptischen Flächen und steigen durch die Axonen und Dendriten bis zu den betreffenden Zellkörpern auf. Von diesem zweifachen, metabolisch-elektrischen Verkehr hängt in jedem Augenblick der Aktivitätszustand wie auch der Strukturzustand jeder Zelle des Nervensystems ab.

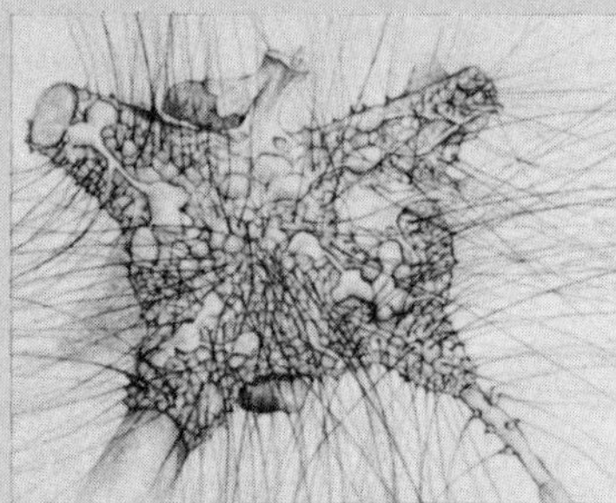

Abb. 47 Rekonstruktion aller synaptischen Verbindungen, die der Zellkörper eines motorischen Neurons des Rückenmarks empfängt.

Das interneuronale Netzwerk

Diese grundlegende Architektur des Nervensystems ist universell und gilt nicht nur für die Hydra, sondern auch für die höheren Wirbeltiere einschließlich des Menschen. Der einzige Unterschied liegt nicht in der grundlegenden Organisation des die sensomotorischen Korrelationen erzeugenden Netzes, sondern in der Art und Weise, wie dieses Netzwerk sich anhand von Neuronen und Verbindungen verkörpert, was von einer zur anderen Tierart variiert. In der Tat zeigt ein Verzeichnis der Nervenzellarten, die in den Nervensystemen von Tieren gefunden werden, eine enorme Vielfalt. Einige davon zeigt Abbildung 48. Bedenkt man zudem, daß es allein im menschlichen Gehirn gewiß mehr als 10^{10} und vielleicht gar mehr als 10^{11} (Zehntausende von Millionen) Neuronen gibt, daß jedes Neuron in vielfältiger Verbindung zu anderen Neuronen steht und darüber hinaus mit vielen anderen Zellen verbunden ist, so ist die Zahl der Kombinationen möglicher Interaktionen mehr als astronomisch.

Aber betonen wir es nochmals: Die Grundorganisation dieses so unermeßlich komplizierten menschli-

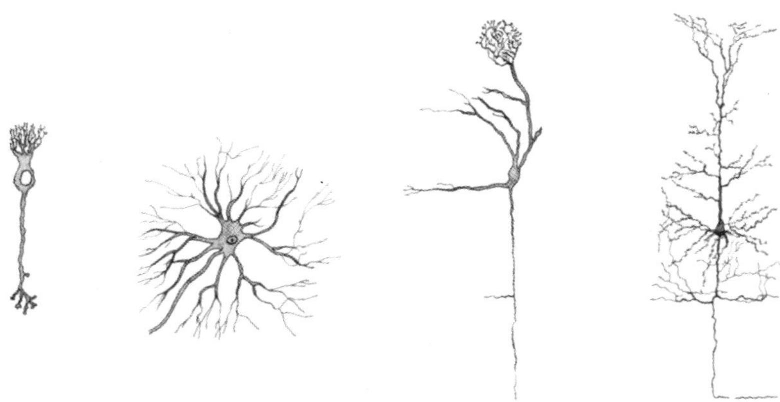

Abb. 48 Verschiedene Arten von Nervenzellen; von links nach rechts: bipolare Ganglienzelle der Netzhaut, Zellkörper eines Motoneurons des Rückenmarks, Mitrazelle des Riechkolbens, Pyramidalzelle der Hirnrinde eines Säugetiers.

chen Nervensystems folgt im wesentlichen derselben Logik wie bei der bescheidenen Hydra. In der Transformationsreihe der Abstammungslinien, die von der Hydra bis zu den Säugetieren verläuft, treffen wir nur auf Entwürfe, die Variationen über dasselbe Thema darstellen. In den Würmern zum Beispiel hat sich das Nervengewebe, verstanden als ein Neuronennetz, wie ein Kompartiment innerhalb des Tieres zu einem Strang ausgebildet, durch den Verbindungen zwischen den sensorischen und motorischen Flächen verlaufen.

Jede Veränderung des motorischen Zustands des Tieres kommt als Produkt einer gewissen Aktivitätskonfiguration in bestimmten Gruppen von Neuronen zustande, die mit den Muskeln verbunden sind (Motoneuronen). Aber eine solche motorische Aktivität erzeugt zahlreiche Veränderungen in den sensorischen Zellen der Muskeln, in anderen Körperteilen sowie auf der Verbindungsfläche mit dem Milieu, aber auch in den motorischen Neuronen selbst. Dies geschieht in einem Prozeß von Veränderungen innerhalb des Netzes zwischengeschalteter Neuronen, den *Interneuronen.* Auf diese Weise gibt es eine kontinuierliche sensomotorische Korrelation, die durch die Aktivitätskonfiguration des interneuronalen Netzes determiniert und vermittelt wird. Da es eine praktisch unbegrenzte Anzahl möglicher Zustände innerhalb dieses Netzes geben kann, kann das mögliche Verhalten des Organismus auch praktisch unbegrenzt sein.

Dies ist der Schlüsselmechanismus, durch den das Nervensystem den Interaktionsbereich eines Organismus erweitert: *Es verkoppelt die sensorischen und motorischen Flächen mittels eines Neuronennetzes, dessen Konfiguration sehr vielfältig sein kann.* Der Mechanismus ist grundsätzlich sehr einfach; einmal etabliert, ermöglicht er in der Phylogenese der Metazoen jedoch eine immense Vielfalt und Differenzierung der Verhaltensbereiche. In der Tat unterscheiden sich die Nervensysteme verschiedener Spezies im wesentlichen nur in den besonderen Konfigurationen ihrer interneuronalen Netzwerke.

So verbinden beim Menschen mehrere 10^{11} (Hundertmilliarden) Interneuronen etwa 10^6 (eine Million) Motoneuronen, die einige Tausend Muskeln aktivieren; mehrere 10^7 (Zehnmillionen) sensorische Zellen sind als Rezeptorflächen über viele Stellen des Körpers verteilt. Zwischen motorische und sensorische Neuronen ist das Gehirn wie eine gigantische Geschwulst von Interneuronen zwischengeschaltet, die sie (in einem Verhältnis von 1 : 100 000 : 10) in einer sich immer wandelnden Dynamik verbindet.

Als Beispiel ist in Abbildung 49 eine schematisierte sensorische Nervenzelle der Haut dargestellt, die imstande ist, (elektrisch) auf Zunahme des Druckes

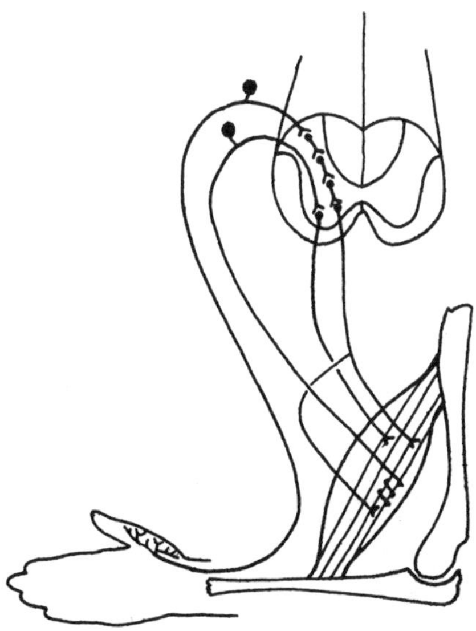

Abb. 49 Sensomotorische Korrelation bei der Bewegung eines Armes.

auf diese Stelle zu antworten. Wozu führt nun diese Aktivität? Die Nervenzelle ist mit dem Inneren des Rückenmarks verbunden, wo sie in Kontakt mit vielen Interneuronen steht. Einige von ihnen treten in unmittelbaren Kontakt mit einem Motoneuron, das durch seine Aktivität die Kontraktion eines Muskels auszulösen vermag, was zu einer Bewegung führt. Diese Bewegung bewirkt eine Veränderung der sensorischen Aktivität durch Verringerung des Druckes auf das sensorische Neuron, womit sich eine gewisse reziproke Beziehung zwischen den sensorischen und motorischen Flächen wiederherstellt.

In der Beschreibung mit Blick von außen ist die Hand nach einem Schmerzreiz zurückgezogen worden. Vom Nervensystem aus beschrieben, wurde eine bestimmte sensomotorische Korrelation in seinem Inneren mittels eines Neuronennetzes aufrechterhalten. Da aber außer dem genannten Sensoneuron noch viele andere Neuronen (zum Beispiel aus der *Hirnrinde*) Einfluß auf das Motoneuron nehmen können, ist ein anderes Verhalten – nämlich die Hand auch bei einem Übermaß an Druck nicht zu bewegen – ebenso möglich. Aber dies wäre nur die Herstellung eines anderen inneren Gleichgewichts, welches noch vielfältigere Neuronengruppen einbezieht als im ersten Fall beim Zurückziehen der Hand.

Machen wir uns die Mühe, uns anhand des Beispiels isolierter und punktförmiger Situationen wie der des Schmerzpunktes einen normal arbeitenden Organismus vorzustellen. In jedem Augenblick finden wir, daß das Nervensystem auf der Grundlage von vielfältigen inneren Zyklen neuronaler Interaktionen (wie derjenigen des Motoneurons und der sensorischen Muskelfaser) sich in permanenter Veränderung befindet. Diese immense Aktivität wird von Veränderungen in der sensorischen Fläche durch Perturbationen überlagert und moduliert, die vom Organismus unabhängig sind, zum Beispiel vom Druck auf die Haut. Als Beobachter sind wir gewohnt, unsere Aufmerksamkeit auf das zu richten, was uns am leichtesten zugänglich ist, also auf die äußeren Perturbationen, und wir sind geneigt zu glauben, daß diese der determinierende Faktor seien. Dennoch können solche äußeren Perturbationen, wie wir gerade gesagt haben, nur das konstante Hin und Her der inneren sensomotorischen Korrelationen modulieren. Gerade dies ist ein wichtiger Gedanke, den wir am optischen System illustrieren können.

Für gewöhnlich denken wir uns die optische Wahrnehmung als eine bestimmte Operation mit dem Bild auf der Netzhaut, dessen Abbildung (Repräsentation) im Inneren des Nervensystems transformiert wird. Dies ist der repräsentationistische Ansatz zur Erklärung des Phänomens. Dieser Erklärungsansatz

Verbindungen des optischen Weges

Das untenstehende Diagramm zeigt schematisch die vielfältigen Verbindungen, die im Kniehöcker *(Corpus geniculatum laterale* = CGL) eines Säugetiers vorkommen. Dieser Kern ist die bedeutsamste Region von Verbindungen zwischen der Netzhaut und dem zentralen Nervensystem einschließlich der Hirnrinde. Jeder Name im Diagramm entspricht einem unterscheidbaren Neuronenaggregat in verschiedenen Regionen des zentralen Nervensystems einschließlich der Hirnrinde.
Es ist deutlich, daß die Netzhaut nicht im Sinne einer Telefondraht-Verbindung mit dem seitlichen Kniehöcker als Umschaltstation auf das Gehirn wirkt, da auf den Kniehöcker gleichzeitig zahlreiche andere Verbindungswege konvergieren. Folglich kann die Netzhaut den Zustand der Neuronen im Kniehökker zwar modulieren, aber nicht spezifizieren. Dieser Zustand wird nämlich durch die Ganzheitlichkeit aller Verbindungen bestimmt, die der Kniehöcker aus verschiedenen Teilen des Nervensystems empfängt. Ein ähnliches Diagramm (natürlich mit anderen Namen) ließe sich für jeden anderen Bereich des zentralen Nervensystems zeichnen.

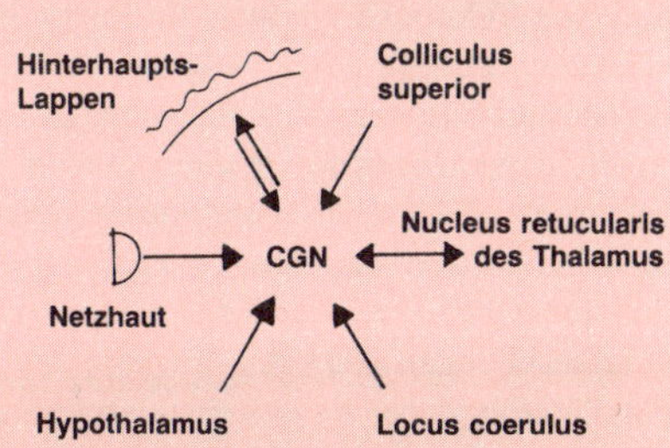

CGN = Corpus genicularis laterale

für das optische Phänomen zerfällt jedoch, sobald wir feststellen, daß für jedes Netzhautneuron, das über den seitlichen Kniehöcker *(Corpus geniculatum laterale)* des Thalamus auf unsere visuelle Hirnrinde projiziert wird, Hunderte von Neuronen, die aus anderen Teilen des Nervensystems (einschließlich der Hirnrinde) stammen, auf den seitlichen Kniehöcker projizieren. Dieser ist also nicht einfach eine Schaltstelle für Projektionen der Netzhaut auf die Hirnrinde. Zu diesem Kern konvergieren nämlich viele andere Nervenfasern mit vielfältigen Effekten, welche das überlagern, was zur Hirnrinde weitergegeben wird. Das nebenstehende Diagramm macht deutlich, daß eine der Strukturen, die auf den seitlichen Kniehöcker einwirken, eben die visuelle Hirnrinde ist, auf die die Zellen des Kniehöckers projizieren. Das heißt: Beide Strukturen sind durch reziproke Einflüsse miteinander verwoben und nicht nur in einer linearen Abfolge verbunden.

Es genügt, sich über diese Struktur des Nervensystems klar zu werden (auch wenn wir noch keinen Zugang zu vielen Einzelheiten der Aktivitätsrelationen haben, die dort in jedem Augenblick spezifiziert werden), um uns zu überzeugen, daß die Wirkung der Projektion eines Bildes auf die Netzhaut nicht im Sinne einer Telefonverbindung zu einem Rezeptor zu verstehen ist. Sie wirkt vielmehr wie eine Stimme (Perturbation), welche zu den vielen Stimmen bei einer heftigen Diskussion in einer großen Familie hinzukommt (Relationen von interner Aktivität zwischen allen konvergierenden Projektionen), wobei der schließlich erreichte Konsens über zu unternehmende Aktionen nicht Ausdruck dessen ist, was die Familienmitglieder im einzelnen vorgebracht haben.

Operationale Geschlossenheit des Nervensystems

Zu Anfang bezeichneten wir Verhalten als die Beschreibung der Zustandsveränderungen eines Systems beim Kompensieren der vom Milieu erhaltenen Perturbationen durch einen Beobachter. Wir sagten auch, daß das Nervensystem Verhalten nicht erfindet, sondern es auf dramatische Weise erweitert. Inzwischen müßte auch klar sein, was wir mit diesem «Erweitern» genau ausdrücken wollen: nämlich daß das Nervensystem in der phylogenetischen Geschichte der Lebewesen sich als ein besonderes Zellgewebe derart in den Organismus eingebettet hat, daß es Punkte der sensorischen mit Punkten der motorischen Flächen koppelt. Somit wird das Feld möglicher sensomotorischer Korrelationen der Organismen im Rahmen einer solchen Koppelung durch ein Neuronennetz ausgeweitet, mithin der Verhaltensbereich erweitert.

Wir wissen nun auch, daß die sensorische Fläche nicht nur aus solchen Zellen besteht, von denen wir (von unserem außenliegenden Standpunkt gesehen) sagen, daß sie für Perturbationen aus dem Milieu empfänglich sind, sondern auch aus solchen Zellen, die für Perturbationen aus dem Organismus selbst (einschließlich des neuronalen Netzwerks) empfänglich sind. So gibt es zum Beispiel in einigen Arterien Chemorezeptor-Zellen, die von Sauerstoff-Konzentrationsveränderungen im Blut eines Wirbeltieres auf spezifische Weise modifiziert werden. Diese Zellen modifizieren wiederum bestimmte Neuronen, die durch ihre Aktivitätsveränderung zu Zustandsveränderungen im gesamten neuronalen Netzwerk beitragen, welche zu einer Veränderung im Rhythmus der Aktivierung der Atemmuskulatur führen – wodurch die Sauerstoffkonzentration im Blut beeinflußt wird.

Das Nervensystem hat also am Operieren eines Vielzellers Anteil als ein Mechanismus miteinander vernetzter Kreisläufe, der jene inneren Zustände, die für die Erhaltung der Organisation als Ganzes wesentlich sind, konstant hält. Man kann also sagen, daß das Nervensystem in diesem Sinne durch *operationale Geschlossenheit* charakterisiert ist. Mit anderen Worten: Das Nervensystem ist ein Netzwerk aktiver Komponenten, in dem jeder Wandel der Aktivitätsrelationen zwischen den Komponenten zu weiterem Wandel zwischen ihnen führt. Das Operieren des Nervensystems besteht darin, einige dieser Relationen trotz fortdauernder Perturbationen – sowohl infolge ihrer eigenen Dynamik als auch infolge der Interaktionen des Organismus – invariant zu halten. Das Nervensystem funktioniert also als ein geschlossenes Netzwerk von Veränderungen der Aktivitätsrelationen zwischen seinen Komponenten.

Abb. 50 Relative Größe der Hirnregion des Nervensystems bei verschiedenen Tieren.

Wenn wir einen übermäßigen Druck an einer Stelle des Armes erfahren, können wir als Beobachter sagen: «Aha, das Zusammenziehen dieses Muskels bewirkt, daß ich meinen Arm wegziehe!» Aber aus dem Blickwinkel des operierenden Nervensystems als solchen geschieht (ähnlich wie bei unserem Freund aus dem Unterseeboot) nur folgendes: Gewisse Relationen zwischen den sensorischen und motorischen Elementen, die vorübergehend durch äußeren Druck perturbiert wurden, werden konstant gehalten. Die innere Relation, die in diesem Fall eingehalten wird, ist relativ einfach: Es ist ein Gleichgewicht zwischen sensorischer Aktivität und Muskeltonus.

Was das Gleichgewicht des Muskeltonus in Relation zum Rest der Aktivität des Nervensystems im einzelnen bestimmt, läßt sich nicht in wenigen Worten zusammenfassen. Als allgemeine Regel gilt jedoch: Jedes Verhalten ist eine äußere Sicht des Tanzes der internen Relationen des Organismus. Das Auffinden der genauen Mechanismen in jedem Fall solcher neuronalen Kohärenzen ist die Aufgabe des Forschers.

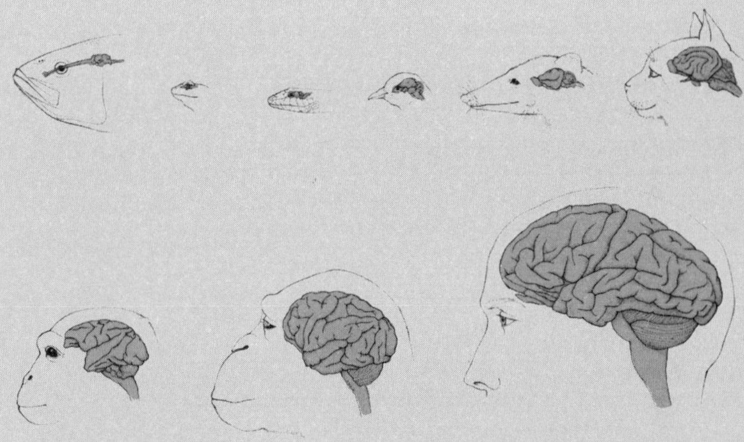

Naturgeschichte des Nervensystems

Bei den Hohltieren (z. B. Hydra) ist das Nervensystem im ganzen Organismus gleichmäßig verteilt. Bei anderen Tieren (z. B. den Säugetieren) ist dies nicht der Fall. Es gibt zwei grundlegende Tendenzen der Transformation des Nervensystems in der Geschichte der Lebewesen: 1) die Vereinigung der Nervenzellen in einem Kompartiment (Nervenstrang); 2) die Konzentration eines großen Aggregats von Neuronen am cephalischen Ende (Cephalisation).

So gibt es bei den segmentierten Tieren wie den Regenwürmern ein typischerweise in Zellgruppen konzentriertes Nervensystem in Form von segmentiert verteilten Ganglien entlang des ganzen Tieres, die untereinander durch eine dünne cephalische Konzentration verbunden sind. In anderen Tieren kann die cephalische Konzentration enorm sein, wie zum Beispiel bei der Heuschrecke oder, noch deutlicher, beim Menschen.

Die Arbeitsweise des Nervensystems diversifiziert sich mit der Zunahme der Modi neuronaler Interaktion ungeheuer, was eine Vergrößerung der Hirnregion mit sich bringt, wie sich in allen Abstammungslinien von Wirbeltieren, Kopffüßlern und Insekten zeigen läßt (Abb. 50). Die Zunahme der Hirnmasse erweitert enorm die Möglichkeiten der strukturellen Plastizität des Organismus, was (wie wir noch sehen werden) für die Lernfähigkeit grundlegend ist.

Das Gesagte zeigt, daß die Arbeitsweise des Nervensystems gänzlich im Einklang damit steht, daß es integraler Bestandteil einer autonomen Einheit ist, in der jeder Aktivitätszustand zu einem anderen Aktivitätszustand in derselben Einheit führt, weil deren Arbeitsweise eben zirkulär, das heißt operational geschlossen ist. Die Architektur des Nervensystems steht daher nicht in Widerspruch zu der operationalen Geschlossenheit, die die autonome Natur des Lebewesens definiert, sondern bereichert diese.

Nun wird allmählich deutlich, auf welche Weise jeder Prozeß des Erkennens notwendigerweise auf dem Organismus als Einheit sowie auf der operationalen Geschlossenheit seines Nervensystems beruht. Daraus resultiert, daß alles Erkennen eines Organismus ein Tun im Sinne sensoeffektorischer Korrelationen in den Bereichen von Strukturkoppelung ist, in denen er existiert.

Plastizität

Wir haben mehrmals die Tatsache erwähnt, daß das Nervensystem ein System in ständiger Strukturveränderung ist, also ein plastisches System. Dies ist eine grundlegende Dimension seiner Teilnahme an der Bildung eines Organismus. In der Tat bedeutet das Vorliegen von Plastizität, daß das Nervensystem im Zuge seiner Beteiligung mittels der sensorischen und effektorischen Organe an den Interaktionsbereichen des Organismus, die dessen Strukturveränderung selektieren, am natürlichen Driften dieses Organismus mit Erhaltung der Anpassung teilnimmt.

Nun geschieht die strukturelle Veränderung des Nervensystems normalerweise nicht in Form radikaler Veränderungen seiner Hauptverbindungsbahnen. Diese sind im allgemeinen invariant und daher dieselben bei allen Individuen einer Spezies. Von der befruchteten Zygote bis zum Erwachsenen vermehren, verzweigen und verbinden sich die Neuronen im Prozeß der Zellentwicklung und -differenzierung gemäß einer der Spezies eigenen Architektur. Wie dies durch Prozesse ausschließlich lokaler Determination genau geschieht, ist eines der größten und interessantesten Rätsel der modernen Biologie.

Wo finden also die Strukturveränderungen statt, wenn nicht in den großen Verbindungsbahnen? Die Antwort ist, daß sich nicht die Verbindungen zwischen den Neuronengruppen verändern, sondern die lokalen Merkmale dieser Verbindungen. Das heißt, die Veränderungen finden auf der Ebene der Endverzweigungen und der Synapsen statt. Dort führen molekulare Veränderungen zu veränderter Effektivität der synaptischen Interaktionen, was die Arbeitsweise des gesamten neuronalen Netzwerkes drastisch modifizieren kann.

Stellen wir uns zum Beispiel vor, daß wir eine Ratte nehmen, einen der großen Muskeln lokalisieren, die eines ihrer Beine aktivieren, und den Nerv, der vom Rückenmark absteigt und den Muskel innerviert, isolieren. Alsdann durchtrennen wir den Nerv und lassen das Tier sich erholen. Nach einer gewissen Zeit schneiden wir das Bein wieder auf und untersuchen den Muskel. Wir finden ihn atrophiert und verkleinert, und dies obwohl wir keine Veränderung am Muskel selbst, an dessen Nahrungs- oder Blutzufuhr vorgenommen haben. Wir haben nur den elektrischen und chemischen Fluß zwischen dem Muskel und dem Nerv unterbunden. Wenn wir den Nerv wieder wachsen und den Muskel innervieren lassen, erholt sich dieser und die Atrophie verschwindet.

Andere Experimente zeigen, daß etwas Ähnliches zwischen vielen (wenn nicht allen) neuronalen Elementen geschieht, aus denen das Nervensystem zusammengesetzt ist. Der Aktivitätspegel und der chemische Austausch zwischen zwei Zellen – in diesem Fall einer Muskel- und einer Nervenzelle – modulieren die Effektivität und die Art der Interaktion, die sich zwischen ihnen während ihres andauernden aufeinander bezogenen Wandels abspielt. Beim Durchtrennen des Nervs enthüllen wir diese Dynamik auf sehr dramatische Weise.

Die Plastizität des Nervensystems geht darauf zurück, daß die Neuronen nicht so miteinander verbunden sind, als wären sie Stromkabel mit Steckverbindungen. Die Stellen, an denen die Zellen interagieren, sind Regionen eines empfindlichen dynamischen Gleichgewichts, die von einer Unzahl von Elementen moduliert werden, welche örtliche strukturelle Veränderungen auslösen. Sie resultieren aus der Aktivität jener und anderer Zellen, deren Produkte im Blutstrom fließen und die Neuronen umspülen. Dies alles ist Teil einer Dynamik von Interaktionen des Organismus in seinem Milieu.

Keines der bekannten Nervensysteme läßt ein gewisses Maß an Plastizität vermissen. Dennoch scheint bei manchen Organismen, zum Beispiel den Insekten, die Plastizität relativ begrenzt zu sein, zum Teil weil sie so klein sind und wenige Neuronen haben. Das Phänomen der Strukturveränderung zeigt sich besonders deutlich bei den Wirbeltieren, insbesondere den Säugetieren. So gibt es hier keine Interaktionen und Koppelungen, die nicht auf Grund der von ihnen ausgelösten strukturellen Veränderungen eine Wirkung auf die Arbeitsweise des Nervensystems haben. Insbesondere wir Menschen werden durch jede Erfahrung modifiziert, obwohl diese Veränderungen zuweilen nicht vollständig sichtbar sind.

Dies erkennen wir vor allem durch Beobachtung des Verhaltens. Wir haben bis heute noch keine klare Vorstellung davon, welches genau die Strukturveränderungen des Nervensystems bei den Wirbeltieren

Gehirn und Computer

Aus der Tatsache der operationalen Geschlossenheit des Nervensystems geht hervor, daß seine Arbeitsweise in keine von zwei Extremkategorien einzuordnen ist: Sie ist weder repräsentationistisch noch solipsistisch. Sie ist nicht solipsistisch, da das Nervensystem als Teil des Organismus an dessen Interaktionen mit seiner Umgebung teilnimmt, welche im Organismus andauernd strukturelle Veränderungen auslöst, die dessen Dynamik von Zuständen modulieren. Darauf beruht, daß uns als Beobachtern die Verhaltensweisen der Tiere im allgemeinen als ihren Lebensumständen angemessen erscheinen und daß die Tiere sich nicht verhalten, als würden sie ihrem eigenen Skript unabhängig vom Milieu folgen. Dies trifft trotz der Tatsache zu, daß es für das Operieren des Nervensystems weder Innen noch Außen gibt, sondern nur die Erhaltung der eigenen Korrelationen, die in ständiger Veränderung begriffen sind (wie die Anzeigen im Unterseebot unseres Beispiels).

Die Arbeitsweise des Nervensystems ist auch nicht repräsentationistisch, da der strukturelle Zustand des Nervensystems bei jeder Interaktion spezifiziert, welche Perturbationen möglich sind und welche Veränderungen diese in seiner Dynamik von Zuständen auslösen. Es wäre deshalb ein Fehler, das Nervensystem im Sinne eines Input/Output-Modells zu sehen. Das würde nämlich bedeuten, daß zur Definition des Systems (d.h. zu seiner Organisation) Ein- und Ausgänge gehören müßten, wie das bei einem Computer oder anderen Maschinen der Fall ist. Diese Definition ist vollkommen angemessen, wenn man eine Maschine konstruiert, deren wichtigstes Merkmal die Art unserer Interaktion mit ihr ist. Das Nervensystem (oder der Organismus) ist jedoch von niemandem entworfen worden; es ist das Resultat eines phylogenetischen Driftens von Einheiten, die um ihre eigene Dynamik von Zuständen zentriert sind. Es ist daher angemessen, das Nervensystem als eine durch ihre internen Relationen definierte Einheit zu betrachten, in der die Interaktionen nur als Modulationen ihrer strukturellen Dynamik wirken – das heißt, als eine Einheit mit operationaler Geschlossenheit.
In anderen Worten: Das Nervensystem «empfängt» keine «Information», wie man häufig sagt. Es bringt vielmehr eine Welt hervor, indem es bestimmt, welche Konfigurationen des Milieus Perturbationen darstellen und welche Veränderungen diese im Organismus auslösen. Die populäre Metapher vom Gehirn als Computer ist nicht nur mißverständlich, sondern schlichtweg falsch.

sind, die zu dieser Plastizität gehören. Auch liegt noch keine klare Beschreibung dessen vor, wie die andauernde Transformation der Art der neuronalen Interaktion (die zum ontogenetischen Driften der Struktur des Organismus gehört) zu wohldefinierten Veränderungen führt, die wir am Verhalten beobachten können. Dies bildet einen weiteren wichtigen Forschungsbereich der heutigen Neurobiologie.

Wie auch immer die genauen Mechanismen sein mögen, die in diese andauernde mikroskopische Transformation des neuronalen Netzwerkes während der Interaktionen des Organismus einbezogen sind – solche Veränderungen lassen sich nie lokalisieren oder als etwas verstehen, das jeweils eine Entsprechung zu jeder Erfahrung bildet. Das heißt, sie sind nie von der Natur, daß wir etwa die Aufzeichnung seines Namens an einer bestimmten Stelle im Kopf eines Hundes vorfinden.

Dies kann zum einen nicht so sein, weil alle im Nervensystem ausgelösten strukturellen Veränderungen notwendigerweise verteilt werden, da sie aus den relativen Aktivitätsveränderungen eines neuronalen Netzwerkes resultieren; und zum anderen weil das Verhalten – zum Beispiel, auf einen Namen zu reagieren – eine von einem Beobachter gegebene Beschreibung gewisser Handlungen darstellt. Diese Handlungen rühren von bestimmten sensomotorischen Konfigurationen her, die kraft ihres inneren Operierens im strengen Sinne das gesamte Nervensystem einbeziehen.

Der Plastizitätsreichtum des Nervensystems ist nicht darin begründet, daß es Abbildungen (Engramme) von den Dingen der Welt produziert, sondern in seinem kontinuierlichen Wandel in Einklang mit dem Wandel des Milieus als Resultat der Auswirkungen seiner Interaktionen bleibt. Dem Beobachter erscheint dies als adäquates Lernen. Was in Wirklichkeit geschieht, ist jedoch, daß die Neuronen, der Organismus, den sie integrieren, und das Milieu, in dem sie interagieren, gegenseitig als Auslöser ihrer Strukturveränderungen wirken und strukturell gekoppelt sind: Der funktionierende Organismus (einschließlich seines Nervensystems) selektiert diejenigen Strukturveränderungen, die ihm weiteres Operieren ermöglichen, oder er löst sich auf.

Für einen Beobachter wirkt der Organismus, als bewegte er sich adäquat in einem sich verändernden Milieu; daher spricht der Beobachter vom Lernen. Ihm scheinen die Strukturveränderungen, die im Nervensystem stattfinden, den Umständen der Interaktionen des Organismus zu entsprechen. Für die Arbeitsweise des Nervensystems gibt es jedoch nur ein kontinuierliches strukturelles Driften, das in jedem Augenblick dem Kurs der Erhaltung der strukturellen Koppelung (Anpassung) des Organismus mit seinem Interaktionsmilieu folgt.

Angeborenes und erlerntes Verhalten

Wir haben mehrfach wiederholt – damit es nicht vergessen wird –, daß jedes Verhalten ein relationales Phänomen ist, das *wir als Beobachter* bei der Betrachtung von Organismus und Milieu feststellen. Dabei ist der Bereich möglicher Verhaltensweisen eines Organismus durch seine Struktur determiniert, da diese seine Interaktionsbereiche spezifiziert. Wenn wir deshalb bei Organismen einer gleichen Spezies beobachten, daß sich Strukturen *unabhängig* von den Besonderheiten der Interaktionsgeschichte dieser Organismen entwickeln, sagen wir, solche Strukturen seien genetisch determiniert und die Verhaltensweisen, die dadurch ermöglicht werden, *instinktiv*. Wenn der Säugling wenige Stunden nach seiner Geburt die Brust der Mutter drückt und an der Warze saugt, so tut er dies unabhängig davon, ob er auf natürlichem Wege oder durch Kaiserschnitt, in einem luxuriösen Krankenhaus in München oder im Regenwald des Amazonasgebietes geboren wurde.

Wenn sich andererseits Strukturen, die ein gewisses Verhalten bei den Mitgliedern einer Spezies möglich machen, nur beim Vorliegen einer besonderen Geschichte von Interaktionen entwickeln, dann sagt man, diese Strukturen seien ontogenetisch und die Verhaltensweisen *erlernt*.

Unser Wolfsmädchen aus dem letzten Kapitel erlebte nicht dieselben sozialen Interaktionen wie alle anderen Kinder, und so konnte sich seine Fähigkeit, auf zwei Beinen zu laufen, nicht entwickeln. Selbst in so elementaren Dingen wie dem Laufen sind wir von einem menschlichen Kontext, der uns umgibt wie die Luft, die wir atmen, abhängig.

Beachten wir aber, daß angeborenes und erlerntes Verhalten als Verhalten ihrer Natur nach und in ihrer Verwirklichung nicht zu unterscheiden sind. Der Unterschied liegt in der Geschichte der Strukturen, die das jeweilige Verhalten möglich machen. Ob wir es also als angeboren oder als erlernt klassifizieren, hängt davon ab, ob wir zu der betreffenden strukturellen Geschichte Zugang haben oder nicht. Durch Beobachtung des Operierens des Nervensystems in der Gegenwart können wir eine solche Unterscheidung nicht treffen.

Es ist wichtig festzuhalten, daß wir gewöhnlich dazu neigen, Lernen und Gedächtnis als Phänomene zu betrachten, die Verhaltensveränderungen infolge eines «Aufnehmens» oder «Empfangens» von etwas aus dem Milieu darstellen. Dies setzt voraus, daß das Nervensystem mit Repräsentationen arbeitet. Wir haben jedoch bereits gesehen, daß diese Annahme das Verständnis der kognitiven Prozesse unnötig verdunkelt und kompliziert. Was wir bisher dargelegt haben, legt vielmehr nahe, das Lernen als Ausdruck einer Strukturkoppelung zu verstehen, in der die Verträglichkeit zwischen der Arbeitsweise des Organismus und des Milieus aufrechterhalten wird. Wenn wir als Beobachter eine Abfolge von Perturbationen betrachten, die das Nervensystem auf eine von vielen möglichen Weisen ausgleicht, bekommen wir den Eindruck, daß es etwas aus dem Milieu verinnerlicht hat. Aber, wie wir wissen, wäre eine solche Beschreibung ein Verstoß gegen unsere logische Buchhaltung: Es würde bedeuten, etwas, das unserer Kommunikation unter Beobachtern dienlich ist, irrtümlich als ein operationales Element des Nervensystems zu betrachten. Die Beschreibung des Lernens als Verinnerlichung des Milieus schafft Verwirrung, indem sie uns glauben macht, daß in der strukturellen Dynamik des Nervensystems Phänomene auftreten, die allein im Bereich der Beschreibungen von Organismen, die der Sprache fähig sind, vorkommen.

Erkenntnis und Nervensystem

Im vergangenen Kapitel haben wir von Verhaltensbereichen gesprochen und in diesem von der grundlegenden Organisation des Nervensystems. Damit sind wir Schritt für Schritt jenen alltäglichen Phänomenen nähergekommen, die wir als Erkenntnisakte bezeichnen. Nun sind wir in der Lage, unser Verständnis dessen zu verfeinern, was gemeint ist, wenn eine Handlung als kognitiv bezeichnet wird.

Wenn wir einen Moment darüber nachdenken, welches Kriterium wir benutzen, um zu sagen, daß jemand (Er-)Kenntnis *hat*, werden wir feststellen, daß das, wonach wir suchen, ein effektives Verhalten

(Er-)Kenntnis

Wir sprechen dann von (Er-)Kenntnis, wenn wir ein effektives (oder angemessenes) Verhalten in einem bestimmten Kontext beobachten, das heißt in einem Bereich, den wir durch eine (explizite oder implizite) Frage umreißen, die *wir als Beobachter formulieren.*

in dem Bereich ist, in dem eine Antwort erwartet wird. Das heißt, wir erwarten ein wirksames Verhalten in einem Kontext, den wir durch die Fragestellung abstecken. So können zwei Beobachtungen desselben Subjekts unter denselben Bedingungen, die aber mit unterschiedlicher Fragestellung gemacht worden sind, zu unterschiedlicher Bewertung des kognitiven Verhaltens des Subjekts führen.

Eine wahre (oder zumindest gut erfundene) Geschichte macht dies deutlich: Einmal wurde einem jungen Studenten an einer Universität folgende Aufgabe im Examen gestellt: «Stellen Sie die Höhe des Universitätsturms mit Hilfe dieses Höhenmessers fest!» Der Student nahm den Höhenmesser und eine lange Schnur, bestieg den Turm, band den Höhenmesser an die Schnur und ließ ihn vorsichtig bis zum Fuße des Turmes hinab. Alsdann maß er die Länge der dafür benötigten Schnur. «Dreißig Meter und vierzig Zentimeter», war seine Antwort. Der Professor jedoch bewertete seine Antwort als falsch. Der Student machte eine Eingabe beim Rektor seines Fachbereiches und bekam eine neue Gelegenheit. Erneut sagte ihm der Professor: «Stellen Sie die Höhe des Universitätsturmes mit diesem Höhenmesser fest!» Der junge Student nahm den Höhenmesser, ging gerüstet mit einem Winkelmesser in die neben dem Turm gelegenen Gärten und benutzte in einem bestimmten Abstand vom Turm die Länge des Höhenmessers, um damit und mit dem Winkelmesser die Höhe des Turmes trigonometrisch zu errechnen. Sein Ergebnis war dreißig Meter und vierzig Zentimeter. Der Professor ließ ihn erneut durchfallen. Daraufhin erneute Eingabe des Studenten, erneute Gelegenheit zum Ablegen des Examens und erneut dasselbe Problem. Der Student benutzte sechs verschiedene Vorgehensweisen, um die Höhe des Turmes mit Hilfe des Höhenmessers zu berechnen, ohne ihn je *als Höhen-*

messer zu verwenden. In einem gewissen Kontext gesehen, bewies der Student viel mehr Kenntnis, als von ihm verlangt wurde. Im Kontext der Frage des Professors jedoch war seine Kenntnis unangemessen.

Seien wir uns deshalb im klaren, daß die Bewertung, ob (Er-)Kenntnis vorliegt oder nicht, immer in einem relationalen Kontext steht, in dem die Strukturveränderungen, die von Perturbationen in einem Organismus ausgelöst werden, einem Beobachter als Wirkung auf die Umgebung erscheinen. Und der Beobachter schätzt die in einem Organismus ausgelösten strukturellen Veränderungen in Hinsicht auf die Wirkungen ein, die er erwartet. Aus diesem Blickwinkel *kann jede* Interaktion eines Organismus – sein gesamtes beobachtetes Verhalten – von einem Beobachter als eine kognitive Handlung bewertet werden. So ist die Tatsache des Lebens selbst – die ununterbrochene Aufrechterhaltung der Strukturkoppelung als Lebewesen – nichts anderes als Erkennen im Existenzbereich. Als Aphorismus formuliert: *Leben ist Erkennen* (Leben ist effektive Handlung im Existieren als Lebewesen).

Im Prinzip reicht dies aus, um die Beteiligung des Nervensystems an allen kognitiven Dimensionen zu beschreiben. Wenn wir jedoch die Beteiligung des Nervensystems an allen besonderen Formen menschlichen Erkennens erklären wollten, müßten wir natürlich alle spezifischen und konkreten Prozesse beschreiben, die beim Erzeugen eines jeden menschlichen Verhaltens in all seinen verschiedenen Bereichen der Strukturkoppelung stattfinden. Dafür wäre es nötig, die Arbeitsweise des menschlichen Nervensystems in allen Details genauer zu untersuchen, was nicht die Absicht dieses Buches ist.

Fassen wir zusammen: Das Nervensystem ist auf zwei komplementäre Weisen an den kognitiven Phänomenen beteiligt. Diese Weisen ergeben sich aus seinem besonderen Operationsmodus als operational geschlossenes neuronales Netzwerk, das Teil eines Metazellers ist. Die erste und naheliegendste Weise besteht in der Erweiterung der Bereiche möglicher Zustände des Organismus, die sich aus der Vielfalt von sensomotorischen Konfigurationen ergibt. Diese Vielfalt wird durch das Vorhandensein eines Nervensystems ermöglicht und ist entscheidend für dessen Beteiligung an der Arbeitsweise des Organismus.

Die zweite Weise entsteht durch die Eröffnung von neuen Dimensionen struktureller Koppelung für den Organismus, und zwar durch die Ermöglichung der Verbindung einer großen Vielfalt von inneren Zuständen mit der Vielfalt von Interaktionen, in die der Organismus eintreten kann.

Die An- oder Abwesenheit eines Nervensystems ist das, was die Diskontinuität zwischen den Organismen mit einem relativ begrenzten Erkennen und denen, die (wie der Mensch) im Prinzip zu einer unbegrenzten Vielfalt des Erkennens fähig sind, ausmacht. Um die zentrale Wichtigkeit des Nervensystems zu betonen, müssen wir in dem Symbol, mit dem wir eine (zelluläre oder multizelluläre) autopoietische Einheit darstellen (*a*), nun auch der Anwesenheit eines Nervensystems Ausdruck geben – eines Nervensystems, das mit operationaler Geschlossenheit, aber als Bestandteil des Organismus arbeitet. Dies läßt sich wie in *b* darstellen: Wenn in einem Organismus ein derart reiches und breitgefächertes Nervensystem vorliegt wie beim Menschen, erlauben seine Interaktionsbereiche das Entstehen *neuer Phänomene*, und zwar durch Herstellung neuer Dimensionen struktureller Koppelung. Beim Menschen macht dies letztlich die Sprache und das Selbstbewußtsein möglich. Hierauf gehen wir in den nächsten Kapiteln ein.

a
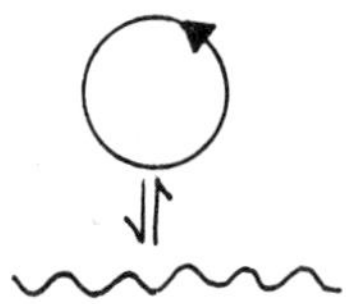

b
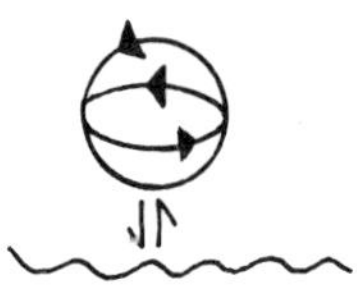

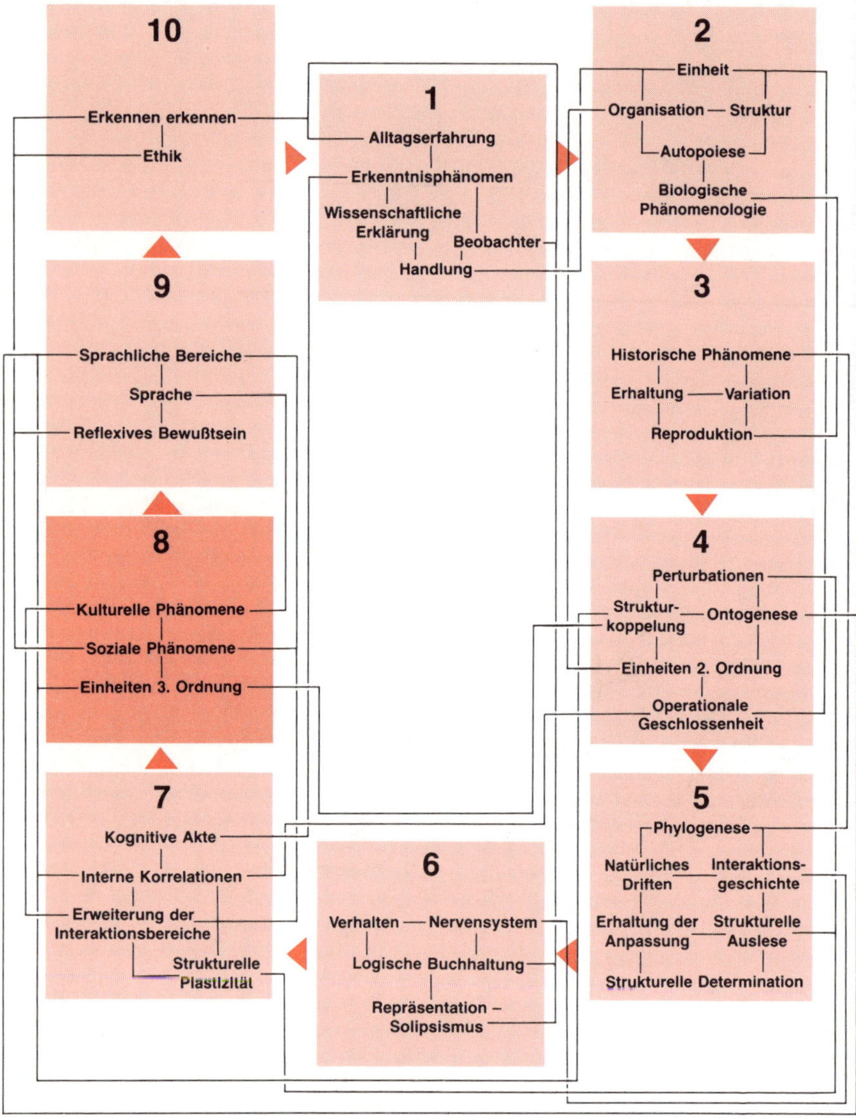
10
Erkennen erkennen
Ethik
1
Alltagserfahrung
Erkenntnisphänomen
Wissenschaftliche Erklärung
Beobachter
Handlung
2
Einheit
Organisation
Struktur
Autopoiese
Biologische Phänomenologie
9
Sprachliche Bereiche
Sprache
Reflexives Bewußtsein
3
Historische Phänomene
Erhaltung
Variation
Reproduktion
8
Kulturelle Phänomene
Soziale Phänomene
Einheiten 3. Ordnung
4
Perturbationen
Struktur-koppelung
Ontogenese
Einheiten 2. Ordnung
Operationale Geschlossenheit
7
Kognitive Akte
Interne Korrelationen
Erweiterung der Interaktionsbereiche
Strukturelle Plastizität
6
Verhalten
Nervensystem
Logische Buchhaltung
Repräsentation – Solipsismus
5
Phylogenese
Natürliches Driften
Interaktions-geschichte
Erhaltung der Anpassung
Strukturelle Auslese
Strukturelle Determination

8 Die sozialen Phänomene

Abb. 51 «Vernetzung»;
Zeichnung von Juste de Juste.

Betrachten wir eine zu der im vierten Kapitel angeführten parallele Situation. Statt nur einen einzelnen Organismus mit seinem Nervensystem darzustellen,

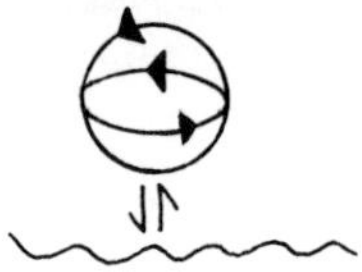

sehen wir uns nun an, was mit diesem Organismus geschieht, wenn er in strukturelle Koppelung mit anderen Organismen eintritt. Wie im Falle der zellulä-

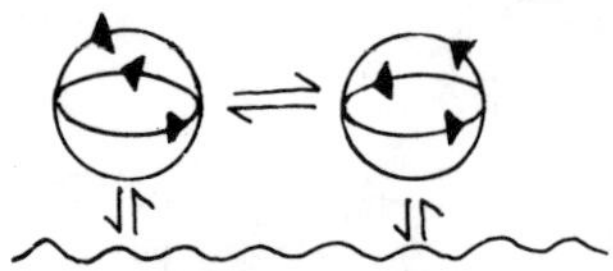

ren Interaktionen bei den Metazellern ist es auch hier offensichtlich, daß aus dem Blickwinkel der inneren Dynamik eines Organismus ein anderer Organismus eine Quelle von Perturbationen darstellt, die von jenen, die aus dem «unbelebten» Milieu stammen, nicht zu unterscheiden sind. Es ist jedoch *möglich*, daß die Interaktionen zwischen Organismen im Verlauf ihrer Ontogenese einen *rekursiven* Charakter annehmen. Das führt notwendig zum gemeinsamen strukturellen Driften dieser Organismen: einer Ko-Ontogenese, an der die Organismen durch ihre gegenseitige strukturelle Koppelung beide beteiligt sind, wobei jeder seine Anpassung und Organisation bewahrt. Wenn dies geschieht, dann bringen die gemeinsam driftenden Organismen einen neuen phänomenologischen Bereich hervor, der besonders komplex werden kann, wenn ein Nervensystem vorhanden ist. Um die Phänomene, die aus dieser *strukturellen Koppelung dritter Ordnung* entstehen, geht es in diesem und im folgenden Kapitel.

Koppelungen dritter Ordnung

Beim Stand unserer Erörterung sollte es nicht erstaunen, daß solche Koppelungen entstehen können, da im wesentlichen die gleichen Mechanismen am Werk sind, die wir bereits in bezug auf die Bildung von autopoietischen Einheiten zweiter Ordnung erläutert haben. Sobald Organismen mit Nervensystem entstanden sind und diese an rekursiven Interaktionen teilnehmen, treten solche Koppelungen auf – mit unterschiedlicher Komplexität und Stabilität, aber als natürliches Ergebnis der Kongruenz ihres jeweiligen ontogenetischen Driftens.

Wie können wir diese Koppelungen dritter Ordnung verstehen und analysieren? Nun, zunächst ist festzuhalten, daß bei Organismen mit sexueller Reproduktion solche Koppelungen für die Kontinuität einer Abstammungslinie absolut notwendig sind, da zumindest die Fortpflanzungszellen aufeinander treffen müssen, um miteinander zu verschmelzen. Darüber hinaus benötigen die Jungen vieler Tierarten, die für die Zeugung neuer Individuen der sexuellen Paarung bedürfen, Fürsorge seitens der Eltern. So ist ein gewisses Ausmaß an Verhaltensabstimmung bei Zeugung und Aufzucht der Jungen notwendig.

Auch wenn die Koppelung dritter Ordnung eine universelle Erscheinung ist, entdecken wir, daß die verschiedenen Tierarten sie auf die unterschiedlichsten Weisen verwirklicht haben, sowohl was ihre Form als auch was die resultierenden Phänomene angeht. Als in einer eher patriarchalischen Kultur aufgewachsene Menschen neigen wir zu der Überzeugung, daß natürlicherweise die Frau die Kinder beaufsichtigt, während der Mann für Schutz und Lebensunterhalt sorgt. Es ist anzunehmen, daß diese Vorstellung teilweise auf der Tatsache beruht, daß wir Säugetiere sind, bei denen mehr oder weniger lange Säugezeiten auftreten, in denen die Aufzucht notwendigerweise an die Mutter gebunden ist. Man findet keine Säugetierart, in der das Säugen Aufgabe des männlichen Tieres ist.

Diese deutliche Rollenaufteilung ist jedoch keineswegs universell. Denn unter den Vögeln finden wir diesbezüglich eine große Mannigfaltigkeit. So können bei vielen Vogelarten sowohl Männchen als auch Weibchen einen milchigen Stoff im Kropf erzeugen, den sie für ihre Jungen auswürgen. Darüber hinaus paart sich zum Beispiel bei den südamerikanischen Straußenvögeln das Männchen mit einem Harem von Weibchen (Polygamie), wonach jedes Weibchen ein Ei in ein Loch legt, das, einmal ausgefüllt, vom Männchen fleißig versorgt wird.

Diese häusliche Neigung des Männchens kommt in einer gemischteren Form bei einem anderen südamerikanischen Vogel vor, beim Jacaña. Hierbei definiert das Weibchen ein mehr oder weniger ausgedehntes Territorium, in dem es eine gewisse Zahl von Nestern baut, zu denen es der gleichen Anzahl von Männchen den Zugang erlaubt (Polyandrie). Nach der Befruchtung legt das Weibchen ein Ei in jedes der Nester und baut dann ein Nest für sich selbst, wo es erneut ein Ei legt. Auf diese Weise nehmen sowohl Weibchen als auch Männchen an der Kükenaufzucht teil (Abb. 52).

Abb. 52 Ein Jacaña.

Unter den Pinguinen tritt eine noch erstaunlichere Spielart auf. Bei ihnen ist das Sammeln der Nahrung für die Jungen besonders schwierig und muß von beiden Eltern geleistet werden. Wie werden aber zwischenzeitlich die kleinen Pinguine beaufsichtigt? Es ist interessant: Manche der Erwachsenen aus der Gruppe verbleiben in der Nähe und passen auf eine ganze Gruppe von Jungen auf, wobei sie einen regelrechten Kindergarten bilden.

Bei den Fischen ist der Stichling ein Extremfall. Hier baut das Männchen ein Nest, verführt das Weibchen dazu, darin Eier zu legen, und vertreibt es danach (Abb. 53). Wieder allein, läßt das Männchen

Abb. 53 Phasen des Paarungsverhaltens beim Stichling.

das Wasser durch Schlagen mit dem Schwanz zirkulieren, bis die Jungen ausschlüpfen. Dann widmet es sich der Beaufsichtigung der kleinen Fische, bis diese unabhängig geworden sind. Das heißt, hier ist es das Männchen, welches die Aufzucht besorgt, wobei seine Beziehung mit dem Weibchen nur für die Zeit der Paarung und des Eierlegens dauert.

Es gibt andere Beispiele, bei denen das Weibchen die größere Verantwortung für die Aufzucht trägt. Wir könnten noch viele weitere Beispiele dafür nennen, wie die unerläßliche Koppelung zur Zeugung und Aufzucht beschaffen sein kann. Alles in allem ist offensichtlich, daß es keine festen Rollen gibt. Ebensowenig gibt es sie in den menschlichen Gesellschaften mit ihren vielen Fällen sowohl von Polyandrie als auch von Polygamie, wobei die Aufgabenteilung bei der Aufzucht der Kinder von einem Extrem zum anderen variiert. Gerade weil diese Koppelungen unter Beteiligung eines Nervensystems auftreten, ist die mögliche Vielfalt immens, und die Naturgeschichte zeigt uns dementsprechend zahlreiche Variationen. Wollen wir die menschliche soziale Dynamik als biologisches Phänomen verstehen, ist es notwendig, daß wir dies in Erinnerung behalten.

Soziale Insekten

Die Koppelungen im Sexual- und Aufzuchtverhalten sind vorübergehender Natur. Es gibt jedoch viele andere Arten von Verhaltenskoppelungen, die bei der Spezifizierung einer besonderen Art von Verhaltenskoordinationen zwischen Individuen viel weiter reichen und ein ganzes Leben anhalten können.

Den klassischen und bemerkenswertesten Fall einer so engen Koppelung dritter Ordnung, die die gesamte Ontogenese der beteiligten Organismen umfaßt, finden wir bei den sozialen Insekten. Zu diesen

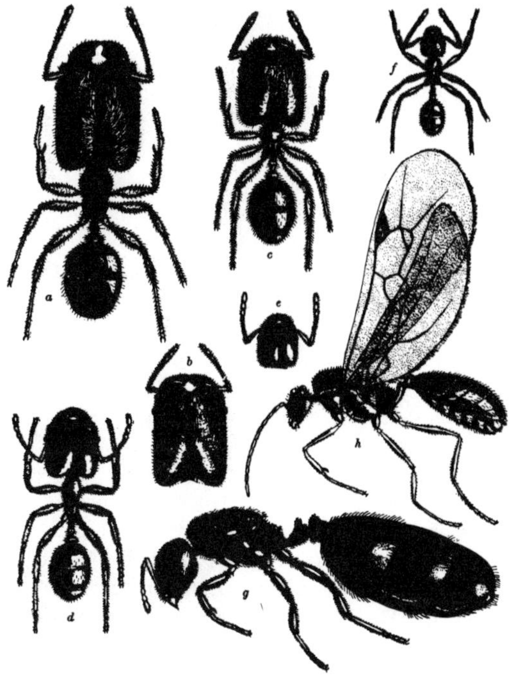

Abb. 54 Verschiedene Morphologien bei den Kasten einer Ameisenart *(Pheidole kingi instabilis)*. Individuen der Arbeiterkaste (a–f), Königin (g), Männchen (h).

Tieren gehören viele Gattungen unter den zahlreichen Ordnungen von Insekten, und unter vielen von ihnen entstanden parallel zueinander sehr ähnliche Koppelungsmechanismen. Bekannte Beispiele von sozialen Insekten sind die Ameisen, die Termiten, die Wespen und die Bienen.

Abbildung 54 zeigt zum Beispiel viele Individuen aus einer der am meisten untersuchten Ameisengruppen *(Pheidole kingi instabilis)*. Hier sehen wir eine große Vielfalt individueller Formen, wobei deren Morphologie mit der Differenzierung zusammenhängt, die mit den von den einzelnen Tieren normalerweise ausgeführten Tätigkeiten einhergeht. So sind die meisten Individuen in Abbildung 54 unfruchtbare Weibchen, deren Aufgaben das Sammeln der Nahrung, die Verteidigung, die Aufsicht über die Eier und die Instandhaltung des Ameisenbaus sind. Die Männchen befinden sich im Inneren des Baus eingesperrt, wo sich auch das üblicherweise einzige fruchtbare Weibchen,die Königin, befindet (Abb. 54 g). Es ist bemerkenswert, daß es Weibchen mit riesigen Kiefern gibt, die großen Druck ausüben können. Diese Weibchen sind viel größer als die Arbeitsweibchen (Abb. 54 e, f). Der große Teil der Ameisen in einem solchen Bau nimmt überhaupt nicht an der Fortpflanzung teil, die auf die Königin und auf die Männchen beschränkt ist. Alle Individuen eines Ameisenbaus sind jedoch im Rahmen ihrer physiologischen strukturellen Dynamik miteinander eng gekoppelt und können nicht (oder nur für kurze Zeit) überleben, wenn sie dauernd voneinander getrennt werden.

Der *Mechanismus* der Koppelung zwischen dem größeren Teil der sozialen Insekten besteht im Austausch von Stoffen. Wir haben es also mit einer chemischen Koppelung zu tun. Zwischen den Mitgliedern einer Kolonie wird ein ständiger Fluß von Absonderungen hergestellt, indem die Tiere sich beim Zusammentreffen gegenseitig den Mageninhalt anbieten. Man kann das zum Beispiel bei einem Ameisenzug zu Hause in der Küche beobachten. Aus diesem ständigen chemischen Austausch, *Tropholaxis* genannt (Abb. 55), ergibt sich die Verteilung gewisser Stoffe über die ganze Population, darunter auch Hormone, welche für die Differenzierung und Spezifizierung der Rollen verantwortlich sind. So ist die Königin nicht durch ihre Erbanlagen Königin, sondern dadurch, daß sie auf eine bestimmte Weise ernährt wird. Wenn wir die Königin entfernen, führt das durch ihre Abwesenheit verursachte hormonelle Un-

Abb. 55 Chemischer Koppelungsmechanismus zwischen sozialen Insekten (Tropholaxis).

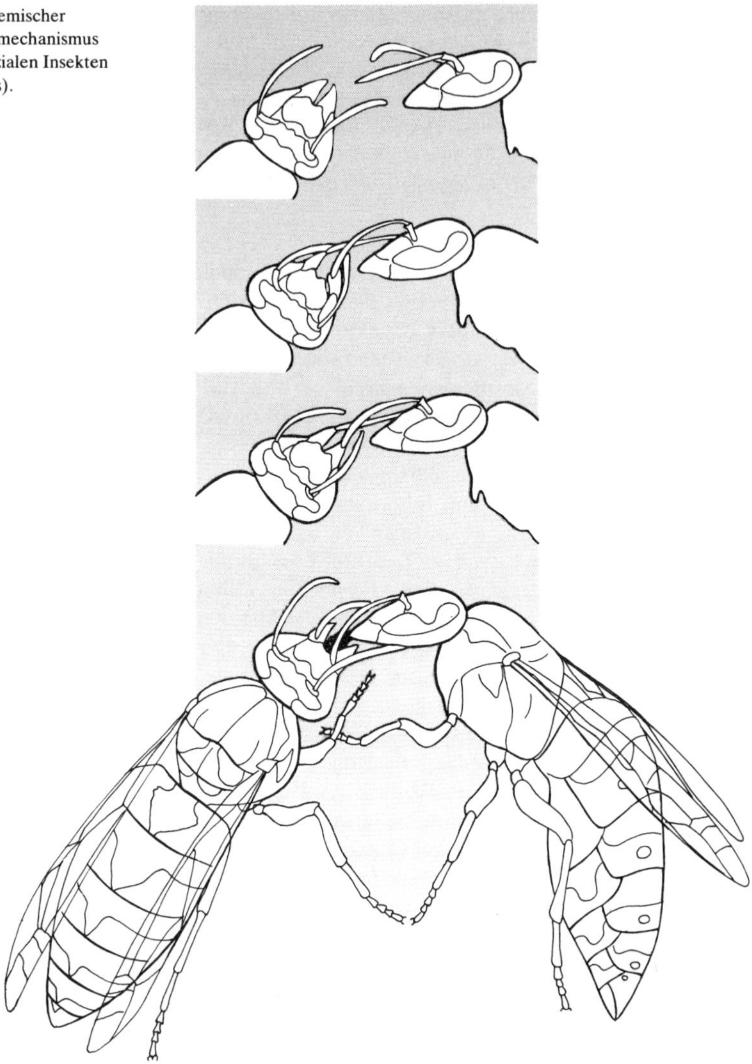

gleichgewicht sofort zu einer anderen Ernährung einiger Larven, die sich daraufhin zu Königinnen entwickeln. Dies bedeutet, daß hier alle Ontogenesen der einzelnen Mitglieder der sozialen Einheit in einem ko-ontogenetischen Driften miteinander verbunden sind. In einer Ameisenkolonie ist die Ontogenese jedes Individuums abhängig von den Ontogenesen der anderen.

Die Einzelprozesse und -mechanismen bei der Determinierung der Kasten, die Art der Kooperation zwischen verschiedenen Spezies, die territoriale Organisation und viele andere Aspekte im Leben der sozialen Insekten waren Gegenstand von vielen Untersuchungen. Diese offenbaren uns immer neue Umstände, unter denen die unerwartetsten Formen von Strukturkoppelung zwischen den Organismen auftreten. Dennoch zeigen sie alle zugleich ein gewisses Ausmaß an Starrheit und Inflexibilität. Dies sollte uns nicht besonders überraschen, da die Insekten (wie viele andere wirbellose Tiere) im wesentlichen auf der Grundlage eines äußeren Schildes aus Chitin organisiert sind, an dessen Innenseite die Muskeln anhaften, die das Tier bewegen. Diese Architektur beinhaltet eine Begrenzung der maximalen Größe, die die Insekten erreichen können, und daher des Umfanges ihres Nervensystems. Deshalb zeichnen sich die Insekten individuell nicht durch besondere Verhaltensvielfalt und Lernfähigkeit aus. Die Wirbeltiere können dagegen mit ihrem inneren Skelett, an dem die Muskeln hängen, im Prinzip lange wachsen und sind keiner so engen Begrenzung ihrer Größe unterworfen. Dies macht größere Organismen möglich, die aus mehr Zellen bestehen und somit größere Nervensysteme haben, was wiederum eine größere Vielfalt von Zuständen und daher des Verhaltens ermöglicht.

Soziale Wirbeltiere

Stellen wir uns nun eine Herde von Huftieren vor, etwa Antilopen, die im Bergland leben. Wenn wir uns den Tieren nähern, werden wir bemerken, daß die gesamte Herde flieht, sobald wir uns auf etwa 100 Meter angenähert haben. Üblicherweise fliehen die Antilopen, bis sie einen höheren Gipfel erreicht haben, wo sie sich umdrehen, um von dort aus den Fremden zu beobachten. Sie müssen allerdings, um von einem zum nächsten Gipfel zu gelangen, ein Tal durchqueren, von dem aus sie den Eindringling nicht sehen können. Hier wird eine soziale Koppelung sichtbar: Die Herde bewegt sich in einer Formation, in der das dominante Männchen an der Spitze läuft, gefolgt von den Weibchen und den Jungtieren. Den Schluß der Herde bilden andere Männchen. Eines von ihnen wird nun am vorderen Gipfel zurückbleiben und den Fremden im Auge behalten, während die anderen das Tal durchqueren. Sobald sie den neuen Gipfel erreicht haben, schließt das zurückgebliebene Tier zu ihnen auf (Abb. 56).

Wie im Fall der sozialen Insekten erlaubt das Leben im Rahmen von Koppelungen dritter Ordnung den einzelnen Wirbeltieren (in diesem Fall Säugetiere) an Beziehungen und Aktivitäten teilzunehmen,

Abb. 56 Fluchtverhalten als soziales Phänomen bei Antilopen.

Abb. 57 Die Jagd als soziales Phänomen bei Wölfen.

die nur aus der Koordination des Verhaltens von ansonsten unabhängigen Individuen entstehen. Solch eine Koordination kann durch jede Form der Interaktion zustandekommen, durch chemische, visuelle, auditive oder sonstige Interaktion.

Die strukturellen Unterschiede, die zu den verschiedenen Rollen gehören, welche Mitglieder in Gruppen von Säugetieren spielen, scheinen uns häufig weniger ausgeprägt zu sein als im Fall der Ameisen oder Termiten. Sie zeigen sich nämlich eher in flüchtigen Änderungen von Erscheinungsweise und Verhalten als in dauernden Transformationen der Form des Körpers. Das ist so bei der Antilope, die für die Herde Wache steht, aber auch bei den Wölfen, die ihr Verhalten durch verschiedene Körpersignale koordinieren (Zähnezeigen, Ohren-Hängenlassen, Schwanzwedeln usw.). Ein so koordiniertes Wolfsrudel vermag einen großen Elch zu verfolgen, anzugreifen und zu töten (Abb. 57), was einem einzelnen

Wolf allein niemals möglich wäre. Wölfe sind ein gutes Beispiel für die Flexibilität, die Säugetiere durch die Koordination ihres Verhaltens gewinnen.

Wir finden bei den Wirbeltieren Interaktionsarten, die im wesentlichen visuell und auditiv sind und die ihnen erlauben, einen neuen Bereich von Phänomenen herzustellen, die von isolierten Individuen nicht hätten erzeugt werden können. Darin ähneln sie den sozialen Insekten, aber sie unterscheiden sich von ihnen durch die größere Flexibilität, die ihnen ihr Nervensystem und ihre audio-visuelle Koppelung erlaubt.

Bei den Primaten treten Situationen auf, die damit im wesentlichen vergleichbar sind. So zeigen zum Beispiel die Paviane, die die afrikanischen Savannen bewohnen und in ihrem Verhalten als natürliche Gruppe (sehr verschieden von ihrem Verhalten in Gefangenschaft!) sehr genau untersucht worden sind, eine ständige und vielfältige Interaktion unter den Individuen einer Gruppe auf der Grundlage von Ge-

Abb. 58 Eine Gruppe von Pavianen wandert.

sten, Körperhaltung (visuell) und Berührung (taktil) (vgl. I. De Vore u. K. R. Hall in: *Primate Behavior*, New York 1965, S. 20–53). Hierbei ist die Koppelung innerhalb der Gruppe geeignet, eine Dominanzhierarchie unter den Männchen herzustellen. Diese Hierarchie und die Gruppenkohäsion werden deutlich, wenn wir die Gruppe bei der Wanderung von einem Ort zum anderen oder bei der Begegnung mit einem Raubtier wie einem Löwen beobachten. Wenn die Gruppe wandert, gehen die dominanten Männchen, die Weibchen und die Jungtiere in der Mitte der Gruppe; andere junge und erwachsene Männchen sowie Weibchen halten sich strategisch vorn und hinten (Abb. 58).

Tagsüber widmen sich die Paviane ausgiebig dem Spiel und dem gegenseitigen Entlausen in einem ständigen interaktiven Tun. Innerhalb dieser Gruppen ist es außerdem möglich, den Ausdruck von etwas zu beobachten, was wir «individuelle Temperamente» nennen könnten: manche Paviane sind reizbare Individuen, andere Verführer oder Kundschafter und so weiter. Diese Verhaltensvielfalt gibt jeder Pavianherde ein eigenes Gepräge, wobei jedes Individuum ständig aufs neue seine Position in das Interaktionsnetz einfügt, das gemäß seiner Dynamik die

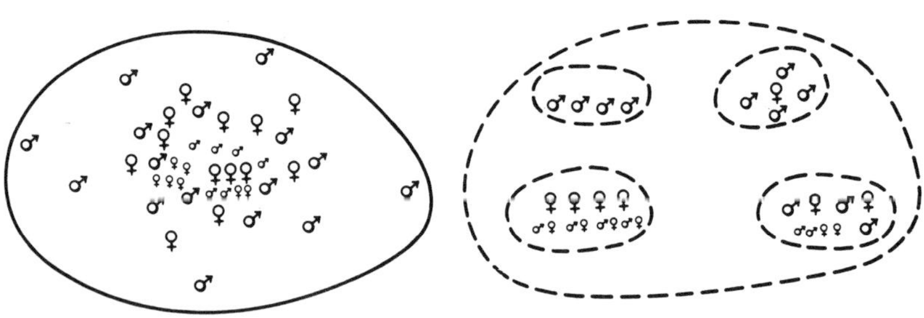

Abb. 59 Schema zum Vergleich der Verteilung der Individuen in einer Gruppe bei den Pavianen und bei den Schimpansen.
Links: Struktur einer Gruppe von Pavianen auf der Savanne. Die Abgrenzungsform (durchgezogene Linie) ist die einer geschlossenen Gruppe.
Rechts: Struktur einer Gruppe von Schimpansen im Wald. Die Abgrenzungsform (gestrichelte Linie) ist die einer offenen Gruppe.

Gruppe formt und das Ergebnis der Geschichte von Strukturkoppelung in der Gruppe ist. Trotz aller Unterschiede gibt es einen Organisationsstil in der Gruppe von Pavianen, der generell in jeder Herde vorkommt und daher die von allen geteilte phylogenetische Abstammung widerspiegelt.

Verschiedene Primatengruppen zeigen sehr verschiedene Arten und Stile der Interaktion. Die Mantelpaviane im Norden Afrikas sind gewöhnlich sehr aggressiv und ihre Dominanzhierarchien sehr starr. Die Schimpansen hingegen haben eine fließendere und variablere Gruppenorganisation, und sie bilden eher ausgedehnte familiäre Gruppen, die viel an individueller Beweglichkeit ermöglichen (Abb. 59). So hat jede Primatengruppe ihre Eigenarten.

Soziale Phänomene und Kommunikation

Unter sozialen Phänomenen verstehen wir Phänomene, die mit dem Zustandekommen von Koppelungen dritter Ordnung einhergehen, und unter sozialen Systemen die Einheiten dritter Ordnung, die so entstehen. Die Form, wie sich die Einheiten dieser Klasse verwirklichen, variiert von den Insekten bis zu den Huftieren oder den Primaten sehr stark. Dennoch ist ihnen allen gemeinsam, daß die bei Koppelungen dritter Ordnung entstehenden Einheiten, und seien sie auch nur vorläufig, eine besondere innere Phänomenologie erzeugen. *Diese soziale Phänomenologie beruht darauf, daß die beteiligten Organismen im wesentlichen ihre individuellen Ontogenesen als Teil eines Netzwerkes von Ko-Ontogenesen verwirklichen, das sie bei der Bildung von Einheiten dritter Ordnung hervorbringen.* Die Mechanismen, mittels deren dieses Netz hergestellt wird und mittels deren die das Netz bildenden Einheiten ihre Kohäsion aufrechterhalten, variieren von Fall zu Fall.

Soziale Phänomene

Als soziale Phänomene bezeichnen wir solche Phänomene, die mit der Teilnahme von Organismen an der Bildung von Einheiten dritter Ordnung durch rekursive Interaktionen zu tun haben, wobei diese Interaktionen eine operationale Umgrenzung definieren, die sie selbst einschließt.

Kommunikation

Als kommunikatives Verhalten bezeichnen wir als Beobachter solches Verhalten, das im Rahmen sozialer Koppelung auftritt; als Kommunikation bezeichnen wir jene Koordination des Verhaltens, die aus der sozialen Koppelung resultiert.

Die Bildung eines sozialen Systems beinhaltet die dauernde strukturelle Koppelung seiner Mitglieder, also ihre Ko-Ontogenese. Und jeder einzelne Organismus ist nur so lange Teil einer sozialen Einheit, wie er Teil jener reziproken strukturellen Koppelung ist. Als Beobachter können wir deshalb ein Verhalten reziproker Koordination zwischen den Mitgliedern beschreiben. Unter *Kommunikation* verstehen wir dabei das gegenseitige Auslösen von koordinierten Verhaltensweisen unter den Mitgliedern einer sozialen Einheit. Damit verstehen wir unter Kommunikation eine besondere Klasse von Verhaltensweisen, die mit oder ohne Anwesenheit eines Nervensystems beim Operieren von Organismen in sozialen Systemen auftritt. Ebenso wie wir zwischen instinktivem und erlerntem sozialem Verhalten unterscheiden können, können wir auch zwischen phylogenetischen und ontogenetischen Kommunikationsformen unterscheiden.

Der besondere Zug der Kommunikation ist also nicht, daß sie aus einem Mechanismus entsteht, der sich von anderem Verhalten unterscheiden läßt, sondern daß sie im Bereich sozialen Verhaltens auftritt. Dies ist ebenfalls für uns als Beschreiber unseres eigenen sozialen Verhaltens gültig, dessen Komplexität nicht bedeutet, daß unser Nervensystem anders operiert.

Das Kulturelle

Ein besonders schöner Fall von nicht-menschlicher Kommunikation ist der Gesang gewisser Vögel, unter anderem des Papageis und seiner nahen Verwandten. Diese Tiere leben gewöhnlich in einem dichten Urwald, in dem sie keinen oder nur wenig visuellen Kontakt miteinander haben. Unter diesen Bedingungen finden die Paare zusammen und koordinieren ihr Verhalten, indem sie einen gemeinsamen Sang hervorbringen. In Abbildung 60 sehen wir zum Beispiel das Sonagramm des Gesanges zweier afrikanischer Vögel (die Sonagraphie ist eine Methode, Klänge in zwei Dimensionen wie eine kontinuierliche musikalische Partitur zu registrieren). Beim Betrachten des Sonagramms erscheint es, als würde jeder Vogel die vollständige Melodie singen. Dem ist jedoch nicht so; man kann zeigen, daß diese Melodie in Wirklichkeit ein Duett darstellt, bei dem der eine Partner eine

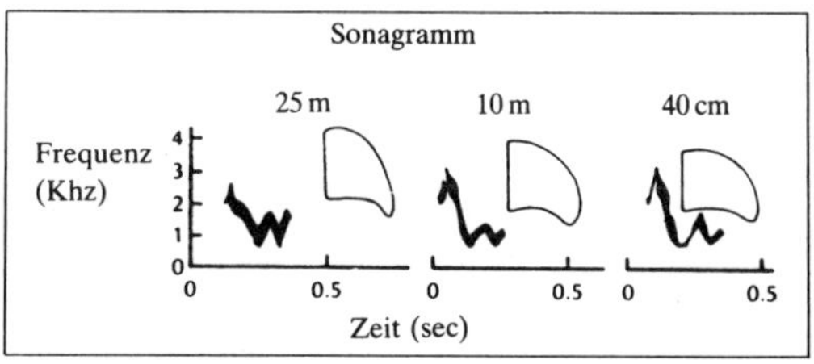

Abb. 60 Sonagramm des Gesangsduetts zweier afrikanischer Vögel.

Die Metapher der «Kommunikation durch eine Röhre»

Unsere Erörterung hat uns zu der Folgerung geführt, daß es, biologisch gesehen, in der Kommunikation keine «übertragene Information» gibt. Es gibt Kommunikation jedesmal, wenn in einem Bereich von Strukturkoppelung Verhaltenskoordination auftritt.

Diese Folgerung ist nur dann schockierend, wenn wir darauf bestehen, die beliebteste und von den sogenannten Kommunikationsmedien popularisierte Metapher für die Kommunikation nicht zu hinterfragen. Gemäß der «Röhren»-Metapher ist Kommunikation etwas, das an einer Stelle entsteht, durch eine Leitung (oder eine Röhre) übertragen und zum anderen Ende übermittelt wird. Demnach gäbe es also ein *Etwas*, das kommuniziert wird, und dieses wäre in dem enthalten, was in der Verbindungsröhre weitergeleitet wird. So sind wir gewohnt, von der «Information» zu sprechen, die in einem Bild, in einem Objekt oder im gedruckten Wort enthalten ist.

Gemäß unserer Analyse ist diese Metapher grundsätzlich falsch. Diese Vorstellung geht nämlich von nicht strukturdeterminierten Einheiten aus, für die Interaktionen vorschreibenden (instruierenden) Charakter haben, was bedeuten würde, daß das, was einem System in einer Interaktion geschieht, durch das perturbierende Agens und nicht durch seine strukturelle Dynamik determiniert ist. Dabei ist doch selbst im Alltag offensichtlich, daß Kommunikation so nicht stattfindet: Jede Person sagt, was sie sagt, und hört, was sie hört, gemäß ihrer eigenen Strukturdeterminiertheit; daß etwas gesagt wird, garantiert nicht, daß es auch gehört wird. Aus der Perspektive eines Beobachters gibt es in einer kommunikativen Interaktion immer Mehrdeutigkeit. Das Phänomen der Kommunikation hängt nicht von dem ab, was übermittelt wird, sondern von dem, was im Empfänger geschieht. Und dies hat wenig zu tun mit «übertragener Information».

Phrase anstimmt, die vom anderen fortgeführt wird. Jedes Paar hat seine eigene Melodie, die erst während ihrer Paarungsgeschichte spezifiziert wird. In diesem Fall (und im Gegensatz zu dem, was bei vielen anderen Vögeln geschieht) ist diese Kommunikation, die Verhaltenskoordination durch den Gesang, gänzlich ontogenetisch.

Bei diesem Beispiel ist bedeutsam, daß die besondere Melodie eines jeden Paares auf Grund der Koppelungsgeschichte der Partner einzigartig ist. Nehmen wir ein anderes Vogelpaar, und wir werden beobachten, daß sie eine andere Melodie schaffen. Darüber hinaus werden die Jungen jedes einzelnen Paares ihr eigenes Paarungsverhalten mit Melodien entwickeln,

Altruismus und Egoismus

Das Studium der ontogenetischen Koppelungen zwischen Organismen und ein Blick auf ihre große Universalität und Mannigfaltigkeit lassen ein Phänomen erkennen, das dem Sozialen eigen ist. Wenn die Antilope zurückbleibt und mehr als die anderen riskiert, kann man sagen, daß die Gruppe davon profitiert und nicht notwendigerweise und unmittelbar das Tier selbst. Wenn eine Ameisenarbeiterin sich nicht fortpflanzt und sich statt dessen damit beschäftigt, Nahrung für alle Sprößlinge des Ameisenbaus zu besorgen, kann man sagen, daß wieder die Gruppe den Vorteil hat und nicht unmittelbar sie selbst.

Alles geschieht, als ob es ein Gleichgewicht gäbe zwischen individueller Erhaltung und der Erhaltung der Gruppe als erweiterter Einheit, die das Individuum einschließt. In der Tat kommt es beim natürlichen Driften zu einem Gleichgewicht zwischen dem Individuellen und dem Kollektiven, solange die Organismen durch ihre strukturelle Koppelung zu einer Einheit höherer Ordnung (die ihren eigenen Existenzbereich hat) die Erhaltung dieser Einheit in die Dynamik der eigenen Erhaltung einschließen.

Die Ethologen haben Handlungen, die sich als für die Gruppe vorteilhaft beschreiben lassen, «altruistisch» genannt. Sie haben dabei einen Begriff gewählt, der eine Form menschlichen Verhaltens in Erinnerung ruft, die mit ethischen Konnotationen geladen ist. Andererseits hört man, daß Darwins Sichtweise auf das «Gesetz des Dschungels» hinauslaufe, wonach jedes Individuum egoistisch auf Kosten anderer und in rücksichtsloser Konkurrenz für seine eigenen Interessen sorgt.

Diese Vision des tierischen Lebens als egoistisch ist in zweifacher Hinsicht falsch. Zunächst weil die Naturgeschichte, wohin wir auch schauen, uns etwas anderes sagt. Denn Verhaltensweisen, die als altruistisch beschrieben werden können, sind fast universell. Sie ist auch deshalb falsch, weil die Mechanismen, die wir zum Verständnis des Driftens im animalischen Bereich aufgezeigt haben, nicht im geringsten dieser individualistischen Vision bedürfen, in der der Vorteil eines Individuums auf dem Schaden eines anderen beruht. Im Gegenteil: Eine solche Vision wäre mit diesen Mechanismen nicht vereinbar. In diesem Buch haben wir gesehen, daß die Existenz des Lebendigen sowohl im onto- als auch im phylogenetischen natürlichen Driften nicht auf Konkurrenz angelegt ist, sondern auf Erhaltung der Anpassung bei der Begegnung des Individuums mit dem Milieu, die zum Überleben des Angepaßten führt. Als Beobachter können wir die Bezugsebene unserer Beobachtung verändern und auch die Gruppeneinheit betrachten, für die notwendigerweise ebenfalls gilt, daß sie mittels ihrer Dynamik als Einheit ihre Anpassung in ihrem Existenzbereich aufrechterhält.

Im Hinblick auf die Gruppe als Einheit ist die Individualität der Mitglieder irrelevant, da sie alle im Prinzip austauschbar sind und die gleichen Relationen verwirklichen können. Für die Bestandteile als Lebewesen ist Individualität jedoch gerade die Bedingung für ihre Existenz. Es ist wichtig, diese beiden phänomenologischen Ebenen nicht zu verwechseln, wenn wir soziale Phänomene richtig verstehen wollen. Das Verhalten der Antilope beim Zurückbleiben hat mit der Erhaltung der Gruppe zu tun; darin kommen Eigenschaften zum Ausdruck, die für Antilopen charakteristisch sind, solange die Gruppe durch Koppelung der Individuen als Einheit existiert.

Zur gleichen Zeit verwirklicht sich dieses altruistische Verhalten der individuellen Antilope im Bezug auf die Gruppe als Ergebnis der Strukturkoppelung der Antilope mit einem Milieu, zu dem auch die Gruppe gehört. Insofern ist dieses Verhalten auch Ausdruck *individueller* Erhaltung, das heißt der Anpassung als Individuum. Es liegt demnach im Verhalten der Antilope kein Widerspruch vor, solange sie ihre Individualität als Mitglied einer Gruppe verwirklicht: Sie ist auf «altruistische Weise» ein Egoist und zugleich auf «egoistische Weise» ein Altruist, da ihre individuelle Verwirklichung die strukturelle Koppelung mit der Gruppe, zu der sie gehört, einschließt.

All diese Erwägungen sind auch für den menschlichen Bereich gültig, wenn auch in modifizierter Form, weil die Besonderheit der Sprache als Modus menschlicher sozialer Koppelung einzubeziehen ist, wie wir im weiteren sehen werden.

die anders sein werden, als die Melodie ihrer Eltern. Die besondere Melodie jedes Paares besteht nur, solange die beteiligten Individuen leben. Diese Situation ist von einem anderen, auch gänzlich ontogenetischen Verhalten sehr verschieden, das wir mit einem anekdotischen Beispiel aus England illustrieren können. In London und Umgebung wurden vor nicht allzu langer Zeit neue Milchflaschen eingeführt, die mit einer dünnen Aluminiumfolie statt mit Hartpappe abgedeckt waren. Diese neuen Deckel waren dünn genug, daß ein Vogel sie aufpicken konnte. Und so lernten einige Vögel, nämlich die Kohlmeisen, in wenigen Tagen nach jener Veränderung, durch die Dekkel zu picken und von der Sahne an der Oberfläche zu naschen. Das Interessante ist, daß dieses Verhalten sich von jenem Zentrum ausgehend über alle anderen britischen Inseln ausbreitete, so daß dort in kurzer Zeit alle Kohlmeisen den Trick erlernt hatten, sich ein gutes Frühstück zu besorgen.

Die Wirbeltiere verfügen über eine sehr wesentliche und einzigartige Tendenz, die *Nachahmung*. Was die Nachahmung in Begriffen der Neurophysiologie genau ist, läßt sich nicht einfach sagen; als Verhalten ist sie jedoch offensichtlich. Was mit dem lokalen Verhalten mancher Kohlmeisen begonnen hatte, breitete sich mittels dieser Tendenz schnell aus. Die Nachahmung ermöglicht, daß eine bestimmte Art von Interaktion über die Ontogenese eines Individuums hinausreicht und sich mehr oder weniger invariant im Verlauf der nachfolgenden Generationen aufrechterhält. Wenn die Jungen der Kohlmeise in Großbritannien nicht nachahmen könnten, müßte die Gewohnheit, Sahne aus den Milchflaschen zu fressen, in jeder Generation neu erfunden werden.

Einer der berühmtesten Fälle sozialer transgenerationaler Erhaltung eines gelernten Verhaltens wurde bei zoologischen Studien auf einer Inselgruppe Ja-

Abb. 61 Ein Makak-Affe aus Japan wäscht seine Kartoffeln.

pans beobachtet, wo man die dortigen Makak-Affen sehr detailliert studierte (Abb. 61). Im Rahmen ihrer Untersuchungen der Makaken legten die Forscher Kartoffeln und Weizen auf den Sand des Strandes (vgl. S. Kawamura, *J. Primatol.* 2: 43, 1959). Dadurch kamen die Affen, die normalerweise den angrenzenden Wald bewohnten, heraus auf den Strand, wo sie besser zu beobachten waren. Nach einiger Zeit machten sich die Makaken mehr und mehr mit dem Strand, den Felsen und dem Meer vertraut. Eine der Beobachtungen, die im Verlauf dieser Transformationen gemacht wurde, war, daß ein besonders kluges Weibchen, Imo genannt, eines Tages entdeckte, daß es Kartoffeln im Wasser waschen und so den Sand entfernen konnte, der es beim Fressen der Kartoffeln störte. In wenigen Tagen hatten die anderen Makaken, insbesondere die Jungen, Imo nachgeahmt und wuschen ihre Kartoffeln ebenfalls. Auch dieses Ver-

Organismen und Gesellschaften

Organismen und Gesellschaften gehören einer gleichen Klasse von Metasystemen an. Diese werden durch die Verbindung von autonomen Einheiten gebildet, die zellulär oder metazellulär sein können. Ein Beobachter kann die verschiedenen Metasysteme, die zu dieser Klasse gehören, nach dem Grad der Autonomie unterscheiden, die er bei den Komponenten für möglich hält. Wenn er sie in eine Skala je nach dem Grad einordnet, in dem die Komponenten in ihrer Verwirklichung als autonome Einheiten von der Beteiligung am Metasystem abhängen, werden die Organismen und die menschlichen sozialen Systeme an entgegengesetzten Enden dieser Skala stehen.
Die Organismen wären demnach Metasysteme mit Komponenten von minimaler Autonomie, das heißt mit Komponenten mit geringem Ausmaß an unabhängiger Existenz. Hingegen wären menschliche Gesellschaften Metasysteme mit Komponenten maximaler Autonomie, das heißt mit Komponenten, die viele Dimensionen unabhängiger Existenz haben. Gesellschaften, die von anderen Metazellern wie zum Beispiel Insekten gebildet werden, wären auf der Skala zwischen diesen Extremen lokalisiert. Die Unterschiede zwischen diesen verschiedenen Metasystemen sind operationaler Natur, und sie können sich beim Auftreten einiger Veränderungen ihrer jeweiligen inneren und relationalen Dynamik in die eine oder andere Richtung dieser Skala verlagern.
Zur Verdeutlichung stellen wir einen Vergleich an zwischen Organismen und menschlichen sozialen Systemen: Die Organismen haben als metazelluläre Systeme eine operationale Geschlossenheit, die aus der reziproken Strukturkoppelung der sie bildenden Zellen entsteht. Der wichtigste Aspekt der Organisation eines Organismus ist seine Weise, Einheit in einem Milieu zu sein, in dem er mit stabilen Eigenschaften operieren muß, welche ihm die Erhaltung der Anpassung im Milieu erlauben, wie auch immer die spezifischen Eigenschaften seiner Bestandteile sein mögen. Dies hat eine grundlegende evolutive Konsequenz: Bei Organismen einer bestimmten Abstammung werden im Zuge der Erhaltung ihrer Anpassung Eigenschaften der zellulären Bestandteile in einem rekursiven Selektionsprozeß stabilisiert. Daß dies so ist, zeigt sich an der genetischen und ontogenetischen Stabilität der Zellprozesse bei Organismen einer jeden Spezies und am Vorliegen von organischen Prozessen, die jene Zellen vernichten können, die die Norm des Organismus überschreiten.
Bei menschlichen sozialen Systemen liegt der Fall anders. Sie haben als menschliche Gemeinschaften zwar auch eine operationale Geschlossenheit, die sich aus der Strukturkoppelung ihrer Mitglieder ergibt, aber menschliche soziale Systeme existieren für ihre Komponenten auch als Einheit im Bereich der Sprache. Die Identität menschlicher sozialer Systeme hängt deshalb von der Erhaltung der Anpassung der Menschen nicht nur als Organismen im allgemeinen Sinne ab, sondern auch als Bestandteile der sprachlichen Bereiche, die von ihnen gebildet werden. Die Evolutionsgeschichte des Menschen ist in ihrer Anbindung an das Sprachverhalten eine Geschichte, in der jene ontogenetische Verhaltensplastizität selektiert worden ist, die die Sprachbereiche ermöglicht hat. Sie ist ebenfalls eine Geschichte, in der die Erhaltung der Anpassung des Menschen als Organismus verlangt, daß er in einem solchen Sprachbereich operiert und besagte Plastizität erhält. So, wie die Existenz eines Organismus die operationale Stabilität seiner Bestandteile voraussetzt, setzt die Existenz eines sozialen Systems die operationale (ver-

haltensmäßige) Plastizität seiner Komponenten voraus. Und so, wie Organismen einer nichtsprachlichen Strukturkoppelung zwischen ihren Komponenten bedürfen, bedürfen menschliche soziale Systeme in sprachlichen Bereichen miteinander strukturgekoppelter Komponenten. In diesen sprachlichen Bereichen können die Mitglieder sprachlich operieren und dadurch auch Beobachter sein.
Das für die Arbeitsweise eines Organismus Wichtigste ist also der Organismus selbst, bei dessen Bildung die Eigenschaften der beteiligten Komponenten eingeschränkt werden. Hingegen ist das Zentrale beim Operieren eines menschlichen sozialen Systems der von den Komponenten (Mitgliedern) erzeugte sprachliche Bereich sowie die Erweiterung der Eigenschaften der Mitglieder. Dies stellt eine notwendige Bedingung für die Verwirklichung der Sprache dar, die den Existenzbereich der Komponenten darstellt. Der Organismus schränkt die individuelle Kreativität der ihn bildenden Einheiten ein, da diese Einheiten *für den Organismus* existieren. Das menschliche soziale System erweitert die individuelle Kreativität seiner Mitglieder, da das System *für die Mitglieder* existiert.
Kohärenz und Harmonie in den Relationen und Interaktionen zwischen den Bestandteilen eines jeden Organismus gehen in dessen Entwicklung als Individuum auf genetische und ontogenetische Faktoren zurück, welche die strukturelle Plastizität seiner Bestandteile einschränken. Kohärenz und Harmonie in den Beziehungen und Interaktionen zwischen den interagierenden Bestandteilen eines menschlichen sozialen Systems gehen auf die Kohärenz und Harmonie des Wachstums seiner Mitglieder im Prozeß des sozialen Lernens im System zurück. Dabei wird das soziale Lernen von dem jeweiligen sozialen (sprachlichen) Operieren definiert, welches dank der genetischen und ontogenetischen Prozesse, die den Mitgliedern strukturelle Plastizität verleihen, möglich ist.
Aus diesem Grund stehen Organismen und menschliche soziale Systeme an entgegengesetzten Enden der Skala von Metasystemen, die durch die Verbindung von Zellsystemen jedweder Ordnung entstehen. Unter ihnen gibt es außer den verschiedenartigen, von anderen Tieren gebildeten sozialen Systemen auch jene menschlichen Gemeinschaften, die Zwangsmechanismen zur Stabilisierung aller Verhaltensdimensionen ihrer Mitglieder heranziehen und dadurch entartete soziale Systeme im menschlichen Bereich darstellen. Solche zwangsstabilisierten Systeme verlieren ihre Eigenschaft als «soziale» Systeme; sie werden unmenschlich, da sie ihre Mitglieder depersonalisieren. Sie ähneln mehr einem Organismus als einem menschlichen sozialen System, wie das zum Beispiel bei dem Stadtstaat Sparta der Fall war. Organismen und menschliche soziale Systeme lassen sich daher nicht vergleichen, ohne daß man die eigentlichen Merkmale ihrer jeweiligen Komponenten verzerrt oder negiert.
Jede Analyse der menschlichen sozialen Phänomenologie, die die erörterten Erwägungen nicht berücksichtigt, wird deshalb fehlerhaft sein, da sie die biologischen Grundlagen dieser Phänomenologie unberücksichtigt läßt.

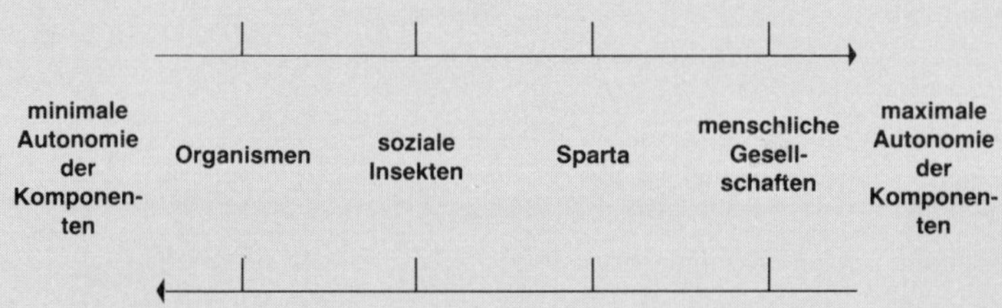

halten weitete sich im Verlauf von wenigen Monaten auf alle angrenzenden Kolonien aus.

Imo erwies sich als ein erstaunlich kluger Makak; einige Monate nach der Erfindung des Kartoffelwaschens erfand sie ein weiteres Verfahren. Es bestand darin, die mit Sand gemischten, schwer zu fressenden Weizenkörner ins Meer zu werfen und abzuwarten, bis der Sand heruntersank, um sodann die sauberen Weizenkörner von der Oberfläche einzusammeln. Diese zweite Erfindung Imos weitete sich wie die erste nach und nach auf alle Kolonien der Insel aus. Die Alten waren immer am langsamsten beim Übernehmen dieser neuen Verhaltensformen.

Jene Verhaltenskonfigurationen, die im Rahmen der kommunikativen Dynamik eines sozialen Milieus ontogenetisch erworben werden und über Generationen stabil bleiben, bezeichnen wir als *kulturelles* Verhalten. Dieser Name sollte nicht überraschen, da er den gesamten Verbund von ontogenetisch erworbenen kommunikativen Interaktionen bezeichnet, die der Geschichte einer Gruppe eine gewisse Kontinuität verleihen, welche über die besondere Geschichte der beteiligten Individuen hinausreicht. Die Nachahmung und die ständige Selektion von Verhalten innerhalb der Gruppe spielen hier eine wesentliche Rolle; sie führen zur Herstellung der Koppelung der Jungen mit den Erwachsenen. Dadurch kommt es zu einer bestimmten Ontogenese, deren Ausdruck wir im menschlichen Bereich als kulturelles Phänomen bezeichnen. Kulturelles Verhalten entsteht also nicht aus einem besonderen Mechanismus; es stellt nur einen besonderen Fall von kommunikativem Verhalten dar. Das Besondere daran ist, daß es als Konsequenz eines sozialen Lebens über viele Generationen hinweg entsteht, wobei die Mitglieder dieses sozialen Gefüges dauernd durch neue abgelöst werden.

Kulturelles Verhalten

Unter kulturellem Verhalten verstehen wir die generationenübergreifende Stabilität von ontogenetisch erworbenen Verhaltensmustern in der kommunikativen Dynamik eines sozialen Milieus.

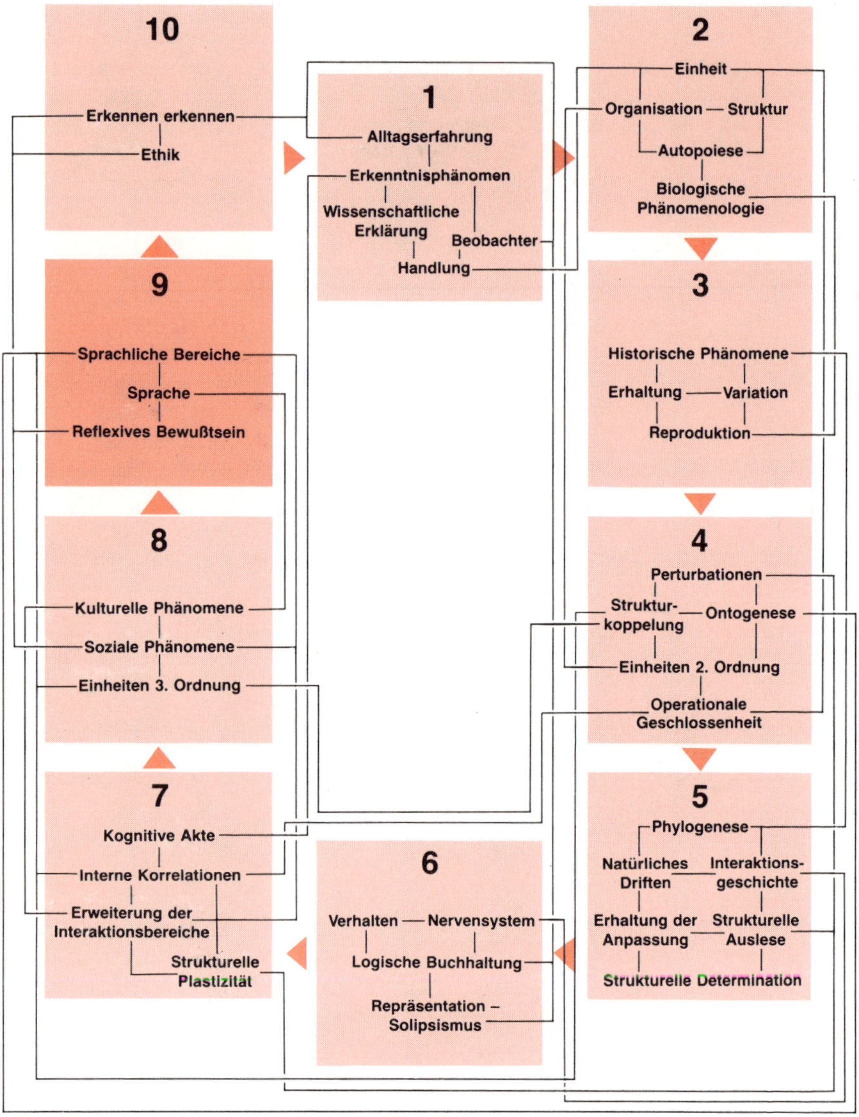
10
Erkennen erkennen
Ethik
9
Sprachliche Bereiche
Sprache
Reflexives Bewußtsein
8
Kulturelle Phänomene
Soziale Phänomene
Einheiten 3. Ordnung
7
Kognitive Akte
Interne Korrelationen
Erweiterung der Interaktionsbereiche
Strukturelle Plastizität
1
Alltagserfahrung
Erkenntnisphänomen
Wissenschaftliche Erklärung
Beobachter
Handlung
6
Verhalten
Nervensystem
Logische Buchhaltung
Repräsentation – Solipsismus
2
Einheit
Organisation
Struktur
Autopoiese
Biologische Phänomenologie
3
Historische Phänomene
Erhaltung
Variation
Reproduktion
4
Perturbationen
Struktur-koppelung
Ontogenese
Einheiten 2. Ordnung
Operationale Geschlossenheit
5
Phylogenese
Natürliches Driften
Interaktions-geschichte
Erhaltung der Anpassung
Strukturelle Auslese
Strukturelle Determination

9 Sprachliche Bereiche und menschliches Bewußtsein

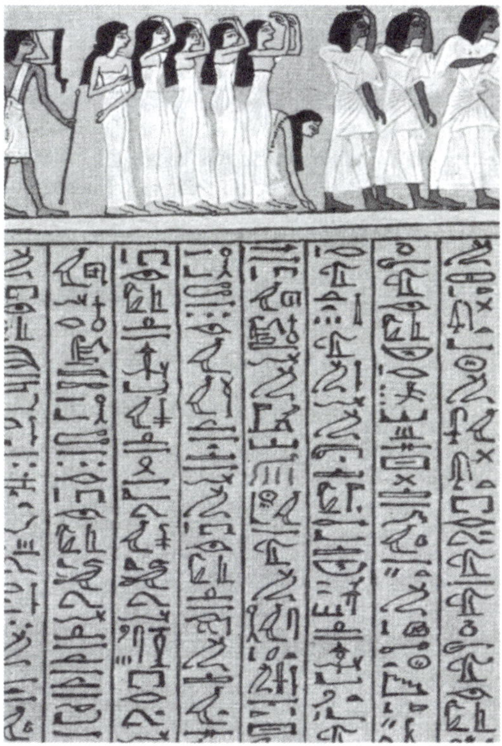

Abb. 62 Ägyptische Schrifttafel.

Einer unserer Freunde wurde jeden Morgen bei Sonnenaufgang durch seine Katze geweckt, die auf der Klaviertastatur herumspazierte. Wenn unser Freund dann aufstand, stand die Katze neben der Terrassentür und sprang fröhlich hinaus, sobald er die Tür aufmachte. Stand er nicht auf, spazierte die Katze erneut auf dem Klavier herum und machte dabei einen wenig harmonischen Lärm.

Es scheint ganz natürlich, das Verhalten dieser Katze so zu beschreiben, als würde sie unserem Freund ihren Wunsch, in den Garten zu gehen, «signalisieren». Dies wäre eine *semantische* Beschreibung des Verhaltens unseres Freundes und seiner Katze. Dennoch wissen wir, daß die Interaktion zwischen ihnen nur als eine gegenseitige Auslösung von Zustandsveränderungen gemäß ihrer jeweiligen Strukturdeterminiertheit stattgefunden hat. Dies ist wieder eine Gelegenheit dafür, streng bei unserer logischen Buchhaltung zu bleiben, indem wir genau unterscheiden zwischen dem Operieren eines Organismus und der Beschreibung seiner Verhaltensweisen.

Es gibt zweifellos viele ähnliche Situationen, in denen wir eine semantische Beschreibung auf ein soziales Phänomen anwenden können. Wir nehmen uns dabei zumeist einige literarische beziehungsweise metaphorische Freiheit heraus. Die Situation wird dadurch vergleichbar mit einer sprachlichen menschlichen Interaktion, wie wir sie zum Beispiel in Märchen finden. Dies alles verlangt, daß wir uns den Vorgang genauer ansehen.

Semantische Beschreibungen

Im letzten Kapitel haben wir gesehen, daß zwei oder mehr Organismen, wenn sie rekursiv interagieren, eine soziale Koppelung erzeugen. Darin beziehen sich beide bei der Verwirklichung ihrer jeweiligen Autopoiesen gegenseitig ein. Die Verhaltensweisen, die in diesen sozialen Koppelungsbereichen auftreten, sind, wie wir sagten, kommunikativ und können angeboren oder erworben sein.

Sowohl instinktives als auch erlerntes Verhalten kann uns als Beobachtern als Koordination von Aktivität erscheinen, und beides läßt sich von einem Beobachter in semantischen Begriffen beschreiben – so als ob das, was den Verlauf der Interaktion determiniert, die Bedeutung wäre und nicht die Dynamik der strukturellen Koppelung der interagierenden Organismen. Diese beiden Arten von kommunikativem Verhalten unterscheiden sich jedoch in Hinsicht auf die Strukturen, die sie möglich machen. Angeborenes Verhalten ist abhängig von den Strukturen, die im Verlauf der Entwicklung des Organismus unabhängig von seiner individuellen Ontogenese entstehen. Erworbenes kommunikatives Verhalten ist abhängig von der individuellen Ontogenese des Organismus und von seiner besonderen Geschichte von sozialen Interaktionen.

Im letzteren Fall kann der Beobachter leicht eine semantische Beschreibung geben, indem er behauptet, daß die Bedeutung der verschiedenen kommunikativen Verhaltensweisen im Verlauf der Ontogenese der teilnehmenden Organismen entsteht, und zwar in Abhängigkeit von ihrer besonderen Geschichte der Koexistenz. Solches erlerntes kommunikatives Verhalten nennen wir einen *sprachlichen Bereich,* da es die Grundlage der Sprache darstellt, mit dieser aber noch nicht identisch ist.

Der Leser bedarf keiner weiteren Beispiele für sprachliche Bereiche. Im vergangenen Kapitel sind

Sprachlicher Bereich

Immer wenn ein Beobachter die Interaktionen zwischen zweien oder mehreren Organismen so beschreibt, als würde die Bedeutung, die er den Interaktionen zuschreibt, den Verlauf dieser Interaktionen bestimmen, gibt der Beobachter eine *semantische* Beschreibung.

Als *sprachlich* bezeichnen wir ein ontogenetisches kommunikatives Verhalten (d.h. ein Verhalten, das in der ontogenetischen Strukturkoppelung von Organismen entsteht), welches ein Beobachter *semantisch* beschreiben kann.

Als *sprachlichen Bereich* eines Organismus bezeichnen wir den Bereich all seiner sprachlichen Verhaltensweisen. Die sprachlichen Bereiche sind im allgemeinen variabel und verändern sich im Lauf der Ontogenese der sie erzeugenden Organismen.

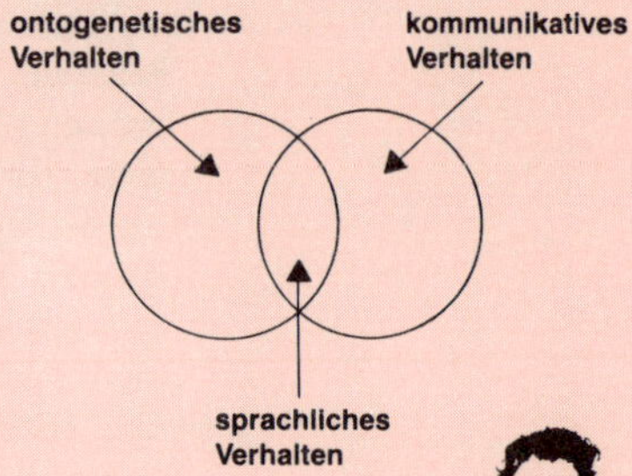

wir einigen begegnet, haben sie aber nicht als solche bezeichnet, da es dort um das Soziale im allgemeinen ging. So ist der Duettgesang der Vögel ein Beispiel für sprachliche Interaktion. Es wäre eine gute Übung für den Leser, das letzte Kapitel noch einmal zu lesen und dabei darauf zu achten, welche der dort beschriebenen kommunikativen Verhaltensweisen als sprachlich bezeichnet werden können. Es wird ihm dann auch auffallen, wie leicht es ist, diese Beispiele in semantischen Begriffen zu beschreiben.

Beachten wir, daß die Wahl des Begriffes «sprachlicher Bereich» – ähnlich wie bei dem Begriff des «kognitiven Aktes» – nicht willkürlich ist. Damit soll zum Ausdruck gebracht werden, daß sprachliches Verhalten beim Menschen in der Tat Verhalten in einem Bereich gegenseitiger ontogenetischer Strukturkoppelung darstellt, den wir Menschen als ein Ergebnis unserer kollektiven Ko-Ontogenese herstellen und aufrechterhalten. In anderen Worten: Wenn wir Wörter als Bezeichnungen von Objekten oder Situationen in der Welt verstehen, geben wir als Beobachter eine Beschreibung, die die Tatsache der Strukturkoppelung, in der Wörter ontogenetisch festgelegte Koordinationen von Verhalten sind, nicht widerspiegelt. Eine solche Beschreibung widerspricht auch unserem Verständnis von einem Nervensystem, das *nicht* mit Repräsentationen einer unabhängigen Welt arbeitet.

Im Gegensatz dazu bildet das angeborene kommunikative Verhalten, dessen Stabilität von der genetischen Stabilität der Spezies und nicht von der kulturellen Stabilität des sozialen Systems, in dem es stattfindet, abhängt, keinen sprachlichen Bereich. Solches Verhalten bringt keinen ontogenetisch erzeugten Bereich der Koordination von kommunikativem Verhalten hervor. Die sogenannte «Sprache» der Bienen zum Beispiel ist also keine Sprache, sondern eine Mischung von instinktivem und sprachlichem Verhalten. Es handelt sich dabei um eine im wesentlichen phylogenetische Verhaltenskoordination, die jedoch einige gruppenspezifische Variationen oder «Dialekte» ontogenetischer Herkunft aufweist.

So gesehen, ist der Mangel an Ähnlichkeit zwischen einem bestimmten sprachlichen Verhalten und der Aktivität, die dadurch koordiniert wird (gibt es irgendeine Ähnlichkeit zwischen dem Wort «Tisch» und dem, was wir tun, wenn wir einen Tisch kennzeichnen?), gar nicht unerwartet und mit dem der Strukturkoppelung zugrunde liegenden Mechanismus vollständig konsistent. Es kann in der Tat zahllose Weisen geben auf die rekursive Interaktionen, die zu einer Verhaltenskoordination führen, zwischen Individuen hergestellt werden (wie z. B. «Tisch», *«table», «mesa»*). Was dabei relevant ist, ist die Koordination der Aktivität, zu der sie führen, und nicht die Form,

Sprache

Wir operieren in der Sprache, wenn ein Beobachter feststellen kann, daß die Objekte unserer sprachlichen Unterscheidungen Elemente unseres sprachlichen Bereiches sind. Sprache ist ein fortdauernder Prozeß, der aus dem In-der-Sprache-Sein besteht und nicht in isolierten Verhaltenseinheiten.

die sie annehmen. Tatsächlich entstehen sprachliche Bereiche als ein kulturelles Driften in einem sozialen System, dem – wie beim genetischen Driften der Lebewesen – kein Entwurf zugrunde liegt. Der Prozeß ist der einer Transformation von Verhalten bedingt durch die Erhaltung des sozialen Systems mittels des Verhaltens seiner Bestandteile.

Menschliche Wesen sind nicht die einzigen Tiere, die in ihrer sozialen Existenz sprachliche Bereiche hervorbringen. Den Menschen eigentümlich ist jedoch, daß sie in ihrer sprachlichen Verhaltenskoordination einen neuen Bereich von Phänomenen hervorbringen, nämlich das *Reich der Sprache*. Dieses entsteht durch die ko-ontogenetische Koordination ihrer Handlungen. Wesentlich für einen sprachlichen Bereich ist das ko-ontogenetische strukturelle Driften, zu dem es kommt, indem die Mitglieder eines sozialen Systems zusammenleben. Einem Beobachter des sozialen Systems wird es von seinem außengelegenen Standpunkt als ein außergewöhnliches Zusammenspiel in einem Tanz von Koordinationen erscheinen. Diese Koordinationen des Verhaltens bringen verschiedene Entitäten hervor.

Im Fluß rekursiver sozialer Interaktionen tritt *Sprache* dann auf, wenn die Operationen in einem sprachlichen Bereich zur Koordination von Handlungen in Hinsicht auf Handlungen führen, die *zum sprachlichen Bereich selbst* gehören. Wenn die Sprache entsteht, dann entstehen auch Objekte als sprachliche Unterscheidungen sprachlicher Unterscheidungen, die die Handlungen verschleiern, die sie koordinieren. So koordiniert das Wort «Tisch» unsere Handlungen in Hinsicht auf die Handlungen, die wir ausführen, wenn wir mit einem «Tisch» umgehen. Der Begriff «Tisch» verschleiert uns jedoch die Handlungen, die (als Handlungen des Unterscheidens) einen Tisch konstituieren, indem sie ihn hervorbringen. Mit anderen Worten: Wir sind in der Sprache, oder – noch besser – wir «sprachen» nur dann, wenn wir durch eine reflexive Handlung eine sprachliche Unterscheidung einer sprachlichen Unterscheidung treffen. In der Sprache zu operieren, bedeutet also in einem Bereich kongruenter, ko-ontogenetischer Strukturkoppelung zu operieren.

Es würde den Rahmen dieses Buches sprengen, wollten wir in eine tiefergehende Erörterung der vielen Dimensionen der Sprache beim Menschen einsteigen – dies wäre ein Buch für sich. Für unsere Zwecke können wir aber das *Grundmerkmal* der Sprache, die auf radikale Weise die menschlichen Verhaltensbereiche modifiziert und dabei neue Phänomene wie die der Reflexion und des Bewußtseins ermöglicht, identifizieren. Dieses Merkmal ist, daß die Sprache dem, der damit operiert, *die Beschreibung seiner selbst* und der Umstände seiner Existenz erlaubt – und zwar mit Hilfe sprachlicher Unterscheidungen von sprachlichen Unterscheidungen. Damit wollen wir uns in diesem Kapitel beschäftigen.

Für einen Beobachter erscheinen sprachliche Koordinationen von Handlungen als Unterscheidungen – sprachliche Unterscheidungen. Sie beschreiben Objekte im sprachlichen Milieu jener, die in einem sprachlichen Bereich operieren. Wenn ein Beobachter also in einem sprachlichen Bereich operiert, operiert er in einem Bereich von Beschreibungen. Außerdem vollzieht sich Sprache als ein Phänomen in der Rekursion sprachlicher Interaktionen, das heißt, in sprachlichen Koordinationen sprachlicher Koordinationen von Handlungen. Der sprachliche Bereich wird deshalb Teil des Milieus, in dem sprachliche Koordinationen von Handlungen stattfinden, und Sprache erscheint einem Beobachter als ein Bereich der Beschreibungen von Beschreibungen. Was ein Beobachter jedoch tut, ist genaugenommen folgendes: Er macht sprachliche Unterscheidungen sprachlicher Unterscheidungen oder, wie ein anderer Beobachter sagen würde, ontogenetisch erzeugte Beschreibungen von Beschreibungen. Das Beobachten entsteht deshalb mit der Sprache als eine Ko-Ontogenese in der Beschreibung von Beschreibungen. Mit der Sprache entsteht auch der Beobachter als ein sprachmächtiges Wesen. Indem es in der Sprache mit anderen Beobachtern operiert, erzeugt dieses Wesen das Ich und seine Umstände als sprachliche Unterscheidungen im Rahmen seiner Teilnahme an einem sprachlichen Bereich. Auf diese Weise entsteht Bedeutung (Sinn) als eine Beziehung von sprachlichen Unterscheidungen. Und Bedeutung/Sinn wird Teil unseres Bereiches der Erhaltung der Anpassung.

All das ist es, was das Menschsein beinhaltet. Wir machen Beschreibungen der Beschreibungen, die wir machen (wie es auch dieser Satz tut). Ja, in der Tat, wir sind Beobachter und existieren in einem sprachlichen Bereich, der durch unser Operieren in der Sprache unter Erhaltung der Anpassung erzeugt wird.

Bei den Insekten beruht, wie wir gesehen haben, die Kohäsion der sozialen Einheit auf einer chemischen Interaktion, der Tropholaxis. Bei uns Menschen basiert die soziale Einheit auf «Linguolaxis», einer sprachlichen Tropholaxis – auf einem sprachlichen Bereich, der aus der ontogenetischen Koordination von Handlungen entsteht. Wir menschliche Wesen sind nur in der Sprache menschliche Wesen, und weil wir über die Sprache verfügen, gibt es keine Grenzen dafür, was beschrieben, vorgestellt und miteinander in Zusammenhang gebracht werden kann. Und dies durchsetzt grundsätzlich unsere gesamte Ontogenese als Individuen, vom Gehen über Einstellungen bis zur Politik. Aber bevor wir diese Konsequenzen der Sprache genauer untersuchen, sehen wir uns zunächst an, wie Sprache entstanden sein mag und daß ihre Entstehung im natürlichen Driften der Lebewesen als Möglichkeit immer vorhanden ist.

Naturgeschichte der menschlichen Sprache

Lange Zeit war es ein Dogma unserer Kultur, daß die Sprache absolut und ausschließlich ein menschliches Privileg ist, das uns unendlich weit über die Fähigkeiten von anderen Tieren erhebt. In den letzten Jahren ist diese Vorstellung jedoch immer mehr auf dem Rückzug. Dies geht zum Teil auf die immer größer werdende Zahl von Studien über das Tierleben zurück. Dabei hat sich erwiesen, daß manche Tiere wie Affen und Delphine mit viel reicheren Möglichkeiten des kommunikativen Verhaltens ausgestattet sind, als wir bereit waren, ihnen zuzugestehen. Diese Studien haben gezeigt, daß die höheren Primaten durchaus imstande sind, mit uns auf immer umfassendere Weise in sprachlichen Bereichen zu interagieren.

Es ist anzunehmen, daß der Mensch seit jeher versucht hat, Affen wie den Schimpansen, die dem Menschen so ähnlich sind, das Sprechen beizubringen. Aber erst in den dreißiger Jahren weist die wissenschaftliche Literatur einen systematischen Versuch auf. Die Kelloggs in den Vereinigten Staaten zogen ein Schimpansenbaby zusammen mit dem eigenen Sohn auf, in der Absicht, ihm das Sprechen beizubringen. Dies mißlang fast vollständig. Das Tier war unfähig, die zum Sprechen nötigen Stimm-Modulationen zu reproduzieren. Einige Jahre später kam ein anderes Paar aus den Vereinigten Staaten, die Gardners, auf die Idee, daß es den Schimpansen vielleicht gar nicht an sprachlicher Fähigkeit mangelt, sondern daß ihre Fähigkeit sich nur nicht vokal, sondern in Gebärden ausdrückt. Sie beschlossen, das Experiment der Kelloggs zu wiederholen, diesmal aber unter Anwendung des «Ameslan» als System sprachlicher Interaktionen. Ameslan ist die in Amerika entwickelte, reichste und umfassendste Gebärdensprache für Taubstumme, die heute international verwendet wird (Abb. 63; vgl. R. A. Gardner u. B. T. Gardner in: *Science* 165: 664, 1969).

Washoe, die Schimpansin der Gardners, bewies, daß sie nicht nur Ameslan erlernen konnte; sie entwickelte sich auch derart darin, daß man sagen könnte, sie habe gelernt zu «sprechen». Das Experiment hatte 1966 begonnen, als Washoe ein Jahr alt war. Als sie fünf Jahre alt wurde, hatte Washoe ein Reper-

Abb. 63 Ameslan ist keine phonetische, sondern eine idiographische Sprache. Hier lernt der Gorilla Coco die Gebärde für «Maschine».

Abb. 64 Sprachliche Interaktion zwischen den Arten.

toire von etwa 200 Gesten erlernt, einschließlich Gesten, die der Funktion von Verben, Adjektiven oder Substantiven in der gesprochenen Sprache entsprechen (Abb. 64).

Nun ist allein das Erlernen gewisser Handbewegungen, um eine Belohnung zu bekommen, noch keine besondere Leistung – wie jeder Zirkusdompteur weiß. Die Frage ist: Benutzt Washoe diese Gebärden auf eine Weise, die uns davon überzeugt, daß sie als *Sprache* benutzt werden, also so wie bei einem Gespräch in Ameslan unter Taubstummen? Fünfzehn Jahre später, nachdem viele Stunden der Forschung verstrichen und viele andere Schimpansen und Gorillas durch verschiedene Forschergruppen trainiert worden sind, ist die Antwort auf diese Frage noch immer heiß umstritten.

Die Antwort hängt natürlich davon ab, was man unter «Sprache» versteht. Einige Forscher haben sich auf die Fähigkeit der untersuchten Tiere konzentriert, neue Verkettungen von Wörtern hervorzubringen. Andere haben nach grammatik-artigen Regelmäßigkeiten gesucht. So ist zum Beispiel für Lucy, eine andere Schimpansin, die wie Washoe trainiert wurde, eine Wassermelone ein «Frucht-Trinken» oder ein «Süß-Trinken», und ein starker Rettich ist ein «Essen-Weinen-Stark». Und obwohl sie eine Geste für «Kühlschrank» erlernt hatte, zog es Washoe statt dessen vor, «Öffnen-Trinken-Essen» zu signalisieren.

Für uns ist die Frage, ob solche Beobachtungen einen Beweis für die Sprachmächtigkeit der Tiere darstellen, präzise zu beantworten. Wir müssen uns fragen: Können diese Primaten mit Hilfe der Zeichensprache in einem sprachlichen Bereich mit anderen interagieren, indem sie sprachliche Unterscheidungen sprachlicher Unterscheidungen machen? Benutzen sie Ameslan in rekursiven Unterscheidungen der Handlungen, die sie ausführen? Ist es nicht genau das, was Lucy tut, wenn sie, am Rande eines Wutanfalls, weil ihre «Eltern» sie gerade verlassen haben, sich zu ihren Wärtern umdreht und ihnen signalisiert: «Lucy weinen»? «Lucy» und «weinen» sind in diesem Beispiel sprachliche Elemente, und durch sie verwickelt sie andere in einen sprachlichen Bereich, den alle teilen und in dem eine sprachliche Unterscheidung einer Handlung ausgeführt wird. Uns scheint, daß Lucy hier tatsächlich «sprach».

Daß ein Primat mittels der Zeichensprache interagieren kann, heißt nicht notwendigerweise, daß er deren potentiellen Reichtum benutzen kann, um alle sprachlichen Unterscheidungen zu machen, zu denen wir Menschen fähig sind. In einem Experiment wurde zum Beispiel kürzlich die Fähigkeit zur Verallgemeinerung bei drei Schimpansen verglichen, die alle in (dem Ameslan im wesentlichen entsprechenden) Formen sprachlicher Interaktion trainiert worden waren (vgl. E. S. Savage Rumbaugh, D. M. Rumbaugh,

S. D. Smith u. J. Lawson in: *Science* 210; 922, 1981). Der Unterschied zwischen einem von ihnen, Lana, und den anderen beiden, Sherman und Austin, bestand darin, daß bei den beiden letzten Nachdruck auf die praktische Verwendung von Zeichen und Objekten bei der Manipulation der Welt durch die

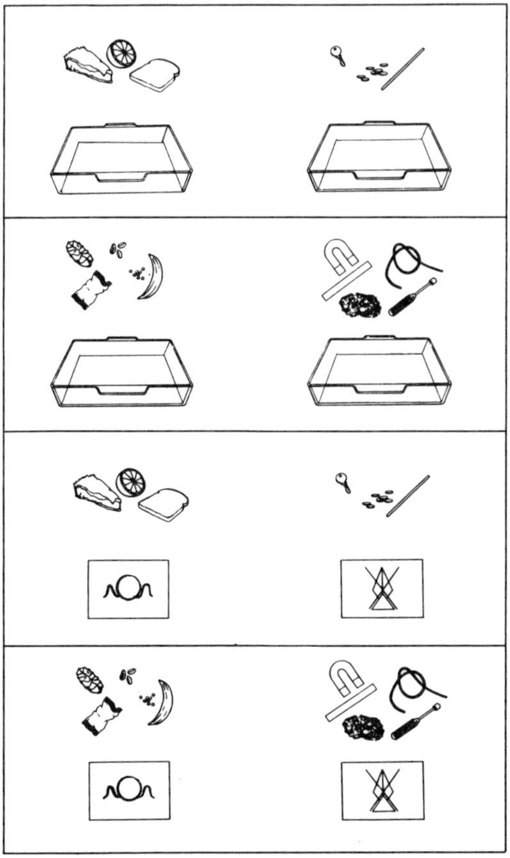

Abb. 65 Experiment zur Prüfung der Fähigkeit, Verallgemeinerungen zu erzeugen.

Schimpansen während ihrer Interaktionen mit den Menschen und untereinander gelegt worden war. Lana hingegen hatte eine mehr stereotype Form sprachlicher Interaktion im Umgang mit einem Computer erlernt, eine Form, bei der die Betonung eher auf der Verbindung von Zeichen mit Objekten lag.

Das Experiment bestand darin, allen drei Tieren die Unterscheidung zweier Klassen von Objekten beizubringen – eßbare und nicht-eßbare (Abb. 65) – und sie solche Objekte in verschiedene Schalen legen zu lassen. Dann gab man ihnen eine neue Reihe von Objekten, und sie hatten diese in die entsprechenden Schalen zu legen. Keines der Tiere hatte Schwierigkeiten, diese Aufgabe zu erfüllen. Im nächsten Schritt legte man ihnen abstrakte visuelle Darstellungen, sogenannte Lexikogramme, von Eßbarem und Nicht-Eßbarem vor, und sie hatten die verschiedenen Objekte gemäß diesen Lexikogrammen richtig einzuordnen. Schließlich sollten sie die Lexikogramme einer neuen Reihe von Objekten richtig zuordnen. Bei diesem neuen Experiment versagte Lana dramatisch im Vergleich zu ihren Artgenossen.

Dieses Experiment zeigt, daß Sherman und Austin an der Erzeugung der sprachlichen Unterscheidung zweier operationaler Kategorien teilnehmen konnten, der Kategorien «eßbar» und «nicht-eßbar» (was wir als Beobachter eine Verallgemeinerung nennen). Lana konnte das nicht. Es scheint, daß die größere Fähigkeit, die Sherman und Austin in diesem Experiment zeigten, im Zusammenhang steht mit der Vielfalt «interpersoneller» Interaktionen, die sie im Gegensatz zu Lana geboten bekommen hatten.

Alle diese Studien über sprachliche Fähigkeiten der höheren Primaten – von Schimpansen, Gorillas und Orang-Utans – helfen uns, die sprachliche Geschichte des Menschen zu begreifen. Diese Tiere gehören Abstammungslinien an, die der unseren parallel und sehr nahe sind. Sie sind uns so ähnlich, daß 98% ihres genetischen Materials mit dem des Menschen deckungsgleich sind. Trotzdem unterscheiden sie sich hinsichtlich ihrer Verhaltensvorlieben sehr stark vom Menschen. Dieser Unterschied ist vielleicht der Faktor, der die Ausdehnung ihrer sprachlichen Bereiche einschränkt. Wenn diese Tiere jedoch – wie Washoe – einer reichen sprachlichen Koppelung ausgesetzt werden, sind sie imstande, daran teilzunehmen. Die Art und das Ausmaß der sprachlichen Bereiche, an denen sie teilnehmen können, scheint allerdings begrenzt zu sein. Dies sollte uns jedoch nicht überraschen, da die Unterschiede zwischen ihrer und unserer evolutionären Geschichte eine Funktion der Erhaltung verschiedener Vorlieben im Rahmen der verschiedenen Lebensmodi sein muß.

Die Einzelheiten der Geschichte struktureller Transformationen der Primaten, die im Verlauf der Evolution zum *Homo sapiens* führten, kennen wir nicht, und wir werden sie vielleicht nie genau kennen. Unglücklicherweise hinterläßt das soziale und sprachliche Leben keine Fossilien. Aus Veränderungen des Skeletts läßt sich zum Beispiel viel über Änderungen von Körperhaltung und Bewegung, manipulatorische Fähigkeiten, Gesichtsausdruck, Stimmbildung, Größe und Gestalt des Gehirns schließen. Es ist jedoch nicht leicht, Details der im Lauf der Evolution erhaltenen Lebensmodi zu rekonstruieren, die zur rekursiven Ausdehnung sprachlicher Bereiche führten.

Wir können jedoch sagen, daß die Veränderungen bei den frühen *Hominiden,* die das Erscheinen der Sprache möglich machten, mit ihrer Geschichte als soziale Tiere mit engen affektiven interpersonellen Beziehungen verbunden sein müssen, Beziehungen, die mit dem Sammeln und Teilen der Nahrung zusammenhängen. In dieser Lebensweise finden wir die Koexistenz und Erhaltung scheinbar widersprüchlicher Aktivitäten: lokale interpersonelle Interaktionen in kleinen, engverbundenen Gruppen von Individuen, die ihre Nahrung teilen, sich andererseits aber relativ lange Zeiten voneinander entfernen, um zu sammeln und zu jagen, ohne dabei ihre emotionale Verbundenheit zu verlieren.

Solch eine Lebensweise eröffnet einen Bereich von Möglichkeiten der Variationen in der «Tropholaxis», durch die die Gruppe als Einheit erhalten wird, solange diese Weise zu leben erhalten wird. Die Linguolaxis (sprachliche Tropholaxis) ist äußerst geeignet für solche Variationen. Anders als die chemische Tropholaxis erlaubt sie unendliche Rekursionen in der Koppelung verhaltensmäßiger Fähigkeiten von sozialen Individuen durch Änderungen des sozialen Lebens, das sie hervorbringen, ohne daß dafür dauernde physische Interaktionen notwendig sind. Betrachten wir das noch etwas eingehender:

Die Abstammungslinie der Hominiden, der wir angehören, ist über 15 Millionen Jahre alt (Abb. 66). Allerdings lassen die fossilen Funde erkennen, daß sich erst vor etwa drei Millionen Jahren strukturelle Züge konsolidiert haben, die für den heutigen Menschen charakteristisch sind. Dazu gehören Skelettveränderungen, die zum zweibeinigen und aufrechten Gehen gehören, die Fähigkeit, Daumen und Zeigefinger einander gegenüberzustellen, und eine Form des Gebisses, die mit der Ernährung eines Allesfressers verbunden ist, welche jedoch vor allem auf Samenkörnern und Nüssen basiert. Die gleichen fossilen Funde zeigen, daß die frühen Hominiden in Gruppen lebten, zu denen Männer, Frauen und Kinder gehörten. Wegen der anatomischen Züge ihres Skelettbaus muß ihr Sexualleben auch ihre sprachliche Interaktion über den Gesichtsausdruck beim frontalen Koitus einbezogen haben. Gleichzeitig verschob sich die Fruchtbarkeit der Weibchen vom

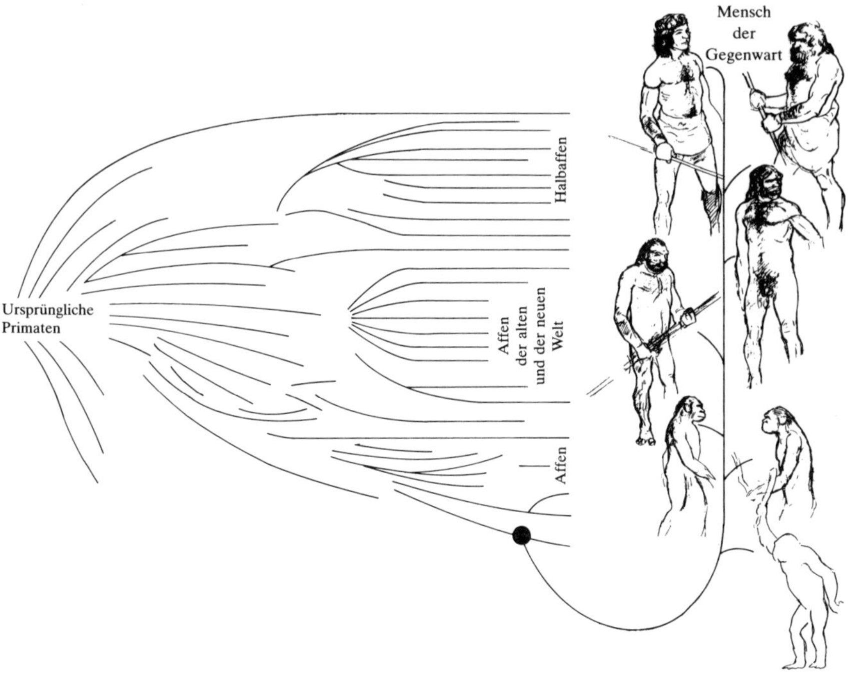

Abb. 66 Die Abstammung des Menschen.

Brunstzyklus *(Oestrus)* hin zu einer nicht saisonbedingten Sexualität – ein Faktor, der zur stärkeren sozialen Bindung beitrug. Wir glauben, daß in der Erhaltung solcher Lebensweisen, in denen die sprachliche Interaktion eine Schlüsselrolle bei der rekursiven Koordination sozialer Handlungen spielt, die Sprache als Resultat liebevoller Kooperation entstand.

Wir können uns diese frühen Hominiden als Wesen vorstellen, die in kleinen Gruppen lebten, in erweiterten Familien, die ständig durch die Savannen wan-

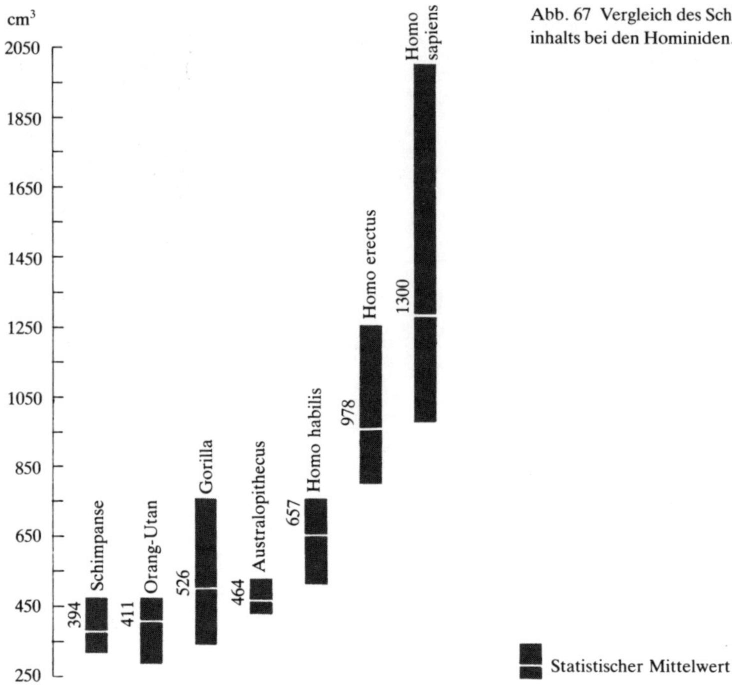

Abb. 67 Vergleich des Schädelinhalts bei den Hominiden.

derten (Abb. 68). Sie ernährten sich von dem, was sie sammelten, Samen und Nüsse, aber auch gelegentlich von der Jagd. Da sie auf zwei Beinen gingen, hatten sie die Hände frei, um diese Nahrungsmittel über lange Strecken zu den Mitgliedern ihrer Gruppe zu tragen. Sie waren nicht gezwungen, sie in ihrem Verdauungsapparat zu befördern, wie im Fall anderer sozialer Tiere, die ihre Nahrung teilen. Dies trug zur Integration des sozialen Lebens bei. Weiterhin waren Frau und Mann durch eine ständige und nicht jahreszeitliche Sexualität aneinander gebunden. Bei Erhal-

Verteilung der Sammler und Jäger auf der Erde vor 12 000 Jahren

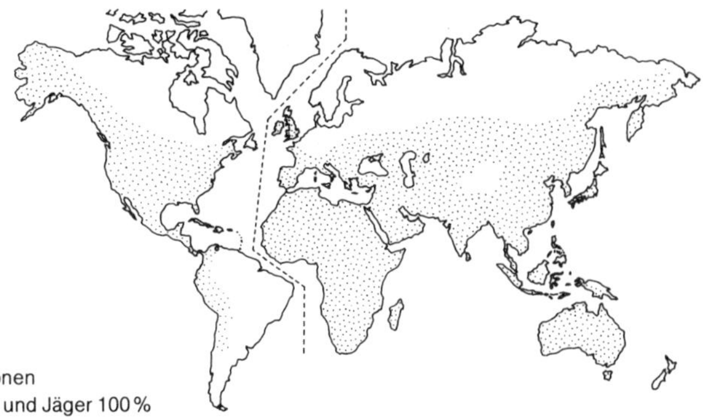

Weltbevölkerung 10 Millionen
Prozentsatz der Sammler und Jäger 100 %

Bekannte Standorte gegenwärtiger Sammler und Jäger

Weltbevölkerung 3 Milliarden
Prozentsatz der Sammler und Jäger 0,01 %

Abb. 68 Im Neolithikum waren die menschlichen Bevölkerungen Sammler und Jäger (obere Karte). Diese Ursprünge sind in den jetzigen Lebensstilen noch verborgen enthalten (untere Karte).

1. Eskimos (Alaska)
2. Eskimos (Nordwest Territorium)
3. Eskimos (Grönland)
4. Akuri (Surinam)
5. Pygmäen (Zaire)
6. Ariangule (Tanzanien)
   Boni (Tanzanien)
   Sanye (Tanzanien)
7. Koroka (Angola)
   Bantu (Angola)
8. Buschmann (Südafrika, Botswana)
9. Bihar (Zentralindien)
10. Inselbewohner (Andaman-Inseln)
11. Ruk (Thailand)
12. Aborigenes (Australien)

? nicht bewiesene Anwesenheit von Sammlern und Jägern

tung der Nahrungsteilung und der Teilnahme des Mannes an der Fürsorge für die Jungen führte all dies zu einer Biologie der Kooperation und der sprachlichen Koordination von Handlungen.

Diese Lebensweise weist den Weg zu Verhaltensweisen, die ideal geeignet sind für die ständige Zunahme der Fähigkeit, Unterscheidungen im Bereich des kooperativen Verhaltens zu machen. Das führt hin bis zu unserer gegenwärtigen Biologie kooperativer Tiere mit der Befähigung zu sprachlicher Reflexion. Dies ist durchaus keine zufällige Entwicklung. Tatsächlich muß diese rekursive Teilnahme der Hominiden an sprachlichen Bereichen, die sie durch die Sozialisation hervorbrachten, ein entscheidender Faktor für die Ausweitung dieser Bereiche gewesen sein. Das führte schließlich zur sprachlichen Rekursion, die zur Entstehung der Sprache führt – nämlich dann, wenn sprachliches Verhalten ein Objekt in der sprachlichen Verhaltenskoordination wird, genauso wie Objekte im Milieu Zeichen für rekursive sprachliche Koordinationen werden. So mögen in der Intimität rekursiver individueller Interaktionen, die das andere Individuum durch eine sprachliche Unterscheidung wie einen Namen personalisieren, die Bedingungen vorhanden gewesen sein für das Auftreten eines *Selbst* als einer Unterscheidung in einem sprachlichen Bereich.

Dies sind, soweit wir es rekonstruieren können, die Hauptlinien im strukturellen Driften der Hominiden, das zum Auftreten der Sprache führte. Weitere Beobachtungen und Entdeckungen mögen Details dieser Beschreibung verändern, wahrscheinlich jedoch nicht ihre wesentlichen Punkte. Die grundlegenden biologischen Charakteristika, die diese Entwicklung möglich machten, sind nämlich noch immer vorhanden, auch wenn wir sie durch Konkurrenz und Krieg verdunkelt haben.

Experimentelle Einblicke in das Geistige

Die einzigartigen Züge menschlichen sozialen Lebens und dessen intensive sprachliche Koppelung manifestieren sich darin, daß es imstande ist, ein neues Phänomen zu erzeugen, welches für unsere eigene Erfahrung zugleich sehr nah und doch sehr fremd ist: unseren Geist, unser Bewußtsein.

Wir wollen einige Fragen stellen, die uns dieses Phänomen im einzelnen enthüllen. Wie wäre es, wenn wir einen Primaten fragten: «Wie fühlt man sich denn so als Affe?» Unglücklicherweise würden wir nie eine Antwort bekommen. Denn sobald wir mit dem Affen einen Bereich der Koexistenz erzeugen, der solche sprachlichen Unterscheidungen durch die Sprache zuläßt, wird der Affe kein Affe mehr sein. Er wird nicht in der Lage sein, in Form von Unterscheidungen zu antworten, die für den Affen charakteristisch sind. Die Frage bleibt also bestehen.

Eine andere Möglichkeit, die Erfahrung der Primaten der des Menschen gegenüberzustellen, wäre nicht mittels der Sprache, sondern mittels jenes Objektes, das so offensichtlich mit Reflexion zu tun hat: mit einem Spiegel. Im allgemeinen verhalten sich Tiere gegenüber ihrem Spiegelbild so wie in Anwesenheit eines anderen Tieres, oder sie zeigen, was wir Indifferenz oder Vermeidung nennen. Ein Hund bellt sein Abbild vielleicht an und beachtet es dann nicht mehr. Eine Katze mag vorübergehende Anzeichen von Furcht und dann Indifferenz zeigen. Unter den Primaten zeigen die Makaken ein ähnliches Verhalten; sie antworten auf ihre Widerspiegelung hauptsächlich mit Aggression.

Die Gorillas wirken andererseits bei der ersten Gegenüberstellung mit ihrem Spiegelbild erstaunt und interessiert, aber sie gewöhnen sich schnell daran und ignorieren es dann (vgl. G. Gallup in: *Amer. Scient.* 67: 417, 1979). Um diese Reaktion des Gorillas näher zu erkunden, welche so verschieden vom Verhalten anderer Tiere wirkt, wurde ein Gorilla im Rahmen eines Experiments betäubt. Auf seine Stirn wurde ein farbiger Punkt gemalt, den er nur im Spiegel sehen konnte. Nach dem Aufwachen wurde ihm ein Spiegel vorgehalten, und siehe da: Er faßte mit der Hand an die eigene Stirn und berührte dort den Punkt. Man hätte eher erwartet, daß das Tier die Hand ausstrecken würde, um den Punkt auf dem Spiegelbild zu berühren. Ein Makake verhält sich in einer solchen Situation nicht wie ein Gorilla. Diese Experimente hat man als Beleg dafür betrachtet, daß ein Gorilla einen Bereich des Selbst durch soziale Unterscheidungen erzeugen kann. In diesem Bereich besteht die Möglichkeit der Reflexion wie mit einem Spiegel oder mit der Sprache. Der Reflexionsmechanismus mag unabhängig von Spiegel und Sprache entstanden sein – wie, das wissen wir nicht. Wir nehmen jedoch an, daß es mit Bedingungen zu tun hat, die denen ähneln, die zur Evolution der menschlichen sprachlichen Bereiche führten.

Einen tiefen Einblick in die Rolle, die die sprachliche Koppelung bei der Erzeugung des Geistigen im Menschen spielt, stammt aus einigen Beobachtungen, die an neurochirurgischen Patienten gemacht worden sind. Am bemerkenswertesten ist eine Reihe von Studien, die an einer bereits ziemlich großen Anzahl von an Epilepsie leidenden Patienten gemacht wurden. Epilepsie ist ein Syndrom, das im schlimmsten Fall Epizentren erzeugt, von denen Wellen elektrischer Aktivität ausgehen, welche sich über die gesamte Hirnrinde ausbreiten (Abb. 69). Infolge davon erleidet die Person Krämpfe und Bewußtseinsverlust zusammen mit einer Reihe anderer ziemlich beeinträchtigender Symptome. Bei Extremfällen von Epilepsie hat man vor einigen Jahren versucht, die Ausbreitung der epileptischen Aktivität von einer Gehirnhälfte auf die andere mittels der Durchtrennung der wich-

Abb. 69 Epilepsieanfall bei einem Inka; nach einer zeitgenössischen Zeichnung.

tigsten Verbindung zwischen den Gehirnhälften, des *Balkens* oder *Corpus callosum*, zu unterbinden (Abb. 70; vgl. R. W. Sperry: *The Harvey Lectures*, 62: 293, 1968).

Das Ergebnis war, daß sich der Zustand der Patienten besserte, was ihre Epilepsie betraf. Ihre Gehirnhälften funktionierten jedoch nicht mehr als eine Einheit. Weil der Balken durchtrennt war, bildete jede Gehirnhemisphäre mit dem Rest des Nervensystems eine operationale Einheit, die die andere Gehirnhälfte überging, so als würde sie gar nicht existieren. Es war, als sei der Patient nach der Operation zu drei verschiedenen Personen mit jeweils individuellen Charakteristika geworden: einer Linke-Hemisphäre-Person, einer Rechte-Hemisphäre-Person und der äußeren Kombination der beiden in ihrer Operation durch einen gemeinsamen Körper. Diese drei Perso-

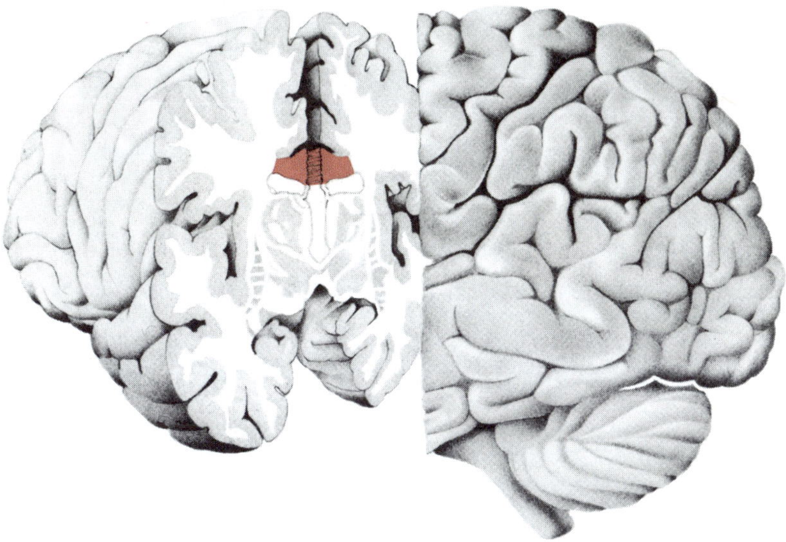

Abb. 70 Trennung der Gehirnhemisphären in der Behandlung von Epilepsie. Der durchtrennte Balken *(Corpus callosum)* ist farbig gekennzeichnet.

nen sind für normale Interaktionen nicht gleicherma- ßen zugänglich. Da alle sensorischen Systeme simultanen Zugang zu beiden Gehirnhälften haben, müssen wir uns deshalb besonderer Prozeduren bedienen, um mit einer der Personen unabhängig von der anderen zu interagieren. Wenn wir unter normalen Bedingungen mit einem dieser operierten Patienten interagieren, erscheint alles normal, da wir der Person begegnen, die aus dem durch den einen Körper vereinten Operieren der beiden Gehirnhälften entsteht.

Was enthüllt uns diese Beobachtung, und was geschieht hier mit der Sprache und dem Sprechen? Wir haben bereits erwähnt, daß gewisse Gebiete der Hirnrinde intakt sein müssen, damit das Sprechen möglich ist (Abb. 71). Tatsächlich müssen bei fast

Abb. 71 Die «Achillesferse» für die mündliche Sprachfähigkeit des Menschen (farbig markiert).

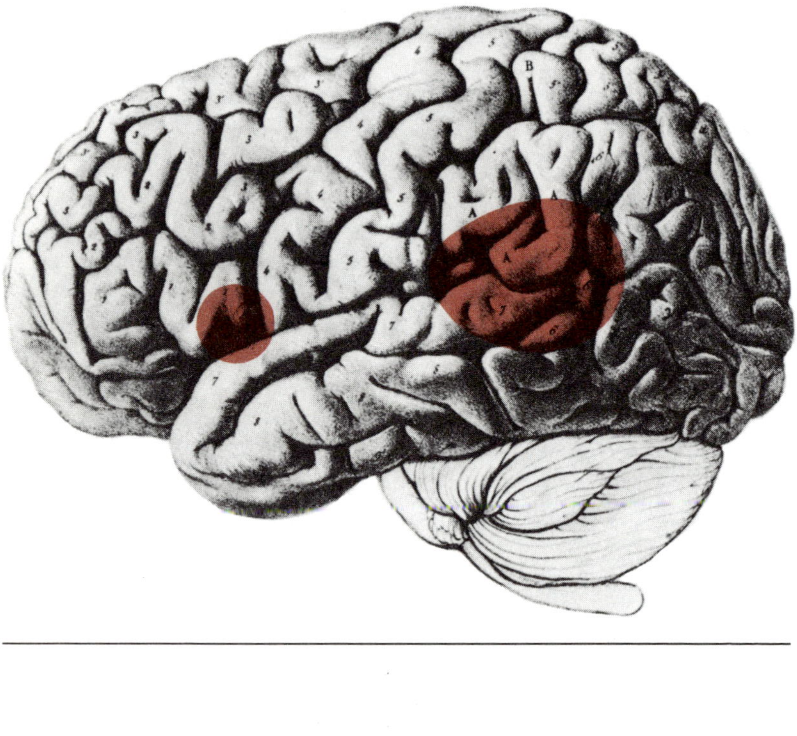

allen Menschen die Sprachbereiche der linken Gehirnhälfte intakt sein, damit sie sprechen und Sprache verstehen können. Ist der Balken durchgetrennt, dann versteht nur die Linke-Gehirnhälfte-Person Sprache und bringt Sprache in Schrift und Sprechen hervor. Doch wie können wir das feststellen, wenn in Situationen des Alltags kein Unterschied auftritt?

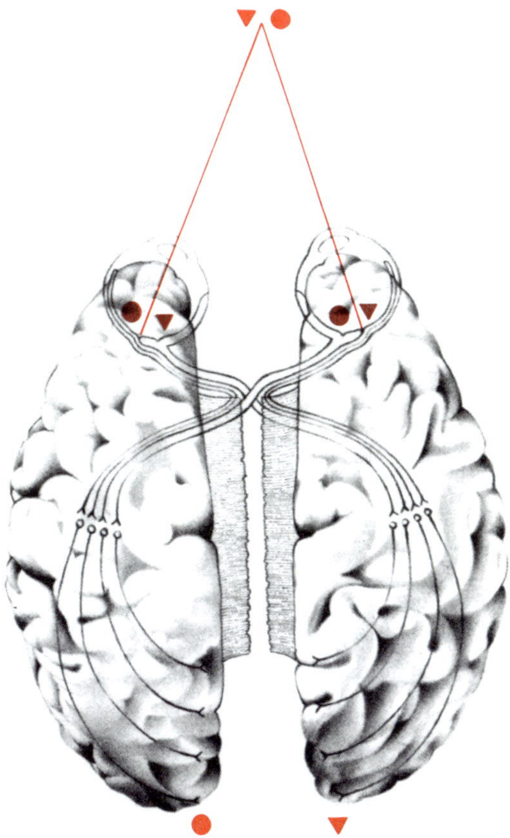

Abb. 72 Geometrie der Projektion der Netzhaut auf die Hirnrinde. Perturbationen links vom Fixationspunkt betreffen ausschließlich die rechte Gehirnhälfte und umgekehrt.

Im Labor haben wir die Möglichkeit, eine Interaktion jeweils mit der einen Seite, der rechten oder der linken, getrennt durchzuführen. Dies ist auf Grund gewisser Eigenheiten der Anatomie des optischen Systems möglich. Die Verbindungen von der Retina zum Gehirn sind nämlich so beschaffen, daß das gesamte Gesichtsfeld beider Augen links von einer vertikalen Linie durch einen Punkt, auf den beide Augen fixiert sind, auf die rechte Gehirnhälfte projiziert wird, das gesamte Gesichtsfeld rechts von dieser Linie auf die linke Gehirnhälfte (Abb. 72). Wenn wir also eine Person, deren Balken durchtrennt wurde, bitten, ihren Blick auf einen Punkt auf einem Bildschirm zu fixieren, können wir entweder über die linke, oder über die rechte Gehirnhälfte visuell mit ihr interagieren – oder auch gleichzeitig über beide Hälften. Das hängt nur davon ab, wohin wir ein Testbild auf dem Bildschirm relativ zum Fixationspunkt projizieren.

Sehen wir uns ein experimentelles Beispiel an: Man kann einen solchen Patienten vor einen Bildschirm setzen, ihn den Blick auf einen Punkt fixieren lassen und ihn bitten, unter einigen, seinem Blick verborgenen Gegenständen diejenigen herauszusuchen, die auf den Bildschirm projizierten Objekten entsprechen (Abb. 73). Wird das Bild eines Löffels links vom Fixationspunkt projiziert (Verbindung zur rechten Hemisphäre), dann hat die Versuchsperson keine Schwierigkeiten, den Löffel tastend unter den Gegenständen zu finden. Projizieren wir jedoch das Wort «Löffel» auf die linke Seite des Schirms, reagiert die Versuchsperson überhaupt nicht. Fragt man die Person, was sie gesehen hat, als wir das Wort «Löffel» auf die linke Seite des Bildschirms projiziert haben, gesteht sie, nichts gesehen zu haben. Nachdem der Balken durchschnitten wurde, ist gesprochene und geschriebene Sprache für die Rechte-Hemisphäre-

Abb. 73 Experimentelle Situation für die Untersuchung des Verhaltens bei Personen mit durchtrenntem Balken.

Person gewöhnlich genauso unverständlich wie für einen Säugling oder einen Affen. Die Linke-Hemisphäre-Person ist jedoch gewöhnlich in der Lage, Texte zu verstehen, die auf die rechte Seite des Schirms projiziert werden.

Wird andererseits der Rechte-Hemisphäre-Person das Bild einer schönen nackten Frau vorgeführt, wird die Versuchsperson erröten oder Zeichen von Verlegenheit zeigen. Sie wird jedoch nicht erklären können, was geschehen ist. So sagt sie vielleicht nur (wie tatsächlich geschehen): «He Doktor, da haben Sie aber einen schlimmen Apparat!» Hier ist folgendes geschehen: Das erotische Bild wurde der rechten Hemisphäre präsentiert, der Patient antwortet auf unsere Fragen aber über die linke Hemisphäre, die als einzige Sprache erzeugen kann und die das Bild nicht «gesehen» hat. Alles, was die linke Gehirnhälfte tun kann, ist auf eine Weise zu antworten, die sich aus ihrer Verbindung mit dem Rest des Nervensystems und des Körpers ergibt. Dort finden die Aktivitäten von Erröten und Verlegenheit statt, die durch die rechte Gehirnhälfte erzeugt wurden. «Da haben Sie aber einen schlimmen Apparat» ist die Weise, auf die der Patient über seine linke Hemisphäre die von der rechten Hemisphäre erzeugte emotionale Erregung verarbeitet.

Es gibt einen kleinen Prozentsatz von Menschen, die über beide Gehirnhälften Sprache erzeugen und verstehen können; sie zeigen keine Lateralisierung der Sprache (vgl. M. S. Gazzaniga und J. F. LeDoux: *The Integrated Mind,* New York 1978). Eine jener Personen, der fünfzehnjährige Paul aus New York, stellte sich nach einer Kommissurektomie (operative Durchtrennung des Balkens) freiwillig für die oben beschriebene Art von Experimenten zur Verfügung. So war es nun möglich, über die linke oder über die rechte Gehirnhälfte sprachlich mit ihm zu interagieren und jeweils um Antworten zu bitten, die sprachliche Reflexion verlangen. Paul war zum Beispiel in der Lage, den Löffel auszuwählen, wenn dies mittels eines geschriebenen Wortes von beiden Gehirnhälften verlangt wurde.

Folglich mußte für Paul eine neue experimentelle Strategie entworfen werden. Der Testleiter begann zum Beispiel eine mündliche Frage mit «Wer . . .?» – und die offenen Stellen wurden durch eine Projektion in einem der Gesichtsfelder ergänzt, zum Beispiel durch die geschriebenen Worte «. . . bist du». Auf die beiden Seiten vorgelegte Frage folgte die gleiche Antwort: «Paul.» Auf die Frage: «Was für ein Tag ist morgen?», kam beide Male die richtige Antwort: «Sonntag.» Auf die Frage an die linke Gehirnhälfte: «Was willst du werden, wenn du groß bist?», antwortete Paul: «Rennfahrer.» Und dies ist faszinierend, weil auf die gleiche Frage an die rechte Gehirnhälfte die Antwort kam: «Designer.»

Diese Beobachtungen zeigen, daß sowohl die Linke-Hemisphäre-Person als auch die Rechte-Hemisphäre-Person in Paul zu Verhaltensweisen fähig ist, die wir gewöhnlich einem unversehrten, zur Reflexion fähigen, bewußten Geist zuschreiben. Das ist sehr bedeutsam, denn der Unterschied zwischen Paul und den anderen Patienten, die nicht über beide Gehirnhälften unabhängig sprachliche Reflexion erzeugen können, zeigt uns, *daß es kein Selbstbewußtsein ohne die Sprache* als ein Phänomen der sprachlichen Rekursion gibt. Selbstbewußtsein, Bewußtheit, Geist – das sind Phänomene, die in der Sprache stattfinden. Deshalb finden sie als solche nur im sozialen Bereich statt.

Der Fall Pauls läßt jedoch noch mehr erkennen. Bei allen sprachlichen Interaktionen mit Paul schien nämlich die linke Gehirnhälfte dominierend zu sein. Wenn man Pauls rechter Gehirnhälfte zum Beispiel den schriftlichen Befehl gab: «Lache!», dann täuschte Paul ein Lachen vor. Wenn dann an die linke Gehirnhälfte die Frage gestellt wurde: «Warum lachst du?», antwortete er: «Weil Sie so komische Typen sind.» Auf den Befehl hin: «Kratze dich!» an die rechte Gehirnhälfte, kratzte sich Paul. Die Frage an die linke Gehirnhälfte, warum er sich kratze, beantwortete er mit: «Weil es mich juckt.» Die dominante Linke-Hemisphäre-Person, die den Befehl zum Kratzen nicht gesehen hatte, hatte keine Schwierigkeiten, eine kohärente Antwort zu erfinden, die ihrer Erfahrung (nämlich sich zu kratzen) entsprach und reflektierte, wie sie diese Erfahrung lebte. Was wir sagen, reflektiert – außer wenn wir lügen – das, was wir leben, und nicht das, was aus dem Blickwinkel eines unabhängigen Beobachters geschieht.

Geist und Bewußtsein

Alle diese Experimente sagen uns Grundlegendes über die Weise, auf die jener andauernde Fluß von Reflexionen, den wir Bewußtsein nennen und mit unserer Identität assoziieren, organisiert ist und seine Kohärenz bewahrt. Sie zeigen uns einerseits, daß Sprache eine Bedingung *sine qua non* für die Erfahrung dessen ist, was wir «Geist» nennen. Andererseits zeigen sie uns, daß der Fluß unserer Erfahrungen gelenkt wird von Zusammenhängen von Operationen unseres Nervensystems, zu denen wir als Beobachter keinen Zugang haben, die sich aber notwendig aus unserem ontogenetischen Driften als lebende Systeme ergeben. Im sprachlichen Bereich von Paul kann es keine Inkohärenz geben. Wenn er deshalb aufgefordert wird, etwas, das sich in diesem Bereich ereignet, zu reflektieren, muß er mit einem Ausdruck dieser Kohärenz antworten: «Weil Sie so komische Typen sind» oder «Weil es mich juckt». In seiner Geschichte werden Identität und Anpassung erhalten.

Im Fall von Paul erleben wir die operationale Überschneidung von drei verschiedenen Personen in einem Körper. Zu bestimmten Zeiten können diese Personen unabhängige, selbstbewußte Wesen sein. Das zeigt uns auf dramatische Weise, daß es die Sprache ist, in der ein Selbst, ein *Ich*, entsteht – und zwar als jene soziale Singularität, die durch die operationale Überschneidung der rekursiven sprachlichen Unterscheidungen, in denen das Ich unterschieden wird, im menschlichen Körper entsteht. Daraus ersehen wir, daß wir in dem Netzwerk der sprachlichen Interaktionen, in dem wir uns bewegen, *eine andauernde deskriptive Rekursion aufrechterhalten, die wir unser «Ich» nennen. Sie erlaubt uns, unsere sprachliche operationale Kohärenz zu bewahren sowie unsere Anpassung im Reich der Sprache.*

An diesem Punkt unserer Erörterung sollte uns das nicht mehr überraschen. Schließlich haben wir ja gesehen, daß ein Lebewesen nur so lange existiert, wie es in einem Bereich von Perturbationen driftet, und zwar unabhängig von den Eigenschaften dieses Bereiches und unabhängig davon, wie es sich auf Grund seines eigenen Operierens verändert. Wir haben dann gesehen, daß das Nervensystem eine Verhaltensdynamik erzeugt, indem es in seiner operationalen Geschlossenheit Beziehungen zwischen internen neuronalen Aktivitäten herstellt. Ein lebendes System ist auf jeder Ebene so organisiert, daß es innere Regelmäßigkeiten erzeugt. Das gleiche geschieht in der sozialen Koppelung durch die Sprache im Netzwerk der Gespräche, das die Sprache hervorbringt und das, durch seine Geschlossenheit, die Einheit einer bestimmten menschlichen Gesellschaft konstituiert. Diese neue Dimension der operationalen Kohärenz unseres gemeinsamen In-der-Sprache-Seins ist das, was wir als Bewußtsein oder als «unseren Geist» und «unser Ich» erfahren.

Wörter sind, wie wir wissen, Zeichen für sprachliche Koordinationen von Handlungen und nicht Dinge, die von hier nach da weitergegeben werden. Es ist unsere Geschichte rekursiver Interaktionen, die unser ontogenetisches strukturelles Driften im Rahmen einer strukturellen Koppelung erlaubt, welche die interpersonelle Koordination von Handlungen verlangt. Dies findet statt in einer Welt, die wir miteinander teilen, da wir sie gemeinsam durch unsere Handlungen spezifiziert haben. Dies ist so offensichtlich, daß wir buchstäblich blind für diese Tatsache sind.

Nur wenn unsere strukturelle Koppelung in irgendeiner Dimension unserer Existenz einmal versagt, erkennen wir (wenn wir darüber reflektieren), in welchem Ausmaß unsere Verhaltenskoordinationen bei der Manipulation unserer Welt und bei der Kommunikation untrennbar sind von unserer Erfahrung. Diese gelegentlichen Zusammenbrüche in einer Dimension unserer Strukturkoppelung treten im Alltag immer wieder auf, sei es beim Einkaufen oder in der Erziehung von Kindern. Es sind Momente der Änderung der Richtung unseres ontogenetischen strukturellen Driftens in einem endlosen Prozeß geschichtlicher Transformation.

Im allgemeinen sind wir uns der historischen Zusammenhänge nicht bewußt, die hinter den sprachlichen und biologischen Kohärenzen im Rahmen selbst der einfachsten Abläufe unseres sozialen Lebens stehen. Haben Sie, werter Leser, jemals den Prozessen Aufmerksamkeit geschenkt, die selbst in der trivialsten Konversation enthalten sind: der Erzeugung der Stimmlage in der Sprache, der Abfolge, in der Wörter auftauchen, den Momenten, in denen das Wort von einem Gesprächspartner zum anderen wechselt, und so weiter? All diese Dinge laufen gewöhnlich so mühelos ab, daß uns solche Handlungen in unserem täglichen Leben einfach und unmittelbar erscheinen. Ja, unser tägliches Leben erscheint uns so einfach und unmittelbar, daß wir oft seinen Reichtum übersehen und seine Schönheit nicht zu schätzen wissen. Es ist jedoch ein unglaublich raffinierter Tanz von Koordinationen des Verhaltens.

So kommt es also, daß das Auftreten der Sprache beim Menschen und des gesamten sozialen Kontextes, in dem sie auftritt, jenes (so weit wir wissen) neue Phänomen des Geistes und der Selbstbewußtheit als die intimste Erfahrung der Menschheit erzeugt. Ohne eine geeignete Geschichte von Interaktionen ist es unmöglich, an diesem menschlichen Bereich teilzuhaben – denken Sie an das Wolfsmädchen. Gleichzeitig ist der Geist als Phänomen des In-der-Sprache-Seins im Netz sozialer und sprachlicher Koppelung nichts, das sich in meinem Gehirn befindet. Bewußtsein und Geist gehören dem Bereich sozialer Koppelung an, und dort kommt ihre Dynamik zum Tragen.

Als Teil der menschlichen sozialen Dynamik wirken Geist und Bewußtsein zudem als Auswähler des Pfades, dem unser ontogenetisches strukturelles Driften folgt. Und weiterhin: Da wir in der Sprache existieren, werden die Bereiche der sprachlichen Interaktion, die wir erzeugen, Teile des Bereichs unserer Existenz und stellen einen Teil des Milieus dar, in dem wir unsere Identität und Anpassung erhalten. Robinson Crusoe wußte das sehr wohl. Genau aus diesem Grund führte er einen Kalender, las er jeden Abend die Bibel und zog er sich zum Abendessen um. Er verhielt sich, als befände er sich in England, als lebte er in dem sprachlichen Bereich, in dem seine menschliche Identität Bestand hatte und in dem er seine Identität und Anpassung erhalten konnte.

Wir, die wir diese Dinge als Wissenschaftler sagen, sind in keiner anderen Position. Entweder erzeugen wir durch das, was wir sagen und tun, einen sprachlichen Bereich (sozialen Bereich), in dem unsere Identität als Wissenschaftler erhalten wird, oder wir verschwinden als solche.

Jede Struktur verpflichtet. Wir Menschen existieren als Menschen im Netzwerk von Strukturkoppelungen, das wir dauernd durch die fortgesetzte sprachliche Tropholaxis unseres Verhaltens weben. Sprache wurde niemals von jemandem erfunden, nur um damit eine äußere Welt zu internalisieren. Deshalb kann sie nicht als Mittel verwendet werden, mit dem sich eine solche Welt offenbar machen läßt. Es ist vielmehr so, daß der Akt des Erkennens in der Koordination des Verhaltens, welche die Sprache konstituiert, eine Welt durch das In-der-Sprache-Sein *hervorbringt*. Wir geben unserem Leben in der gegenseitigen sprachlichen Koppelung Gestalt – nicht, weil die Sprache uns erlaubt, uns selbst zu offenbaren, sondern weil wir in der Sprache bestehen, und zwar als dauerndes Werden, das wir zusammen mit anderen hervorbringen. Wir finden uns in dieser ko-onto-genetischen Koppelung weder als ein bereits vorher existierender Bezugspunkt noch in bezug auf einen Ursprung, sondern als eine fortwährende Transformation im Werden der sprachlichen Welt, die wir zusammen mit anderen menschlichen Wesen erschaffen.

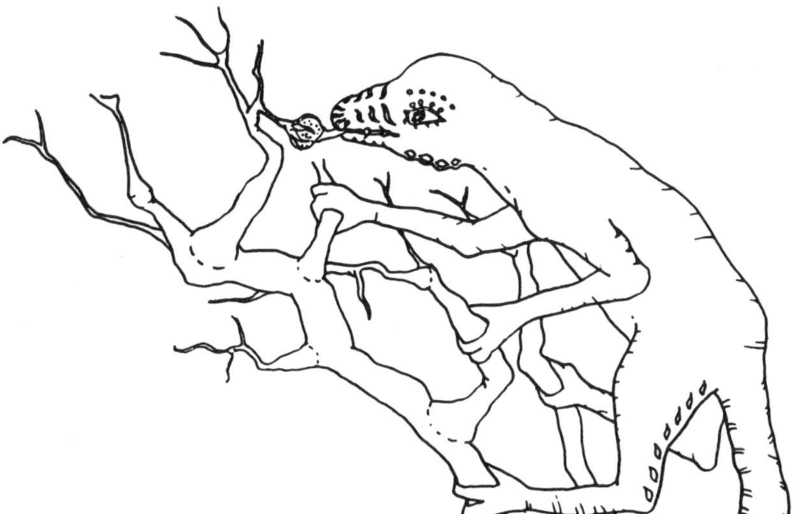

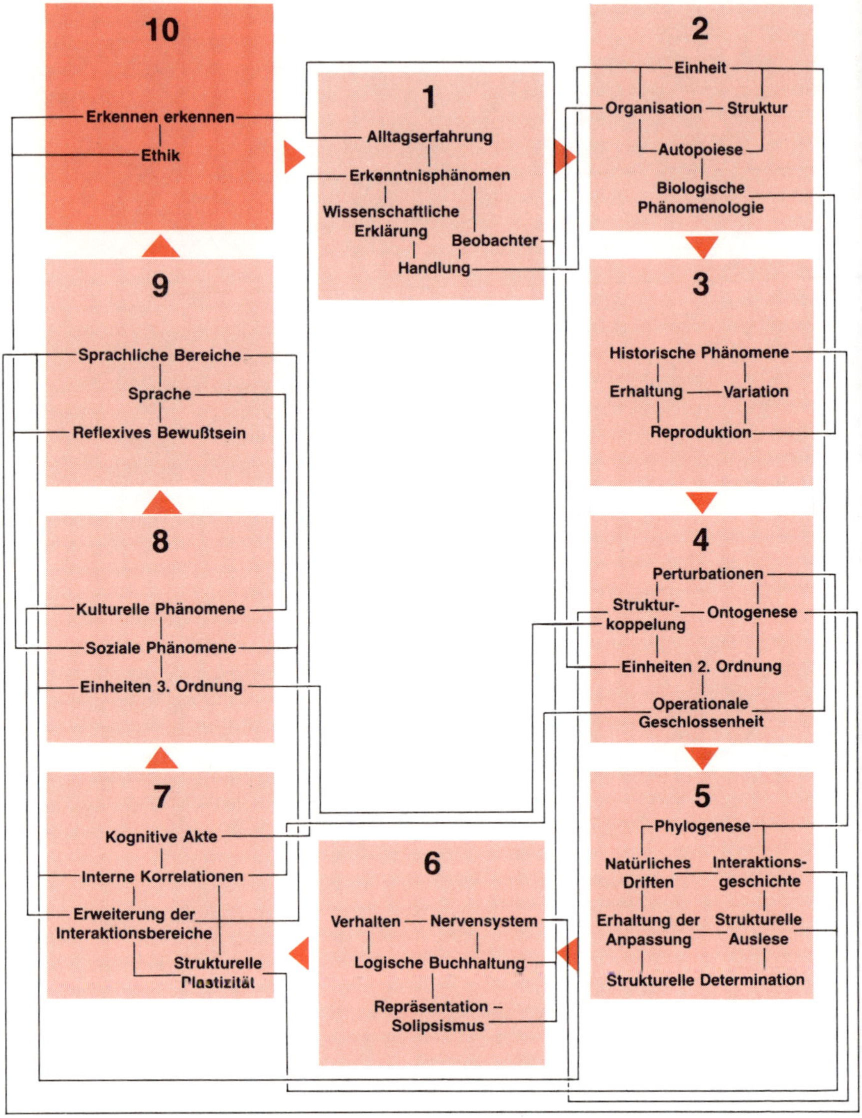
10
Erkennen erkennen
Ethik
1
Alltagserfahrung
Erkenntnisphänomen
Wissenschaftliche Erklärung
Beobachter
Handlung
2
Einheit
Organisation
Struktur
Autopoiese
Biologische Phänomenologie
3
Historische Phänomene
Erhaltung
Variation
Reproduktion
4
Perturbationen
Struktur-koppelung
Ontogenese
Einheiten 2. Ordnung
Operationale Geschlossenheit
5
Phylogenese
Natürliches Driften
Interaktions-geschichte
Erhaltung der Anpassung
Strukturelle Auslese
Strukturelle Determination
6
Verhalten
Nervensystem
Logische Buchhaltung
Repräsentation – Solipsismus
7
Kognitive Akte
Interne Korrelationen
Erweiterung der Interaktionsbereiche
Strukturelle Plastizität
8
Kulturelle Phänomene
Soziale Phänomene
Einheiten 3. Ordnung
9
Sprachliche Bereiche
Sprache
Reflexives Bewußtsein

10 Der Baum der Erkenntnis

Erkennen und Erkennender

Wie die Hände in Abbildung 5 ist auch dieses Buch einem kreisförmigen Weg gefolgt. Wir sind von den Qualitäten unserer Erfahrung ausgegangen, die uns in unserem sozialen Zusammenleben gemeinsam sind. Von diesem Ausgangspunkt unternahmen wir einen Gang durch die zelluläre Autopoiese, durch die Organisation der Metazeller und deren Verhaltensbereiche, durch die operationale Geschlossenheit des Nervensystems, durch die sprachlichen Bereiche und die Sprache. Im Verlauf dieses Weges bauten wir Schritt für Schritt ein Erklärungssystem auf, das in der Lage ist aufzuzeigen, wie die den Lebewesen eigentümlichen Phänomene entstehen. So haben wir gesehen, wie die in einer sprachlichen Koppelung begründeten sozialen Phänomene die Sprache entstehen lassen und wie eben diese Sprache und damit unsere alltägliche Erfahrung des Erkennens mit ihr uns zugleich erlaubt, eine Erklärung ihres Ursprungs zu erzeugen. Der Anfang ist das Ende.

Somit haben wir die Aufgabe, die wir uns zu Anfang stellten, erfüllt: Eine Erkenntnistheorie hat zu zeigen, wie das Erkennen die Erklärung des Erkennens erzeugt. Dies ist ein ganz anderer Ansatz als der bisher übliche, der davon ausgeht, daß das Phänomen des Erklärens und das erklärte Phänomen verschiedenen Bereichen angehören.

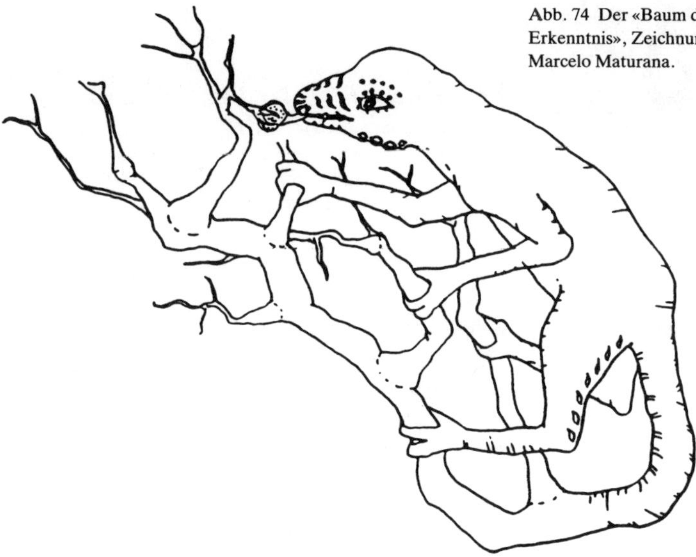

Abb. 74 Der «Baum der Erkenntnis», Zeichnung von Marcelo Maturana.

Wenn der Leser die Aussagen in diesem Buch *ernst genommen* hat, wird er sich gezwungen sehen, *alles* was er tut – ob beim Sehen, Schmecken, Auswählen, Ablehnen oder Sprechen – als eine Welt anzusehen, die er in Koexistenz mit anderen Menschen mittels der von uns beschriebenen Mechanismen *hervorbringt*. Sollten wir den Leser dazu verführt haben, sich selbst als von gleicher Natur wie diese Phänomene zu begreifen, dann hätten wir das erste Ziel erreicht, das wir uns beim Schreiben dieses Buches gesetzt haben.

Die vorgelegte Betrachtungsweise versetzt uns zweifellos in eine kreisläufige Situation, die ein ähnliches Schwindelgefühl bei uns hervorrufen mag wie die Betrachtung der «zeichnenden Hände» von Escher (Abb. 5). Dieses Schwindelgefühl rührt daher, daß wir *keinen festen Bezugspunkt* mehr haben, an dem wir unsere Beschreibungen verankern und mit Bezug auf den wir ihre Gültigkeit behaupten und verteidigen können. In der Tat ist es so: Wenn wir die Existenz einer objektiven Welt voraussetzen, die von uns als den Beobachtern unabhängig und die unserem Erkennen durch unser Nervensystem zugänglich ist, dann können wir nicht verstehen, wie unser Nervensystem in seiner strukturellen Dynamik funktionieren und dabei eine Repräsentation dieser unabhängigen Welt erzeugen soll. Setzen wir jedoch *nicht* eine von uns als Beoachtern unabhängige Welt voraus, scheinen wir zuzugestehen, daß alles relativ ist und daß alles möglich ist, da es keine Gesetzmäßigkeiten gibt. So sind wir mit dem Problem konfrontiert zu verstehen, wie unsere Erfahrung – unsere Lebenspraxis – mit einer uns umgebenden Welt gekoppelt ist, die erfüllt zu sein scheint von Regelmäßigkeiten, die in jedem einzelnen Fall das Ergebnis unserer biologischen und sozialen Geschichte sind.

Wieder müssen wir auf einem Grat wandern und vermeiden, in eines der Extreme – das repräsentationistische (Objektivismus) oder das solipsistische (Idealismus) – zu verfallen. Ein weiteres Ziel dieses Buches war es, einen solchen *Mittelweg* zu finden: die Regelmäßigkeit der Welt, die wir in jedem Moment erfahren, zu verstehen, ohne einen Bezugspunkt vorauszusetzen, der unabhängig von uns ist und der unsere Beschreibungen und kognitiven Annahmen als Gewißheiten erscheinen lassen könnte. In der Tat: Der ganze Mechanismus der Erzeugung unserer selbst als Beschreiber und Beobachter sagt uns, daß unsere Welt – als die Welt, die wir in Koexistenz mit anderen hervorbringen – immer genau jene Mischung von Regelmäßigkeit und Veränderlichkeit aufweisen wird, jene Kombination von Festigkeit und Flüchtigkeit, die so typisch ist für die menschliche Erfahrung, wenn wir sie genauer unter die Lupe nehmen.

Es ist also offensichtlich, daß wir aus diesem Kreis nicht heraustreten können und somit nicht aus unserem kognitiven Bereich. Alles andere wäre so, als wollten wir wie mit einem göttlichen *«fiat!»* die Natur des Gehirns, der Sprache und des Werdens, also die Natur der Natur, verändern. Von Interaktion zu Interaktion befinden wir uns ständig in diesen Kreis verwoben, dessen Ergebnisse von der Geschichte abhängen. Wirksames Handeln führt zu wirksamem Handeln: Das ist der kognitive Kreis, der unser Sein in einem Werden charakterisiert, welches Ausdruck unserer Weise ist, autonome lebende Systeme zu sein.

Durch diese ständige Rekursivität verbirgt jede hervorgebrachte Welt ihre Ursprünge. Wir existieren in der Gegenwart; Vergangenheit zu Zukunft sind Weisen, *jetzt* zu sein. Biologisch gesehen ist es unmöglich, daß wir das vor uns liegen haben, was uns beim Zustandebringen der uns so gewohnten Regelmäßigkeiten der Welt geschehen ist, ganz gleich ob es sich dabei um Werte, Vorlieben, Farbtöne oder Gerüche handelt. Der biologische Mechanismus zeigt uns, daß die operationale Stabilisierung der Dynamik eines Organismus den Weg ihres Entstehens nicht verkörpert. Leben ist ein Geschäft, das keine Aufzeichnungen über seine Ursprünge bewahrt. Alles, was wir tun können, ist, Erklärungen zu erzeugen – durch die Sprache –, die den Mechanismus der Hervorbringung einer Welt enthüllen. Indem wir existieren, erzeugen wir kognitive «blinde Flecken», die nur beseitigt werden können, indem wir neue blinde Flecken in anderen Bereichen erzeugen. Wir sehen nicht, was wir nicht sehen, und was wir nicht sehen, existiert nicht. Nur wenn irgendeine Interaktion uns aus dem Lot bringt – wenn wir zum Beispiel plötzlich in eine andere kulturelle Umgebung versetzt werden – und wir darüber reflektieren, dann bringen wir neue Konstellationen von Relationen hervor und erklären das damit, daß wir «ihrer vorher nicht bewußt gewesen» seien oder sie für «selbstverständlich» gehalten hätten.

Der ganze Satz von Regelmäßigkeiten, die zur Koppelung einer sozialen Gruppe gehören, stellt ihre biologische und kulturelle Tradition dar. Tradition ist nicht nur eine Weise zu sehen und zu handeln, sondern auch eine Weise zu verbergen. Eine Tradition basiert auf all jenen Verhaltensweisen, die in der Geschichte eines sozialen Systems selbstverständlich, regelmäßig und annehmbar geworden sind. Und da die Erzeugung dieser Verhaltensweisen keiner Reflexion bedarf, fallen sie uns erst auf, wenn sie versagen. An diesem Punkt setzt dann die Reflexion ein.

Alles, was wir als Menschen gemeinsam haben, ist eine biologische Tradition. Sie begann mit dem Ursprung der Reproduktion in autopoietischen Systemen und einer kulturellen Tradition, die vor wenigen Millionen Jahren mit der Abstammungslinie der Hominiden ihren Anfang nahm. Dieses gemeinsame biologische Erbe ist die Grundlage für die Welt, die wir menschlichen Wesen gemeinsam durch kongruente Unterscheidungen hervorbringen. Trotz dieser Unterscheidungen ist die Natur für alle dieselbe: Wir stimmen darin überein, daß der Himmel blau ist und daß die Sonne jeden Tag aufgeht. Gleichzeitig gestattet dieses gemeinsame biologische Erbe jedoch, daß die verschiedensten kulturellen Welten hervorgebracht werden.

Menschliches Erkennen als wirksames Handeln gehört also zum biologischen Bereich, aber es wird immer in einer kulturellen Tradition gelebt. Die Erklärung kognitiver Phänomene, die wir in diesem Buch vorgelegt haben, basiert auf der Tradition der Wissenschaft und ist insoweit gültig, als sie wissenschaftlichen Kriterien entspricht. Innerhalb dieser Tradition ist sie jedoch einzigartig, da sie einen grundlegenden

begrifflichen Wandel hervorbringt: *Erkennen hat es nicht mit Objekten zu tun,* denn Erkennen ist effektives Handeln; und indem wir erkennen, wie wir erkennen, bringen wir uns selbst hervor. Zu erkennen, wie wir erkennen, beginnt nicht an einem festen Ausgangspunkt und schreitet von dort mit einer linearen Erklärung fort, bis schließlich alles vollkommen erklärt ist. Erkennen, wie wir erkennen, hat vielmehr

Abb. 75 «Die Bildergalerie» von M. C. Escher.

etwas von dem Knaben in Eschers «Bildergalerie» (Abb. 75): Das Bild, das er anschaut, wird langsam und unmerklich transformiert in . . . die Stadt, in der die Galerie und der Knabe sich befinden! Es ist nicht möglich, einen Ausgangspunkt zu lokalisieren: draußen? drinnen? die Stadt? das Bewußtsein des Knaben?

Daß wir uns dieser kognitiven Zirkularität bewußt werden, ist jedoch kein Hindernis für das Verständnis des Phänomens des Erkennens. Ganz im Gegenteil: Davon ausgehend, ist es uns gerade möglich, das Erkennen wissenschaftlich zu erklären.

Die Erkenntnis der Erkenntnis verpflichtet

Als Adam und Eva die Frucht vom Baum der Erkenntnis von Gut und Böse aßen, so sagt die Bibel, wurden sie in andere Wesen verwandelt, die nie mehr zu ihrer ursprünglichen Unschuld zurückkehren sollten. Vor dem «Sündenfall» kam ihre Erkenntnis der Welt in ihrer Nacktheit zum Ausdruck. In ihrer Nacktheit bewegten sie sich in der Unschuld des bloßen Kennens. Nach dem «Sündenfall» wußten sie, daß sie nackt waren; sie wußten, daß sie wußten, sie erkannten, daß sie kannten.

In diesem Buch sind wir zum «Baum der Erkenntnis» zurückgekehrt. Wir haben den Leser eingeladen, von der Frucht dieses Baums zu essen, indem wir ihm eine wissenschaftliche Untersuchung der Erkenntnis als biologisches Phänomen vorgelegt haben. Und wenn wir der Argumentation dieses Buches gefolgt sind und seine Konsequenzen verinnerlicht haben, stellen wir auch fest, daß diese unentrinnbar sind. *Die Erkenntnis der Erkenntnis verpflichtet.*

Sie verpflichtet uns zu einer Haltung ständiger Wachsamkeit gegenüber der Versuchung der Gewißheit. Sie verpflichtet uns dazu einzusehen, daß unsere

Gewißheiten keine Beweise der Wahrheit sind, daß die Welt, die jedermann sieht, nicht *die* Welt ist, sondern *eine* Welt, die wir mit anderen hervorbringen. Sie verpflichtet uns dazu zu sehen, daß die Welt sich nur ändern wird, wenn wir anders leben. Sie verpflichtet uns, da wir, wenn wir wissen, daß wir wissen, uns selbst und anderen gegenüber nicht mehr so tun können, als wüßten wir nicht.

Deshalb impliziert alles, was wir in diesem Buch gesagt haben (auf Grund unseres Wissens, daß wir wissen), eine Ethik, die unentrinnbar ist. Bezugspunkt dieser Ethik ist die Bewußtheit der biologischen und sozialen Struktur des Menschen. Es ist eine Ethik, die aus der menschlichen Reflexion entspringt und die *die Reflexion, die das Menschliche ausmacht,* als ein konstitutives soziales Phänomen *in den Mittelpunkt stellt.* Wenn wir wissen, daß unsere Welt notwendig eine Welt ist, die wir zusammen mit anderen hervorbringen, dann können wir im Falle eines Konflikts mit einem anderen menschlichen Wesen, *mit dem wir weiterhin koexistieren wollen,* nicht auf dem beharren, was für uns gewiß ist (auf einer absoluten Wahrheit), weil das die andere Person negieren würde.

Wollen wir mit der anderen Person koexistieren, müssen wir sehen, daß ihre Gewißheit – so wenig wünschenswert sie uns auch erscheinen mag – *genauso legitim und gültig ist wie unsere.* Wie unsere Gewißheit ist auch die Gewißheit des anderen Ausdruck seiner Bewahrung der Strukturkoppelung in einem Existenzbereich – so wenig verlockend uns dieser Bereich auch erscheinen mag. Die einzige Chance für die Koexistenz ist also die Suche nach einer umfassenderen Perspektive, einem Existenzbereich, in dem beide Parteien in der Hervorbringung einer gemeinsamen Welt zusammenfinden. Ein Konflikt ist immer eine gegenseitige Negation. Er läßt sich niemals in

Ethik

Alles menschliche Tun findet in der Sprache statt. Jede Handlung in der Sprache bringt eine Welt hervor, die mit anderen im Vollzug der Koexistenz geschaffen wird und das hervorbringt, was das Menschliche ist. So hat alles menschliche Tun eine ethische Bedeutung, denn es ist ein Tun, das dazu beiträgt, die menschliche Welt zu erzeugen. Diese Verknüpfung der Menschen miteinander ist letztlich die Grundlage aller Ethik als eine Reflexion über die Berechtigung der Anwesenheit des anderen.

dem Bereich lösen, in dem er stattfindet, wenn die beiden Parteien sich ihrer Sache «sicher» sind.

Ein Konflikt ist nur zu überwinden, wenn wir uns in einen anderen Bereich bewegen, in dem Koexistenz stattfindet. Das Wissen um dieses Wissen ist der soziale Imperativ jeder auf dem Menschlichen basierenden Ethik.

Was die Biologie uns zeigt, ist, daß die Einzigartigkeit des Menschseins ausschließlich in einer sozialen Strukturkoppelung besteht, die durch das In-der-Sprache-Sein zustande kommt. Dadurch werden einerseits die Regelmäßigkeiten erzeugt, die der menschlichen sozialen Dynamik eigen sind, wie zum Beispiel individuelle Identität und Selbstbewußtsein. Andererseits wird die rekursive soziale Dynamik des menschlichen Lebens erzeugt, zu der eine Reflexion gehört, welche uns in die Lage versetzt zu sehen, daß wir als menschliche Wesen nur die Welt haben, die wir zusammen mit anderen hervorbringen – ob wir die anderen mögen oder nicht.

Die Biologie zeigt uns auch, daß wir unseren kognitiven Bereich ausweiten können. Dazu kommt es zum Beispiel durch eine neue Erfahrung, die durch vernünftiges Denken hervorgerufen wird, durch die

Begegnung mit einem Fremden als einem Gleichen oder, noch unmittelbarer, durch das Erleben einer biologischen interpersonellen Kongruenz, die uns den anderen *sehen* läßt und dazu führt, daß wir für sie oder für ihn einen Daseinsraum neben uns öffnen. Diesen Akt nennt man auch *Liebe* oder, wenn wir einen weniger starken Ausdruck bevorzugen, das Annehmen einer anderen Person neben uns selbst im täglichen Leben.

Dies ist die biologische Grundlage sozialer Phänomene: Ohne Liebe, ohne daß wir andere annehmen und neben uns leben lassen, gibt es keinen sozialen Prozeß, keine Sozialisation und damit keine Menschlichkeit. Alles, was die Annahme anderer untergräbt – vom Konkurrenzdenken über den Besitz der Wahrheit bis hin zur ideologischen Gewißheit – unterminiert den sozialen Prozeß, weil es den biologischen Prozeß unterminiert, der diesen erzeugt. Machen wir uns hier nichts vor: Wir halten keine Moralpredigt, wir predigen nicht die Liebe. Wir machen einzig und allein die Tatsache offenkundig, daß es, *biologisch gesehen, ohne Liebe, ohne Annahme anderer, keinen sozialen Prozeß gibt.* Lebt man ohne Liebe zusammen, so lebt man heuchlerische Indifferenz oder gar aktive Negation des anderen.

Zu leugnen, daß die Liebe die Grundlage des sozialen Lebens ist, und die ethischen Implikationen dieser Tatsache zu ignorieren , hieße, all das zu verkennen, was unsere Geschichte als Lebewesen in mehr als 3,5 Milliarden Jahren aufgewiesen hat. Es mag uns ungewöhnlich vorkommen und wir mögen uns dagegen sträuben, den Begriff «Liebe» in einem naturwissenschaftlichen Zusammenhang zu gebrauchen, da wir um die Objektivität unseres rationalen Ansatzes fürchten. Aus dem, was wir in diesem Buch aufgezeigt haben, sollte jedoch erhellen, daß eine solche Furcht unbegründet ist. Liebe ist eine biologische

Dynamik mit tiefreichenden Wurzeln. Sie ist eine Emotion, die im Organismus ein dynamisches strukturelles Muster definiert, einen entscheidenden Schritt auf dem Weg zu Interaktionen, die zu den operationalen Kohärenzen des sozialen Lebens führen. *Jede* Emotion (Furcht, Zorn, Traurigkeit usw.) ist eine biologische Dynamik mit tiefen Wurzeln, die gewisse strukturelle Muster definiert. Jede Emotion ist damit ein Schritt zu Interaktionen, die in verschiedene Bereiche der operationalen Kohärenz (Flucht, Kampf, Rückzug usw.) führen können.

Die Identität zwischen Erkennen und Handeln zu leugnen, nicht zu sehen, daß jedes Wissen ein Tun ist und das alles menschliche Tun sich im In-der-Sprache-Sein abspielt und damit ein soziales Geschehen ist, hat ethische Implikationen. Denn hier geht es um die Menschlichkeit, und eine solche Leugnung bedeutet im Grunde, menschliche Wesen nicht als Lebewesen zu sehen. Das zu tun – im Wissen, daß wir wissen –, würde von Selbsttäuschung zeugen. Was immer wir in irgendeinem Bereich tun, sei es etwas Konkretes wie das Gehen oder etwas Abstraktes wie philosophische Reflexion, bezieht unseren gesamten Körper mit ein. Jedes Tun vollzieht sich nämlich durch unsere strukturelle Dynamik und durch unsere strukturellen Interaktionen. Alles, was wir tun, ist ein struktureller Tanz in der Choreographie der Koexistenz.

Aus diesem Grund ist das, was wir in diesem Buch dargelegt haben, nicht nur eine Quelle für eine naturwissenschaftliche Erforschung, sondern auch für das Verständnis unseres Menschseins, unserer Menschlichkeit. Wir sind hier auf eine soziale Dynamik gestoßen, die auf einen grundlegenden ontologischen Zug der *Conditio humana* hinweist, der nun nicht mehr eine bloße Annahme ist: *Wir haben nur die Welt, die wir zusammen mit anderen hervorbringen, und nur Liebe ermöglicht uns, diese Welt hervorzubringen.* Wenn es uns gelungen sein sollte, dem Leser dies einsichtig zu machen, wäre ein weiteres Ziel unserer Arbeit erreicht.

Schließlich möchten wir aus unserer Sicht noch folgendes betonen: *Der Kern aller Schwierigkeiten, mit denen wir uns heute konfrontiert sehen, ist unser Verkennen des Erkennens, unser Nicht-Wissen um das Wissen.* Es ist nicht das Erkennen, sondern das Erkennen des Erkennens, das verpflichtet. Es ist nicht das Wissen, daß eine Bombe tötet, sondern das, was wir mit der Bombe zu tun beabsichtigen, was bestimmt, ob wir sie benutzen oder nicht. Gewöhnlich ignorieren wir diese Einsicht oder drücken uns davor, um nicht die Verantwortung für unser tägliches Tun übernehmen zu müssen. Doch unser Tun – alle unsere alltäglichen Handlungen ohne Ausnahme – hilft, eine Welt hervorzubringen und zu etablieren, in der wir werden, was wir im Austausch mit anderen werden in jenem Prozeß des Hervorbringens einer Welt. Blind für die Transzendenz unseres Tuns, verwechseln wir das Bild, dem wir entsprechen möchten, mit dem Sein, das wir tatsächlich hervorbringen. Dies ist ein Irrtum, den nur das Erkennen des Erkennens korrigieren kann.

Wir sind am Ende dieses Buches angelangt. Wir haben den Leser darin zu einer Reflexion eingeladen. Eine solche Reflexion wird ihn dazu führen, sein eigenes Erkennen zu erkennen. Es bleibt ihm selbst überlassen, ob er dieses Erkennen zum Angelpunkt und zur Richtschnur seines Handelns macht.

Es gibt eine alte Geschichte über die Einwohner einer Insel. Diese Menschen sehnten sich danach, in ein anderes Land auszuwandern, in dem sie ein gesünderes und besseres Leben führen könnten. Das Problem war, daß die praktischen Künste der Schifffahrt und des Schwimmens bei diesen Leuten nie entwickelt worden oder schon vor langer Zeit verloren gegangen waren. So gab es unter der Bevölkerung der Insel einige, die sich einfach weigerten, über Alternativen für das Leben auf dieser Insel nachzudenken. Andere versuchten an Ort und Stelle ihre Probleme zu lösen, ohne an eine Überquerung des Wassers zu denken. Ab und zu erfand einer der Inselbewohner die Kunst des Schwimmens aufs neue, und manchmal kam auch ein hoffnungsvoller Schüler zu so jemandem, der das Wasser zu überqueren wußte. Doch meist entwickelte sich dann etwa folgender Dialog (vgl. Idries Shah: *Die Sufis,* Düsseldorf/Köln 1976):

«Ich möchte schwimmen lernen.»

«Möchten Sie einen Vertrag aushandeln?»

«Das ist nicht nötig. Ich muß nur meinen Sack Kohlköpfe mitnehmen können.»

«Was für Kohlköpfe?»

«Na, das Essen, das ich auf der anderen Seite brauchen werde.»

«Dort gibt es besseres Essen.»

«Wie soll ich das verstehen? Ich kann doch nicht

sicher sein. Nein, meine Kohlköpfe muß ich mitnehmen.»

«Aber mit einem Sack Kohlköpfe können Sie nun mal nicht schwimmen!»

«Dann kann ich auch nicht mitkommen. Sie nennen es eine Last, ich nenne es meine lebenswichtige Nahrung.»

«Sagen wir einmal allegorisch statt Kohlköpfe ‹Vermutungen›, ‹Vorstellungen›, ‹vorgefaßte Meinungen› oder ‹Gewißheiten› . . . Was dann?»

«Ich gehe mit meinen Kohlköpfen lieber zu einem Lehrer, der versteht, was ich brauche.»

Glossar

Aminosäure:	Organisches Molekül, das Bestandteil der Eiweiße ist. Es besteht aus einer Aminogruppe, einer Säuregruppe und einem für jede Aminosäure-Art besonderen Molekularrest. Im Eiweiß der Lebewesen gibt es etwa 20 verschiedene Aminosäuren wie Lysin, Alanin, Leucin usw.
Anthropoiden:	Gesamtheit der sog. höheren Primaten: Gorillas, Schimpansen, Gibbons, Orang-Utans usw.
Axon:	Einziger protoplasmatischer Fortsatz der Nervenzelle, der meistens imstande ist, Erregung zu leiten.
Bakterien:	Einzellige Lebewesen ohne innere Kompartimentierung (Prokaryoten).
Balken (Corpus callosum):	Axonverbund, der die Hirnrinde beider Gehirnhälften verbindet.
Chromosom:	Bestandteil des Zellkerns, zusammengesetzt aus stark komprimierten Nukleinsäuren und Eiweißen. Sie sind während der Zellteilung leicht sichtbar; ihre Anzahl ist für jede lebendige Spezies fest.
Dendrit:	Protoplasmatischer Fortsatz bei Nervenzellen in unterschiedlicher Zahl und vielfältiger Form; er leitet keine Erregung.
DNS (Desoxyribonukleinsäure):	Wichtigste Nukleinsäure bei der Chromosomenbildung. Die DNS nimmt durch die Bestimmung der Anordnung der Aminosäuren mittels der RNS in entscheidender Weise an der zellulären Eiweißsynthese teil.

Eukaryoten:	Zellen mit Kern und anderen Kompartimenten wie Mitochondrien, Chloroplasten usw.
Fossil:	Mineralisierter Abdruck eines Lebewesens.
Gameten:	Im Verlauf der Reproduktion verschmelzende Zellen wie das Spermium und das Ei.
Geißel:	Zellorgan in Form eines beweglichen Fadens.
Gehirnhemisphäre (-hälfte):	Einer der beiden symmetrischen Teile der Hirnregion im Nervensystem der Wirbeltiere.
Gen:	Erbliche Beschreibungseinheit in der Genetik der Nukleinsäuren; sie entspricht einem Segment der DNS.
Hirnrinde (Cortex):	Mantel aus Nervenzellen auf der Oberfläche beider Gehirnhemisphären.
Hominid:	Gesamtheit der menschlichen Spezies einschließlich vorzeitiger Formen.
Kiloparsec:	Einheit astronomischer Entfernung, die annähernd 3 260 Lichtjahren entspricht.
Kleinhirn:	Lappen der Hirnregion im Nervensystem der Wirbeltiere mit aktiver Beteiligung an der Feinregulierung der Muskelaktivität.
Lichtjahr:	Einheit astronomischer Entfernung. Sie bezeichnet die Strecke, die von einem Lichtstrahl in einem Jahr durchlaufen wird, wobei die Lichtgeschwindigkeit annähernd 300 000 Kilometer pro Sekunde beträgt.
Mitose:	Prozeß zellulärer Dekompartimentierung, der zur Reproduktion einer Zelle führt.
Myxomycetes (Schleimpilze):	Stamm eukaryotischer Organismen, deren Lebenszyklus Phasen verstreuter amöboider Individuen und Phasen zellulärer Anhäufung mit oder ohne Verschmelzung aufweist.
Neuron (Nervenzelle):	Dem Nervensystem zugehörige Zelle, die ein Axon und einige Dendriten hat.
Neurotransmitter:	In den synaptischen Endungen freigesetzter Stoff, der elektrische Veränderungen im Rezeptorneuron auslöst.
Nukleinsäure:	Aus Nukleotiden aufgebaute Molekülketten; vgl. DNS und RNS.

Nukleotid:	Organisches Molekül, das Bestandteil der Nukleinsäuren ist. Es besteht aus der Verbindung eines Zukkermoleküls (Ribose) oder Desoxyribose mit einer Phosphorsäure und einer Stickstoffbase (Purin oder Pyrimidin).
Ontogenese:	Geschichte der Transformation einer Einheit infolge ihrer Interaktionsgeschichte ausgehend von einer Anfangsstruktur.
Oestrus:	Jahreszeitliche oder monatliche periodische sexuelle Empfänglichkeit bei Säugetieren im allgemeinen und Primaten im besonderen.
Phänomenologie:	Gesamtheit der Phänomene, die mit den Interaktionen einer Klasse von Einheiten verbunden sind.
Plasmodium:	Vielkernige Einheit als Ergebnis der Verschmelzung mehrerer einzelligen Individuen.
Prokaryoten:	Zellen ohne Kernkompartiment.
Protein (Eiweiß):	Organisches Molekül, bestehend aus Kettenverbindungen vieler Aminosäuren. Diese Ketten sind je nach Zusammensetzung der Aminosäuren räumlich verschiedenartig zusammengefaltet.
Protozoon:	Freilebende eukaryotische Zelle.
Pseudopodien:	Protoplasmatische Ausstülpung amöboider Zellen.
Rekursiv (Rekursion, Rekursivität):	Rückbezüglich (-keit); auf sich selbst rückwirkend.
RNS (Ribonukleinsäure):	Nukleinsäure, die an der Eiweißsynthese im Zellzytoplasma beteiligt ist.
Sehnerv:	Nervenfaserstrang, der die Netzhaut mit dem Gehirn verbindet.
Spore:	Auf einer widerstandsfähigen Decke aufgestülpte Zellphase.
Synapse:	Punkt enger Verbindung zwischen zwei Neuronen, gewöhnlich zwischen dem Axon eines Neurons und den Dendriten bzw. dem Zellkörper eines anderen.
Thermonukleare Reaktion:	Transformationen der elementaren Partikeln unter Bedingung höchster Temperatur (Größenordnung um 10 000 Grad Celsius).
Tropholaxis:	griech.: Nahrungsfluß.

Wellenlänge:	Größenordnung, die die Schwingungsfrequenz der verschiedenen Farben des sichtbaren Lichtspektrums und im allgemeinen der verschiedenen elektromagnetischen Strahlungen kennzeichnet.
Zellstoffwechsel (Zellmetabolismus):	Gesamtheit der Prozesse ständiger chemischer Transformation der Zellbestandteile im Inneren der Zelle.
Zygote:	Aus der Verschmelzung zweier Gameten (Geschlechtszellen) entstandene Zelle, die den Anfangspunkt für die Entwicklung eines Metazellers mit sexueller Fortpflanzung darstellt.

Quellen der Abbildungen

Abb. 1 «Die Dornenkrönung» von Hieronymus Bosch, Museo del Prado, Madrid
Abb. 5 «Zeichnende Hände» von M. C. Escher, Copyright © M. C. Escher Heirs c/o Cordon Art – Baarn – Holland.
Abb. 6 Foto von Dr. L. Campusano und Dr. C. Monsalve, Universität von Chile, aufgenommen am Las Campanas Observatorium, Chile.
Abb. 7 F. Hoyle: *Astronomy and Cosmogony*, San Francisco 1975, S. 276.
Abb. 9 Nach R. Dickerson und I. Geis: *The Structure and Action of Proteins*, New York 1969.
Abb. 10 L. Margulis: *Symbiosis in Cell Evolution*, San Francisco 1981, S. 117.
Abb. 12 Foto von Dr. Juan Fernández, Abteilung für Biologie der naturwissenschaftlichen Fakultät der Universität von Chile.
Abb. 14 Foto von Dr. Carlos Doggenweiler und Dr. Luis Izquierdo, Abteilung für Biologie der naturwissenschaftlichen Fakultät der Universität von Chile.
Abb. 19 «Das Wasser» von Giuseppe Arcimboldo, Kunsthistorisches Museum, Wien.
Abb. 22 J. T. Bonner: *The Evolution of Culture in Animals*, Princeton 1980, S. 79.
Abb. 23 Nach J. T. Bonner in *Scientific American*, 1959.
Abb. 24 J. T. Bonner: *Size and Cycle*, Princeton 1965, Tafeln 6, 18, 25, 26.
Abb. 25 Nach J. T. Bonner: *Size and Cycle*, a. a. O., S. 17.
Abb. 26 Portrait von Charles Darwin, gemalt von John Collier, The Bettman Archives.
Abb. 28 Nach J. Valentine, *Scientific American*, September 1979, S. 140.
Abb. 29 S. Stanley: *Macroevolution*, San Francisco 1979, S. 68.
Abb. 32 Nach R. Lewontin, *Scientific American*, September 1979, S. 212.
Abb. 33 Foto von Biruté Galdikos, Brindamour, in *National Geographic*, October 1975, S. 468.
Abb. 35 C. MacLean: *The Wolf Children*, New York 1977, Abbildungen 14, 15, 16, 35.
Abb. 36 Nach F. Kahn. *El hombre*, Bd. II, Buenos Aires 1944, S. 235.
Abb. 38 Zeichnung von Santiago Ramón y Cajal, in *Histologie du Système Nerveux,* Bd. I, Consejo Superior de Investigaciones Científicas, Madrid 1952, Abb. 340.
Abb. 39 Nach J. T. Bonner: *The Evolution of Culture in Animals*, a. a. O., S. 61.
Abb. 40 Nach R. Buchsbaum: *Animals without Backbones*, Chicago 1948, Abb. 14–1.
Abb. 41 J. T. Bonner: *The Evolution of Culture in Animals*, a. a. O., S. 59.
Abb. 42 Nach G. Horridge: *Interneurons*, San Francisco 1969, S. 36.
Abb. 44 R. Buchsbaum, *Animals without Backbones*, a. a. O., Abb. 84–1.
Abb. 45 Nach R. Buchsbaum, a. a. O., S. 73.
Abb. 47 Nach R. Poritsky, *J. comp. Neurol.*, 135:423, 1969.
Abb. 48 S. Kuffler und J. Nichols: *From Neuron to Brain*, Sunderland, Mass., 1976, S. 9.
Abb. 50 Nach D. Hubel, *Scientific American*, 241:47, 1979.
Abb. 51 Zeichnung von Juste de Juste.
Abb. 53 Nach N. Tinbergen: *Social Behavior of Animals*, London 1953, S. 10.
Abb. 54 E. Wilson: *Insect Societies*, Cambridge, Mass., 1971, Abb. 8–1.
Abb. 55 Nach E. Wilson, a. a. O., Abb. 14–9.
Abb. 56 Nach J. T. Bonner: *The Evolution of Culture in Animals*, a. a. O., S. 93.

Abb. 57 Nach E. Wilson: *Sociobiology*, Cambridge, Mass., 1978, Abb. 25–3.

Abb. 58 I. DeVore und K. Hall: *Primate Behavior*, New York 1965, S. 70.

Abb. 59 V. Reynolds: *Biology of Human Action*, San Francisco 1976, S. 53.

Abb. 60 J. T. Bonner: *The Evolution of Culture in Animals*, a. a. O., S. 121.

Abb. 61 J. Frisch: *Primates*, New York 1968, S. 250.

Abb. 63 F. Patterson, *National Geographic*, 154:441, 1978, S. 441.

Abb. 64 C. Blakenmore: *Mechanics of Mind*, Cambridge, S. 125.

Abb. 65 Nach E. Savage-Rumbaugh, D. Rumbaugh, S. Smith und J. Lawson in *Science*, 210:923, 1981.

Abb. 66 Nach J. Pfeiffer: *The Emergence of Man*, New York 1969, S. 8.

Abb. 67 V. Reynolds, a. a. O., S. 59.

Abb. 68 J. Pfeiffer, a. a. O., S. 311.

Abb. 69 C. Blakenmore, a. a. O., S. 158.

Abb. 71 Originalabb. aus L. Gratiolet: *Mémoires sur les plis cérébraux de l'homme et des primates*, Bd. 1, 1854, Abb. 1.

Abb. 73 Nach M. Gazzaniga, *Scientific American*, 217:27, 1967.

Abb. 74 Zeichnung von Marcelo Maturana Montanez.

Abb. 75 «Bildergalerie» von M. C. Escher, Copyright © M. C. Escher Heirs c/o Cordon Art – Baarn – Holland.

Alle anderen Abbildungen und Diagramme von Francisco Olivares, Carolina Vial und Eduardo Osorio.

Sachregister

EIN SIEDLER BUCH BEI GOLDMANN

Eines der erfolgreichsten und wichtigsten politischen Bücher unserer Tage.
Das große politische Buch eines Mannes, dem es nicht um die Schnörkel der Anekdoten, sondern um den Sinn der Geschichte geht.
Einer der erfolgreichsten Sachbuchbestseller der letzten Jahre.
ISBN 3-442-12800-5

Vier der bedeutendsten deutschen Historiker bieten eine einmalige Gesamtschau der deutschen Geschichte.
ISBN 3-442-12807-2

Glanz, Versagen, Schuld und Tragik der deutschen Geschichte des 20. Jahrhunderts.
ISBN 3-442-12808-0

GOLDMANN